잘가라, 원자력

독일 탈핵 이야기

염광희 지음

한울
아카데미

이 도서의 국립중앙도서관 출판시도서목록(CIP)은 e-CIP홈페이지(http://www.nl.go.kr/ecip)와
국가자료공동목록시스템(http://www.nl.go.kr/kolisnet)에서 이용하실 수 있습니다.(CIP제어번호
: CIP2012000920)

추천의 글

　한국의 미래는 일본일까 독일일까? 다른 말로 묻겠다. 원자력발전소가 줄줄이 폭발한 후쿠시마와 태양도시 프라이부르크, 둘 중 어떤 도시에서 살고 싶은가? 다시 다른 말로 묻겠다. 분유 1kg당 30.8Bq의 방사능 세슘이 검출되고 모유에서조차 세슘이 검출되는 나라에서 아이를 낳아 기르고 싶은가, 아니면 마을에 필요한 에너지 100%를 재생가능에너지로 충당하겠다는 지역이 전국의 4분의 1이나 되는 나라에서 살고 싶은가?

　'아아, 그대는 참 더디게 답하는 분이시군!' 마지막으로 묻겠다. 한국에서 살고 싶은가, 독일에서 살고 싶은가?

　그렇다. 그대는 태양도시의 에너지 자립 마을 주민으로서, 모유의 방사능 물질 오염 걱정 따윈 할 필요가 없는 나라, '한국'에서 살고 싶다. 내 나라를 원자력발전소 없는 자연에너지 사회로 만들어야 우리는 살고 싶은 나라의 시민이 될 것이다. 그 나라로 가는 경로와 여권 수속법이 이 책에 담겨 있다.

일독이 아니라 다독해서 당신의 말로 만들기를 권한다. 탈핵과 자연에너지의 이야기를 내 얘기로 만든 사람이 많아지면, 우리는 핵 없는 한국에서 살게 될 것이다.

최열, 환경재단 대표

독일 반핵운동의 특징은 단지 '핵발전소 반대'만 외치지 않고 대안적인 에너지 공급을 위한 새로운 길을 모색했다는 것이다. 반핵운동은 새로운 산업, 즉 재생가능에너지 산업을 위한 기초를 다졌다. 이제 독일에서 재생가능에너지 분야는 일자리 창출과 미래의 경제성장에서 자동차에 비견될 정도로 중요한 산업이다.

이 책은 독일의 이러한 역사를 잘 정리했을 뿐만 아니라 그 이면 또한 보여준다. 한국에 중요한 이정표가 될 것으로 기대한다.

스벤 테스케Sven Teske, 그린피스 인터내셔널 활동가
Energy [R]evolution Scenario 책임저자

인류는 이제 '제4혁명기'에 들어섰습니다. 제1혁명이란 인간이 자연의 변덕에 몸을 맡기지 않고 스스로 곡식을 키우면서 자연에 가공을 시작한 농경혁명을 말합니다. 제2혁명은 과학기술로 공장생산과 거대 도시를 만들게 된 산업혁명을 말하지요. 그리고 이어진 제3의 혁명, 곧 인터넷 정보혁명을 우리는 이제 막 거치고 있습니다. 그러면 제4혁명은 무엇일까요? 바로 에너지혁명입니다. 화석에너지와 핵에너지발전으로 막다른 길에 들어선 인류는 이

제 재생가능에너지 혁명을 통해 지속가능한 삶의 길을 찾아야 할 때입니다.

2010년 독일에서 제작된 〈제4혁명: 에너지 자치Die 4. Revolution - Energy Autonomy〉라는 제목의 영화가 일본에서 선풍적인 인기를 끌고 있습니다. 오늘 아침 일본 미디어에서는 카를 페히너Carl A. Fechner 감독을 인터뷰하면서 ① 재생가능에너지로 100% 에너지 생산이 가능하다, ② 생산은 '집중형' 생산에서 분산형 생산으로 바꾸고, ③ 지역에서 생산한 것은 지역에서 소비하는 '신토불이'로 가야 한다는 점을 강조했습니다. 페히너 감독은 일본은 독일에 비해 태양광이 40% 더 강하며 바람도 좋아 에너지 생산 조건도 한결 좋다고 하면서, 지금 일본 사회에 필요한 것은 '결단'이라고 했습니다. 그 결단은 개개인의 가슴에서 시작해서 머리로, 그리고 발로 가야 한다고 그는 말했습니다.

인류는 제4혁명의 시대로 접어듭니다. 우리는 더는 잔머리를 굴리지 말고 가슴으로 문명을 사유해야 합니다. 한국은 지진 날 확률이 없어서 원자력발전을 해도 된다는 식의 주장, 또는 한국은 경제 발전을 위해 어쩔 수 없다는 주장 등이 있습니다. 우리는 그런 말이 거짓말이라는 것을 알고 있습니다. 이제 우리는 우리가 마음속 깊이 알고 있는 것을 믿기 시작해야 합니다. 원자력발전은 핵무기로부터 시작한 테크놀로지이며, 그것이 유지되는 것은 현재 전력회사들의 사례가 보여주듯이 사회성원의 복지가 아니라 투자자와 원자력발전 관계자의 이익을 지키기 위해서 입니다. 첨단 거대 과학기술에 계속 투자하면서 '지속가능성 없는 성장'을 선택한다면 인류의 미래는 암담합니다. 우리는 개인의 편리함을 위해 자손의 미래를 갉아먹는 일을 해서는 안 됩니다. 문제가 너무 엄청나서 현실을 직면해도 해결할 길이 없다고 느끼는 패배주의, 현재 자신의 개인적 삶이 살 만하니까 그것을 유지하고 싶은 안일주의와 단세포적 이기주의를 극복해야 합니다.

지속가능한 삶의 터전을 만들어내기 위한 이 혁명은 '적정 기술'과 '지역화'를 중심으로 일어날 것입니다. 특히 지구를 망치지 않는 적정 기술을 통해 만들어질 '사회에 이로운 일거리'는 이 시대를 살리면서 동시에 이 시대의 당면과제인 청년 실업문제를 해결해낼 것입니다. 그래서 '삼포세대'라 불리는 청년들은 다시 사랑을 나누고 결혼을 하고 아이를 낳으며 행복을 찾아갈 수 있게 될 것입니다. 녹색의 시대, 나 자신의 건강한 삶과 앞으로 태어날 세대를 위해, 이제 맑은 눈으로 현실을 보기 위해 함께 모여 즐겁게 책을 읽고 토론하고 실천할 때입니다.

여기 그 토론을 위한 홀륭한 책이 있습니다. 환경운동연합에서 열성적으로 일하다가 독일로 유학 간 염광희 선생님이 이론과 실천을 두루 살피면서 풀어낸 이야기를 담은 책입니다. 이런 책을 시의적절하게 읽게 된 것은 행운입니다. 거듭 강조하건대 인류는 자손 대대를 생각하면서 살아온 지혜로운 존재였기에 '만물의 영장'이었습니다. 자손을 포기할 때 나의 미래도, 인류의 미래도 사라지게 됩니다. 자신을 사랑한다면, 그리고 자녀를 사랑한다면, 아울러 그 자녀의 자손이 자신에게 주어진 삶을 온전히 살다가 자연스러운 죽음을 맞이하게 되기를 바란다면 '제4혁명'을 서둘러야 합니다.

염광희 선생님, 좋은 선물 감사합니다.

2012년 1월 16일 아침 일본 동쪽 에노시마 해변에서
조한혜정, 연세대학교 문화인류학과 교수

후쿠시마, 한국, 독일

후쿠시마

　2011년 3월 11일, 후쿠시마 원자력발전소 사고가 일어났다. 둘째가라면 서러워할 원자력 기술 강국 일본의 원자력발전소가 전 세계인이 지켜보는 가운데 폭발을 일으켰다. 예상치 못한 재앙에 일본 당국은 우왕좌왕했고, 그 모습은 여과 없이 세계 곳곳에 전해졌다. 발전소 주변 20km 반경 이내에 사는 지역 주민은 다른 지역으로 피신했고, 30km 이내에 사는 주민은 실내로 대피하라는 정부의 요청이 있었다. 이곳에 사는 15만 명은 방사선 피폭 여부를 검사하는 긴급 건강검진을 받아야 했다. 사고가 난 지 1년을 앞둔 2012년 2월 현재까지도 사고 발전소 반경 20km 이내로의 접근이 통제되고 있다. 간 나오토菅直人 일본 총리는 2011년 8월 27일 후쿠시마 현 지사와 만난 자리에서 후쿠시마 현 일부 지역은 방사능오염 물질을 제거해도 사람이 살기 어려울 수 있다고 밝힌 뒤 사죄했다고 일본 신문들은 전한다.

한국

후쿠시마로부터 1,100km 떨어져 있는 한국의 반응은 참으로 의외이다. 사고가 일어난 지 두 달이 지난 2011년 5월 독일을 방문한 이명박 대통령은 외신 기자들과의 인터뷰에서 '원자력발전은 클린에너지'라는 궤변을 늘어놓았다. 한국의 원자력발전소는 일본과 달리 안전하다고 강변했다. 2024년까지 13기를 새로이 건설하는 계획을 변함없이 추진할 태세이며, 아랍에미리트UAE를 시작으로 원자력발전소 해외수출의 기회를 엿보고 있다.

후쿠시마 사고 직후, 우리의 관심은 후쿠시마발 방사능 낙진이 과연 한반도에 상륙할 것인가에 모아졌다. 시민들은 빗물에 방사성물질이 섞여 있는지, 자유로이 외출을 해도 괜찮은지 불안해했다. 정부의 반응은 한결같았다. '편서풍의 영향으로 한반도는 방사능에서 자유롭다!' 대부분의 언론은 정부와 원자력 전문가들의 이와 같은 발언을 일방적으로 전달하기에 바빴다. 별 문제 없다고.

편서풍. 이번 후쿠시마 사고에서 한반도가 자유로울 수 있는 고마운 이유였지만, 이 편서풍은 만에 하나 중국의 원자력발전소에 사고가 발생할 경우 중국발 방사성물질을 우리가 고스란히 뒤집어써야 하는 재앙의 매개체가 될 것이다. 현재 중국이 공격적으로 건설 중인 원자력발전소의 대부분은 일본이나 한국보다 뒤떨어지는 2세대 기술이다.

편서풍. 이 바람 덕분에 후쿠시마의 방사성물질이 한반도가 아닌 태평양을 향해 날아갔다. 한반도가 직접적인 피해를 모면하기는 했지만 그렇다고 모든 영향이 사라진 것은 아니다. 편서풍을 타고 태평양 어딘가에 떨어진 방사성동위원소는 바닷물과 해양 생태계를 오염시키고 있다. 방사성물질이 고스란히 우주 어딘가로 빠져나가지 않는 한 지구 안에서 2차, 3차 오염과 피폭이 발생해 결국 우리의 삶에 영향을 줄 것이다. 밥상에 올라오는 생선을 결코 쉽게 대할 수 없는 이유다.

우리 삶의 빠른 속도 때문일까, 이제 언론에서는 후쿠시마를 더 이상 주의 깊게 다루지 않는다. 마치 과거 어느 시점인가에 발생했던 해프닝 정도로 생각하는 듯하다. 그러나 우리가 잊고 지낸다고 해서 후쿠시마의 재앙이 쓰나미처럼 한 번 휩쓸고 지나가는 자연재해마냥 일단락되지는 않는다. 25년 전 발생한 체르노빌 사고는 현재까지 사고현장 반경 30km 내의 출입을 통제하고 있다. 어느 곳에 어느 정도의 방사능을 가진 물질이 퍼져 있는지 가늠하기 어렵기 때문에 사람의 출입 자체를 제한하는 것이다. 그렇다고 날아다니는 새나 들짐승마저 완벽하게 통제할 수는 없는 법이다. 알게 모르게 전파되는 방사성물질은 백혈병에 각종 암, 기형아 출산으로 지금까지도 피해를 일으키고 있다. 후쿠시마 사고는 불행 중 다행으로 차이나 신드롬에 이르는 최악의 노심용융은 면한 것처럼 보이지만 그 후유증은 어쩌면 지금부터 시작이다. 몇 세대에 걸쳐 어떤 피해가 나타날지 어느 누구도 장담할 수 없기 때문이다. 히로시마·나가사키 핵폭탄에 피폭된 피해자들이 3세대, 4세대 대물림되는 것처럼.

이웃 나라에서, 그것도 기술 강국이라 불리는 일본에서 발생한 원자력발전소 사고를 거울삼지 않는다면 이제 우리가 맞닥뜨릴 미래는 딱 하나다. 우리 땅에서 직접 화를 보는 것 이외에 무엇이 있겠는가. 안전기준을 강화한다고 원자력발전소 사고가 예방되는 것은 아니다. 사고의 원인은 무궁무진하기 때문이다. 후쿠시마 사고는 안전기준을 준수하지 않아서 발생한 것이 아니라 예상을 뛰어넘는 초대형 지진과 쓰나미에 따른 결과였다. 활성단층 위에 건설된 월성 원자력발전소 주변에서 발전소 설계기준보다 더 파괴적인 지진이 발생한다면 당연히 대형 사고로 이어질 수밖에 없다. 최근 들어 더욱 험악해지는 테러의 공포까지 생각한다면 원자력발전소의 안전은 어느 누구도 보장할 수 없다. 북한의 무력 도발에 경기를 일으키는 정치인들이나 우익 단체들이 테러의 대상이 될 수도 있는 원자력발전소 확대에는 무관심한 이유를 도저히 모르겠다. 불행하게도 원자력발전소는 전 세계를 공포에 몰아넣을 수 있는 가장 효과적인 테러 공격 목표라 할 수 있다. 이번 사고에서 보듯 전 세계는 사고 직후 보름 이상 후쿠시마를 생중계했고, 이를 지켜본 이들은 하나같이 불안해했다.

후쿠시마와 같은 재앙을 되풀이하지 않기 위해서, 원자력발전소 사고로 인한 죽음을 막기 위해서, 대물림될 유전적 결함을 예방하기 위해서, 그리고 테러의 공포에서 조금이라도 자유로워지기 위해서 우리가 선택할 수 있는 가장 손쉬운 방법은 하루빨리 원자력발전소와 이별하는 것이다.

독일

원자력발전에서 벗어나자고 얘기하면 대안이 없지 않느냐는 물음이 돌아온다. 그러나 이것은 원자력에너지에 목숨 거는 원자력산업계와 그들로부터 지원을 받는 정치인이 항상 우려먹는 주문에 지나지 않을 뿐이다. 눈을 외국으로 돌리면 원자력발전 없이도 충분히 잘 사는 수많은 사례를 볼 수 있다. 독일을 비롯한 유럽의 많은 나라는 경제 선진국이 어떻게 원자력에서 벗어나 경제 발전을 이룩하며 살 수 있는지 보여준다. 심지어 우리가 원자력 기술을 가져왔던 미국조차도 1979년 스리마일 섬Three Mile Island 사고 이후로 새로운 발전소를 건설하지 않고 있다. 유독 한국, 일본, 중국, 프랑스만 원자력산업계가 떠드는 회유와 협박 속에서 대안이 없으니 새로운 원자력발전소를 건설해야 한다고 생각한다.

이 책은 후쿠시마 사고 직후 지구 반대편에 위치한 독일이 원자력발전소를 2022년까지 폐쇄하겠다는 매우 신속한 결정을 이끌어낸 과정을 한국의 시민사회와 나누기 위해 기획되었다. 독일의 핵폐기 결정은 여러 가지 의미를 지닌다. 우선 행정부 수장인 앙겔라 메르켈Angela Merkel 총리 자신이 물리학을 공부한 자연과학자이고, 그가 속한 기독민주당(기민당)은 전통적으로 원자력발전을 지지하는 입장이었다. 후쿠시마 사고가 일어나기 반년 전인 2010년 8월, 메르켈 총리가 이끄는 독일 행정부는 경제성을 이유로 원자력발전소의 수명을 평균 12년 연장했었다. 그러나 후쿠시마를 목격한 메르켈 행정부는 자신들의 결정을 반년 만에 철회하는 정치적인 수치를 감내하면서도 마침내 2022년까지의 원자력발전소 폐쇄를 결정했다. 그러면서 메르켈 총리는 얘기했다. "후쿠시마 사고가 지금까지의 내 생각을 바꾸었다. 우리에겐 안전보다 더 중요한 가치가 없다."

독일은 우리에게 좋은 본보기가 될 수 있다. 우선 독일이 처한 상황이 우리와 비슷하다. 에너지 빈국이어서 에너지원의 대부분을 수입에 의존해야 하고, 에너지를 많이 사용해야만 하는 제조업을 중심으로 한 수출 중심의 경제구조를 갖고 있다. 반면 독일은 원자력 대신 에너지 효율화와 재생가능에너지 확대를 통해 에너지 위기를 극복하는 새로운 돌파구를 만들어냈다. 2008년부터 시작된 세계 금융위기 속에서도 독일이 충격을 덜 받은 것은 재생가능에너지 산업 덕분이라고, 애초 재생가능에너지에 비판적이었던 메르켈 정부가 인정할 정도다. 독일 정부는 공식 자료를 통해 2010년 한 해에만 재생가능에너지 분야에 약 266억 유로가 투자되었으며, 2010년 말 현재 관련 산업에 총 36만 7,000여 개의 일자리가 만들어졌다고 밝혔다. 국내 경제에 미치는 효과뿐만이 아니다. 독일 정부는 에너지 기후에 관련한 국제회의에서 다른 나라를 선도하는 지위에 이미 올라 있다. 한국이 실질적인 온실가스 감축 노력은 등한시하고 다분히 정치적인 수사로 글로벌녹색성장연구소GGGI와 같은 의미를 알 수 없는 기관 설립을 제안할 때, 메르켈 총리는 미국과 중국을 포함한 전 세계를 향해 독일처럼 온실가스 줄이는 노력을 하루 빨리 시행하라고 큰소리친다. 경제뿐 아니라 에너지 기후와 관련해서 독일은 이미 세계의 리더로서 역할을 하고 있다. 그러면서 후쿠시마 사고 이후 세계에서 가장 빠르게 핵폐기를 선언했다.

독일은 최근 중국이 급부상하기 전까지 태양에너지 분야의 절대 강자였다. 지난 2010년에는 세계에서 가장 많은 태양광발전기를 설치하는 신기록을 세우기까지 했다. 그러나 우리에게 잘 알려지지 않은 사실 하나는 태양에너지 선진국 독일이 사실은 햇빛이 매우 귀한 나라라는 것이다.

이쯤에서 독일의 햇빛에 대해 얘기하는 것이 좋겠다. 필자의 둘째 아이는 독일에서 태어났다. 출산 후 소아과에서 갓난아이 앞으로 처방전을 하나 내주었다. 비타민D 3개월치를 약국에서 받으라는 것이다. 이게 무슨 처방전이냐고, 갓난아이에게 약을 먹이고 싶지 않다고 얘기했더니 그 소아과 의사가 답했다. "독일은 햇빛이 충분치 않아요. 아이에게 약을 먹이고 안 먹이고는 부모의 자유지만, 햇빛이 없어 비타민D의 체내 생산이 어렵기 때문에 일부러라도 약을 먹이지 않을 경우 아이는 구루병에 걸릴지도 모릅니다." 달리 선택할 방법이 없는, 북위 고도가 너무 높아 연평균 일사량이 한국보다 절대적으로 부족한 자연조건이 만들어낸 웃지 못할 현상이다. 독일의 가장 남쪽에 있으며 세계적인 태양도시로 불리는 프라이부르크의 연평균 하루 일사량은 $3.02kWh/m^2$로, 우리나라 대구와 부산의 $4.7kWh/m^2$에 비하면 3분의 2 수준에 지나지 않는다.

습하고 긴 겨울이 끝나고 봄바람이 부는 4월 하순, 어쩌다 맑은 날이 되면 남녀노소 할 것 없이 기꺼이 해바라기가 된다. 수십 명의 사람들이 노천카페에서, 잔디밭에서, 광장에서 그저 쏟아지는 햇빛을 온몸으로 받고 있는 모습을 상상해보라. 이들에게는 태양빛을 마주한다는 것 자체가 하나의 행운이고 또 행복이다.

　이런 나라에서 원자력발전소 문을 걸어 잠그고 태양에너지를 확대하자고 외치고 있다. 독일의 태양에너지 전문가와 대화하면 이들은 항상 되묻는다. "그런데 한국에서는 태양에너지 이용을 안 하는 모양이지요? 일사량이 우리보다 훨씬 좋은데 왜 그렇지요?" 에너지의 97%를 수입에 의존하고 늘어나는 에너지 소비를 감당하기 위해 원자력발전소를 하루가 멀다 하고 새로 짓는 나라에서 정작 풍족한 태양에너지를 이용하고 있지 않다니, 우리는 정말 대안이 없는 것일까?

　후쿠시마 사고 후에도 계속해서 원자력발전소 확대정책을 고수하는 한국. 한 치 앞을 내다보지 못하고 불을 향해 돌진하는 불나방과 같다. 원자력발전은 사고가 날 경우 나 하나 죽고 마는 것이 아니라 수백 수천 킬로미터 떨어진 지구촌 이웃까지 몹쓸 병에 걸려 죽게 만드는, 그리고 수세대에 걸쳐 후손에게까지 그 피해를 고스란히 전해주는 매우 비윤리적인 기술이다. 원자력발전소는 이렇듯 우리만의 문제로 끝나지 않는다.

　이 책이 원자력 기술과 작별을 고하는 데 작은 도움이 되길 기대한다.

2012년 2월
후쿠시마 사고 1주기를 앞두고 베를린에서
염광희

차례

이 책에 나오는 단위

✓ kWh, MWh, GWh, TWh: 전력량을 나타내는 단위로 각각 킬로와트시, 메가와트시, 기가와
트시, 테라와트시로 읽는다. 2011년 한국 일반 가정의 월간 소비 전력량 평균은 약 300kWh
이다.

✓ kW, MW, GW: 전력의 단위. 이 책에서는 전기를 생산하는 발전 시설의 용량(전기 생산능
력)을 나타내는 단위로 쓰인다. 각각 킬로와트, 메가와트, 기가와트로 읽는다. 지식경제부
2011년 자료에 따르면, 3kW 규모의 태양광 발전시설을 설치할 경우 월 324kWh의 전력을
생산한다.

✓ TOE: Ton of Oil Equivalent의 약자. 국제에너지기구(IEA)에서 정한 단위로 각각의 에너지
단위를 석유기준으로 환산한 것. 석유환산톤이라 부른다.

✓ 줄(Joule): 에너지의 단위로, 1N의 물체가 1m 이동했을 때 소비된 에너지를 말한다. 1kWh=
360만 줄(J)

✓ Bq: 방사성물질이 방사선을 방출하는 능력을 나타내는 단위로 베크렐이라고 읽는다. 1Bq은
1초 동안 1개의 원자핵이 붕괴해 방출하는 방사능의 강도를 나타낸다.

Good-bye
"Nuclear"
Energy

제1부

원자력발전,
그리고 2011년 3월 후쿠시마

잘 가라, 원자력

원자력발전의 탄생

원자력발전은 제2차 세계대전 말미에 개발된 핵무기에서 기원한다. 20세기 초 물리학자들은 핵분열 원리를 발견한다. 히틀러Adolf Hitler 나치의 폭정에 미국으로 망명한 아인슈타인Albert Einstein을 비롯한 저명한 물리학자들은 1939년 미국 대통령에게 독일이 조만간 핵무기 개발에 성공할 것이라는 경고의 편지를 보낸다. 루스벨트Franklin Roosevelt 당시 미국 대통령은 즉시 핵개발 비밀 프로젝트에 착수한다. 이것이 그 유명한 '맨해튼 프로젝트 Manhattan Project'로, 1945년까지 당시로서는 상상하기 어려운 엄청난 액수인 약 20억 달러가 투입되고 총 13만 명 이상의 전문가가 핵무기 개발에 참여하게 된다. 그리고 마침내 미국은 핵무기 개발에 성공, 1945년 8월 6일 히로시마, 8월 9일 나가사키에 각각 우라늄 핵폭탄, 플루토늄 핵폭탄을 투하한다. 일본은 백기투항하고 그렇게 제2차 세계대전은 끝난다.

핵무기 개발에 성공한 미국, 제34대 대통령인 아이젠하워Dwight Eisenhower 는 1953년 국제연합UN 총회에서 '평화를 위한 핵Atoms for Peace'을 들고 나온

다. 핵분열 기술을 핵무기가 아닌 '더 평화로운' 목적에 이용하자는 제안이
다. 아이젠하워의 제안 배경에는 아인슈타인의 노력이 있었다는 견해가 설
득력 있다. 독일에 앞서 미국이 핵무기를 개발하는 것이 중요하다고 생각한
아인슈타인은 미국 대통령에게 핵개발을 제안했으나 히로시마·나가사키 핵
투하를 지켜본 후 자신이 저지른 일에 대해 엄청나게 후회했다고 한다. 핵
투하 이후 그는 미국 전역을 순회하며 핵무기 사용을 반대하는 평화 강연을
열었다고 한다. 아이젠하워의 '평화를 위한 핵' 선언 이후 핵폭탄에 이용되
었던 핵분열 에너지는 전력 생산을 목적으로 한 원자력발전소로 그 옷을 갈
아입었다.*

핵폭탄이 고농축 핵분열 동위원소의 순간적인 핵분열 연쇄반응을 통해
수십에서 수백 킬로톤급 폭발력을 이용한 무기라면, 원자력발전은 낮은 수
준으로 농축된 우라늄이나 플루토늄을 '인간이 제어할 수 있는 수준'으로 핵
분열에너지를 이용, 물을 끓여 전력을 생산하는 방식이다. 핵분열 속도를
사람이 제어할 수 있느냐 없느냐, 핵분열이 가능한 방사성동위원소를 어느
정도 농축시키느냐가 핵폭탄과 원자력발전의 차이일 뿐 기본적인 원리는
똑같다.

■ 원자력발전소가 핵분열nuclear fission에서 발생하는 에너지를 이용한다는 점에서 정확
하게는 핵발전소라고 표현하는 것이 옳다. 영어 표현은 'nuclear power plant'이다. 그
러나 한국 정부는 과거부터 원자력발전소라는 표현을 공식적으로 사용해왔다. 이에 대
해 시민단체는 정부가 핵무기·핵폭탄의 부정적인 이미지에서 탈피하기 위해 원자력이
라는 단어를 사용하고 있다고 비판한다.
아직까지 한국 사회에서는 원자력이라는 표현이 좀 더 대중적으로 사용되고 있기 때문
에 이 책에서는 원자력이라는 표현을 주로 사용하고, 경우에 따라 핵을 함께 사용할 것
이다.

그림 1 **핵분열 연쇄반응**

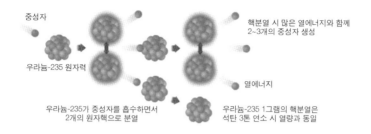

중성자

핵분열 시 많은 열에너지와 함께
2~3개의 중성자 생성

우라늄-235 원자력

열에너지

우라늄-235가 중성자를 흡수하면서
2개의 원자핵으로 분열

우라늄-235 1그램의 핵분열은
석탄 3톤 연소 시 열량과 동일

* 우라늄-235 + n(중성자) = 세슘-140 + 루비듐-93 + 2n(중성자) + 200MeV 에너지
자료: 한국수력원자력주식회사, http://www.khnp.co.kr/.

방사선, 사고, 그리고 폐기물

핵분열 과정에서는 알파선, 베타선, 감마선 등의 방사선이 방출된다. 이 방사선은 눈에 보이지도 않고 색깔도 없고 또한 소리도 없다. 방사선 계측기가 없다면 내 주변에 어느 정도의 방사선이 존재하는지 확인할 방법이 없다. 이 방사선이 몸에 닿으면 세포나 유전자를 변형시킨다. 방사선은 체세포 변형을 일으키기에 충분한 에너지를 갖고 있기 때문이다. 변형된 세포나 유전자는 장시간에 걸쳐 돌연변이가 일어나 암으로 발전하거나 기형아 출산으로 이어질 수 있다. 후쿠시마에서 누출된 방사선 물질인 세슘은 암이나 기타 질병을 일으키며, 스트론튬은 골수암이나 골암, 백혈병을 일으킨다.

핵분열 과정에서 나오는 방사성물질은 한순간 방사선을 내뿜고 일생을 마감하는 것이 아니라, 각각의 원소가 갖고 있는 수명만큼 꾸준하게 방사선을 방출한다. 물리학에서는 이러한 수명을 반감기로 표시하는데, 반감기란 방사성 원자핵의 절반이 붕괴하는 데 걸리는 시간을 말한다. 이 반감기는 원소에 따라 매우 다양하다. 반감기가 7일뿐인 요오드-131이 있는 반면, 후쿠시마 폭발사고가 일어난 지 6개월이 지난 2011년 9월에 원자력발전소에서

45km 떨어진 곳에서 발견된 플루토늄-239의 반감기는 약 2만 4,000년이다.

방사성물질은 원자력발전에 사용되는 핵연료와 핵폐기물은 물론, 원자력발전소 내부 방사선 관리구역에서 작업자들이 사용했던 작업복, 장갑, 기기교체 부품과 병원, 연구기관, 대학, 산업체 등에서 발생하는 방사성동위원소 폐기물에도 남아 있어 방사선을 뿜어낸다. 그러므로 운전하는 기간에 발전소 내에서 사용된 핵연료와 각종 폐기물에서 방사능이 제거되는 동안 이 오염된 물질을 사회로부터 엄격하게 격리해야만 한다. 그렇지 않을 경우 방사선이 외부로 누출돼 사람뿐 아니라 자연에 치명적인 해를 가한다.

폐기물은 방사능 수준에 따라 사용 후 핵연료인 고준위 핵폐기물과 그 외의 중저준위 핵폐기물로 구분된다. 중저준위 핵폐기물은 우리 정부의 자료에 따르면 300년을 '보관'해야 한다. 고준위 핵폐기물의 경우 미국과 독일 정부는 100만 년 이상을 자연환경으로부터 격리해야만 한다고 밝히고 있다. 지난 100년 동안 우리는 두 차례의 세계전쟁을 겪었으며, 두 차례의 핵무기를 사용했고, 셀 수 없을 정도로 수많은 전쟁을 치렀다. 지금과 같은 모습의 인류인 호모사피엔스는 약 15만 년 전 아프리카에서 탄생했다. 그러므로 100만 년은 인류가 헤아리기조차 불가능한 시간 단위다.

위험과 폐쇄성

후쿠시마 사고가 일어난 지 반년이 지난 2011년 9월 12일 오전, 이번엔 지구 반대편 프랑스에 있는 핵 재처리 시설에서 화재가 발생해 한 명이 사망하고 네 명이 부상을 당하는 사고가 일어났다. 프랑스 원자력발전소 당국은 화재는 진압되었으며 외부로의 방사성물질 노출은 없었다고 공식 발표했다. 그러나 독일 언론 ≪슈피겔Spiegel≫은 사고가 발생한 상트라코Centraco 재처리 시설 주변 분위기를 전하면서, 정부가 안전하다고 공식적으로 발표했지만 지역 주민은 여전히 불안에 떨고 있다며 핵시설 인근 레스토랑 주인의 얘기를 전했다. 그는 사고가 발생한 지 무려 두 시간이 지나서야 핵시설 측으로부터 한 통의 전화만 받았다고 했다. "아무런 문제 없소!"

핵 관련 사고가 더욱더 불안한 이유는 사고의 실상이 원자력산업계와 정부에서 나오는 정보에만 의존할 수밖에 없다는 그 일방적인 구조의 한계 때문이다. 상트라코 시설의 화재로 방사선이 누출되었는지 여부는 지역 주민이 스스로 느낄 수도 알 수도 없다. 핵시설 관계자가 알리기 전까지는 상황 파악 자체가 불가능하다. 원자력발전소 운영자가 항상 옳은 정보를 전하는 것도 아니다. 후쿠시마 발전소에서 50km 떨어진 곳에 살았던 우노 사에코 씨는 한국을 방문한 자리에서 "후쿠시마 사고를 계기로 나와 내 아이의 생명을 정부가 지켜주리라는 기대를 할 수 없다는 걸 깨달았다"라고 증언한다. 사고 직후 그녀가 방송을 통해 들었던 대부분의 뉴스는 "원자로가 자동 정지됐으나 안전하다"는 똑같은 내용이었다고 한다. 그러나 후쿠시마의 실상은 정반대였다.

핵폭탄을 기원으로 만들어져서일까? 원자력발전은 발전소 건설 시작 단계에서부터 그 자체로 매우 위험한, 그렇기 때문에 매우 깐깐한 보안이 필요한 시설이다. 한국에서도 모든 원자력발전소와 원자력 관련 연구시설은 국가 주요시설로 분류되어 군과 경찰이 주기적인 방호 훈련을 실시한다. "원자력발전소가 외부 요인으로 인해 문제가 생기면 매우 위험한 상황에 직면할 수 있"기 때문이다.

이것이 원자력 지지자에게는 다중의 안전장치로 보일 수 있겠지만, 뒤집어 생각하면 21세기 민주주의 사회에서도 여전히 존재하는 폐쇄성의 단면으로 읽히는 지점이다. 발전소 울타리 안쪽에서 무슨 일이 일어나는지 바깥쪽에 사는 사람들은 전혀 알 수가 없는 것이 원자력발전소다. 발전소 안에서 노동자의 부실 관리로 방사선이 누출되는 사고가 발생해도, 부속 몇 개에 문제가 생겨 발전소 운전이 중단되어도, 테러범들이 발전소를 침탈해 주조 정실을 장악한다 할지라도 정부나 원자력발전소 측의 발표가 없으면 무슨 일이 일어나고 있는지 어느 누구도 알 수 없다.

원자력발전소의 투명한 운영을 위해 인터넷 홈페이지를 통해 실시간으로 정보를 공개하고 외부 인사들로 구성된 원자력안전위원회 등을 두고 있다고 정부와 원자력계는 주장하지만, 안타깝게도 한국 원자력 관련 기관 어디에도 원자력발전에 비판적인 인사가 참여하는 경우는 없다. 원자력발전소에서 일하는 엔지니어 집단뿐 아니라 관련 연구기관, 감사기관, 심지어 정책을 생산하는 중앙부처의 담당자 모두 원자력산업계와 이해관계가 얽혀 있는 그들만의 리그다.* 마치 고양이에게 생선가게를 맡겨 놓은 것처럼 모든 관련 분야에 찬핵 인사만 자리를 잡고 있는 것이 한국의 실정인 것이다. 정부가 공개하는 자료가 100% 정확하다고 믿고 싶지만, 마음만 먹으면 자료를 왜곡하거나 사실을 축소·은폐하기에 매우 쉬운 구조인 것을 부인하기는 어려울 것이다.

사라져야 할 기술

인류가 발견·발명한 모든 기술이 인류에게 꼭 유익했던 것은 아니다. 지금처럼 취사기구나 난방기구가 널리 보급되지 않았던 1980년대 초반 이전에는 각 가정마다 '곤로'라는 취사기구가 있었다. 유난히 하얀 심지 때문에 백색 곤로라 불리기도 했는데, 이 심지는 다름 아닌 석면이었다. 한참이 지

■ 일본에서는 이러한 원자력 지지세력에 의한 원자력정책 추진 시스템을 '원자력마을原子力村'이라 부른다.

나 석면은 폐암을 일으키는 1급 발암물질이라는 것이 밝혀졌다. 현재는 사용이 금지된 독성 물질이지만 그 당시에는 각 가정마다 이 석면심지에 불을 붙여 매 끼니 음식을 조리했다. 초등학교 과학실험에 사용되었던 알코올램프의 심지도 석면이었고, 이 램프의 삼발이 위에 올려놓는 철망 가운데에 동그랗게 놓여 있던 하얀색 물질도 석면이었다.

살충제로 최고의 인기를 구가하던 DDT Dichloro-diphenyl-trichloroethane도 너무 뛰어난 살충효과 때문에 인류에게 버림을 받은 발명품 중 하나다. 해충은 물론이고 약을 뿌리는 인간까지 죽이는 독극물이었던 것이다. 이 또한 지금은 사용이 금지되었다. 각종 마약을 만드는 기술도 인류가 만들어낸 새로운 기술이라면 기술이다. 마약이 환자의 치료에 제한적으로 이용된다면 큰 문제는 없을 텐데, 별 탈 없는 일반인이 환각을 목적으로 남용하다보니 사회적인 문제가 되고 결국 사회로부터 버림받는 처지가 된 것이다.

원자력발전도 이제 이별을 고해야 할 과거의 기술이다. 전기를 얻는다는 이득은 있지만, 체르노빌과 후쿠시마에서 보듯 대형 사고가 단 한 번만 일어나도 모든 것을 폐허로 만들어버리는 무시무시한 재앙의 기술이다. 설령 사고가 일어나지 않는다 하더라도 여기에서 필연적으로 발생하는 핵폐기물은 대대손손 수백 수천 년간, 수십만 년간 자연환경에서 격리해야 하는, 차라리 존재하지 말았어야 할 화근이다. 값싸게 배불리 먹이겠다고 건강에 해로운 불량식품을 아이들 입에 밀어 넣는 부모는 없다. 모기 잡겠다고 자기 숨줄 끊는 DDT를 뿌리는 사람은 없다. 석면이 발암물질임을 아는 한, 값싸게 밥 짓겠다고 내 부엌에서 석면 백색 곤로를 사용하지는 않는다.

체르노빌과 후쿠시마 사고가 일어났지만, 핵산업계에 걸려 있는 엄청난 이권 때문인지 아직까지 원자력발전을 규제하자는 세계적인 움직임은 일어나지 않고 있다. 반면 각 국가의 개별적인 움직임은 이와는 사뭇 다르다. 후쿠시마 사고 직후 독일은 2022년까지 자국 내 모든 원자력발전소를 폐쇄하겠다고 선언하며 즉각적으로 8기[*]를 영구 폐쇄했다. 5기의 원자력발전소를 운전 중인 스위스는 2011년 5월 중순 2034년까지 이를 폐쇄하기로 결정했고, 이탈리아에서도 2011년 6월 국민투표 결과 94%의 국민이 원자력발전에 반대, 2014년으로 예정된 4기 건설 계획을 전면 취소했다. 핀란드도 현재 건설 중인 원자력발전소 이외의 추가적인 신규 건설은 없을 것이라고 못 박았다.

잘 가라 원자력

우리의 이웃 일본에서 원자력발전소 사고가 일어났다. 지금 원자력기술과 작별하지 못한다면 언제가 될지 모르지만 우리는 더 큰 재앙을 맞이하게 될 것이다. 정부 계획대로 진행된다면 현재 21기인 한국 원자력발전소는 2024년까지 13기가 추가 건설되어 총 34기가 될 것이다. 한국의 원자력발전소만 안전하다고 될 일이 아니다. 늘어나는 에너지 수요를 감당하기 위해 1년에도 몇 기씩 새로운 원자력발전소를 만들어내는 중국에서 핵 사고가 일어나는 날에는 후쿠시마 방사성물질을 태평양으로 날려 보내준 그 '고마운 편서풍' 때문에 우리는 고스란히 중국발 방사능 낙진 세례를 받을 것이다.

원자력발전은 한 공동체, 한 사회의 파멸을 부르는 재앙의 기술이다. 우리는 더 늦기 전에 모든 지혜와 힘을 모아 이 재앙의 기술, 원자력발전과 안녕을 고해야 한다. 물론 그 시작은 내가 사는 땅, 한국에서부터 시작되어야

---

[*] 1980년 이전에 건설된 8기에 기술적인 결함으로 2009년 이래 가동을 중단한 크뤼멜 Krümmel 발전소를 포함해 총 8기의 원자력발전소가 폐쇄되었다.

한다. 한국의 원자력발전소를 멈추게 하고 중국의 원자력발전소도 멈추게
만들어야 한다. 전 세계의 모든 원자력발전소를 멈추어야만 한다.

　잘 가라, 원자력!

핵재앙의 도화선
한·중·일의 원자력발전소 확대 정책

후쿠시마 사고가 일어난 후 약 열흘이 지난 2011년 3월 23일 강원도에서 제논Xe-133이 검출되는가 하면, 닷새 뒤인 28일에는 전국 열두 곳의 방사능 측정소 모두에서 요오드I-131가 검출되었다. 정부는 편서풍 덕에 피해가 없을 것이라 단언했지만, '동쪽' 일본발 방사능 공포가 결국 한반도에 상륙한 것이다.

이번 사고를 계기로 인류는 체르노빌 사고 이후 또 한 번 선택의 기로에 놓였다. 25년 전의 사고를 통해 우리는 '핵은 죽음'이라는 사실을 지켜봤지만, 서방세계 많은 국가는 이를 사회주의국가의 관리 실패 정도로 치부하며 '체르노빌과 다른' 원자력발전소의 확대를 정책적으로 추진했다. 특히 동아시아 끝자락에 인접한 3국 한국, 일본, 중국은 같은 지리적 위치에서 나란히 원자력발전소 확대 정책을 펼친 대표적 사례라 할 수 있다.

시곗바늘을 후쿠시마 사고 직전인 2011년 3월 1일로 돌려보자. 이들 3국이 어떠한 원자력 확대 계획을 갖고 있었는지 살펴보기 위함이다. 이 분석은 전 세계 원자력산업계를 대표하는 기구인 세계원자력산업협회World Nuclear

Association의 각 국가별 원자력정책 자료를 토대로 작성되었다.[*]

운전 중인 원자력발전소

한·중·일 국가 중 현재 가장 많은 원자력발전소를 운전 중인 국가는 단연 일본이다. 핵폭탄 피해를 입은 유일한 국가이지만, 일본은 전력 생산을 위해 '원자력의 평화적 이용'을 채택했다. 현재 총 54기 47.5GW 용량의 원자력발전소에서 국가 전력 수요의 약 30%에 해당하는 전력을 생산하고 있다. 그다음이 한국으로 21기의 원자력발전소를 운영 중이며 그 용량은 18.7GW에 달한다. 3국 중 가장 늦게 원자력발전을 도입한 국가는 중국이다. 1994년 최초의 발전소가 운전에 들어간 이래 현재 13기의 원자력발전소를 운영 중이며 중국 전체 전력의 약 2%를 생산한다. 2010년 말 현재 25기 27.73GW가 건설 중이며, 32기 34.86GW의 발전소 건설이 확정되었다.

원자력발전소 확대 계획

이들 3국의 공통점은 원자력발전을 국가의 주요 정책으로 삼고 있다는 것이다. 한국은 아랍에미리트에 200억 달러 규모의 한국형 원자력발전소 4기 수출을 성사한 직후인 2010년 1월, 2030년까지 총 80기를 수출하고 세계 3대 원자력 기술 강국으로 발전하겠다는 목표를 밝히기에 이르렀다. 지식경제부는 원자력에너지 관련 산업은 자동차, 반도체, 조선 이후 가장 수익이 높은 시장이 될 것이며 이 산업을 수출 주력 산업으로 육성할 것이라고 밝혔다.

---

[*] http://www.world-nuclear.org/. 각 국가별 정책은 일본 2011년 2월 24일, 한국 2011년 3월, 중국 2011년 3월 10일 기준으로 최종 업데이트된 것들이다.

그림 2 한반도 '핵의 고리'

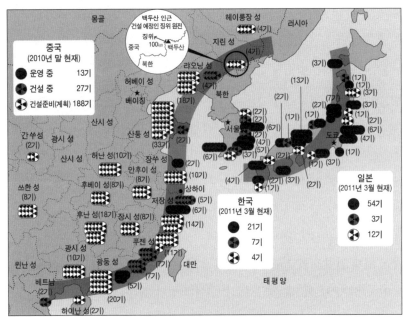

자료: 동아일보, http://news.donga.com/Politics/3/00/20110405/36160010/1.

중국의 경우 전력 생산을 위한 발전소 분야는 가장 빠른 성장세를 보이는 산업으로, 그 뒤를 이어 교통, 항공, 그리고 2015년까지 건설될 4만km 고속 열차 건설 계획이 자리 잡고 있다. 발전소 분야에서 원자력발전이 차지하는 비중은 압도적이다.

일본 경제산업성은 2008년 '차가운 지구 에너지혁신기술계획Cool Earth Energy Innovative Technology Plan'을 발표했는데, 원자력의 보급 확대를 통해 온실가스 배출 감소를 꾀하고 있다.

이러한 각국의 정책적 우선순위에 따라 매우 공격적인 원자력발전소 건설 계획이 만들어졌다. 중국은 2020년까지 70~80GW, 2030년까지 200GW, 2050년까지 400~500GW의 발전소를 새로이 건설한다는 계획이다. ≪중국

일보China Daily≫는 2010년 9월, 이와 같은 원자력발전소 확대를 위해 2015년까지 750억 달러, 2020년까지 1,200억 달러가 투입될 것이라고 보도했다.

한국은 2024년까지 총 13기의 원자력발전소를 추가로 건설하고, 2030년까지 전체 전력의 59%를 원자력에서 얻겠다는 정책을 발표했다. 2020년 27.3GW, 2030년 35GW의 발전설비 용량을 계획하고 있다. 한국수력원자력주식회사는 지난 2009년 한 해에 원자력발전소 건설에 4조 7,000억 원을 지출했으며, 2030년까지 18기의 원자력발전소 건설에 총 40조~50조 원이 투입될 것으로 예상하고 있다.

일본 또한 현재의 54기 운전에 머물지 않고 점차적으로 확대할 계획을 갖고 있다. 현재 전력의 원자력 비중은 30%인데, 2017년까지 최소 40%, 2030년까지 50%로 늘린다는 것이다.

이들 국가가 원자력 확대를 추진하는 데는 크게 두 가지 이유를 들 수 있다. 에너지 수급 안정화와 온실가스 저감이 그것이다.

에너지 수급 안정화

한국과 일본은 에너지 자원 빈국에 속한다. 한국은 1차 에너지원의 97% 이상을 수입에 의존하고 있으며, 일본의 에너지원 해외 의존도는 80%에 달한다. 과거 일본은 화석연료, 특히 중동산 석유에 의존했는데, 1974년에는 전력의 66%를 석유 화력발전소에서 얻기도 했다. 그러나 오일쇼크를 겪으면서 지정학적인 약점을 포함한 자원 빈국으로서의 위협이 극대화되었다. 이를 해결하기 위해 일본은 원자력에 주목했다. 1966년 최초의 원자력발전소 운전에 들어간 이래, 원자력은 1973년 이후 국가 전략 우선순위로 자리 잡게 된다. 그러나 일본은 원자력발전소 건설에만 머물지 않고, 수입한 우라늄의 이용 극대화를 위해 농축에서 재처리까지 일련의 연료주기fuel cycle

를 모두 보유하는 전략을 채택했다. 2010년 6월 일본 경제산업성은 에너지 안보와 온실가스 감축을 위해 2030년까지 에너지 자급률을 70%까지 확대하겠다고 발표했다. 원자력은 이 계획을 실현하는 데 매우 큰 역할을 할 것이라고 전망했다.

한국 또한 원자력발전을 통해 화석연료 비중을 줄이는 목표를 달성하려 한다. 2008년 발표된 「국가에너지기본계획」의 핵심 내용은 2006년 현재의 석유 의존도 43.6%를 2030년까지 33%로 낮추고 화석연료와 비화석연료(원자력, 재생가능에너지)의 비중을 현재의 82:18에서 2030년 61:39로 바꾸겠다는 것이다. 이를 달성하기 위해 원자력을 37.2TOE에서 83.4TOE로 두 배 이상 확대할 계획이다.

중국은 에너지 수입 의존도를 낮추기보다는 석탄에 편중된 전력 생산을 원자력으로 분산·전환하겠다는 전략이다. 중국의 석탄 자원은 북부 또는 북서부에 위치하고 있어 중국 전역의 발전소까지 석탄을 운반해야 하는데, 이때 국가 전체 철도 이용의 절반가량을 동원해야만 한다. 따라서 원자력발전으로 전환하면 석탄 운송에 따른 비용을 아낄 수 있는 것이다. 또한 원자력발전소가 건설되는 중국 동부 해안은 경제발전이 급격히 이뤄지고 있는 지역으로 전력의 생산과 소비가 일치한다는 또 다른 장점이 있다.

온실가스 배출 감소

2006년 현재 중국 본토의 전력 공급은 화력발전소에 전적으로 의존하고 있다. 중국 전력 생산에서 석탄화력은 80%, 석유화력은 2%, 가스화력은 1%의 비중을 각각 차지한다. 특히 오래전에 지어진 소규모 화력발전소는 심각한 대기오염을 유발하고 있다. 세계은행에 따르면 대기오염에 따른 경제적 손실이 중국 국내총생산GDP의 6%가량에 달할 것이라고 한다. 중국은 특히 온실가스 배출에 대한 서방세계의 비판을 누그러뜨리고자 애쓰고 있다. 이미 중국은 미국을 뛰어넘어 가장 많은 온실가스를 배출하는 국가가 되었다.[ ] 이 때문에 온실가스 발생 주범인 화력발전소를 대신해 원자력발전소와 대규모 수력발전소에 관심을 보이고 있다. 중국은 2006년 이후 71GW 용량의 화력발전소가 폐쇄되었다. 2010년 말 발전소 현황을 살펴보면 화력 707GW, 수력 213GW, 원자력 10.8GW, 풍력 31GW로 추정된다.

일본원자력연구개발기구JAEA는 원자력이 온실가스 감축에 큰 기여를 할 것으로 내다봤다. 일본의 온실가스 감축 계획은 2000년 배출치를 기준으로 2050년까지 54%, 2100년까지 90%를 줄인다는 것이다. 이를 위해 2100년의 1차 에너지 구성은 원자력 60%(현재는 10%), 재생가능에너지 10%(현재 5%), 화석에너지 30%(현재 85%)가 되어야 하는데, 따라서 원자력 이용이 온실가스 감축에 51% 기여한다는 것이다.

한국 또한 '저탄소 녹색성장'의 중요한 축으로 원자력발전 확대를 포함시켰다. 2009년 발표된 「국가 온실가스 중기(2020년) 감축목표 설정을 위한 세 가지 시나리오」에 따르면, 매우 미약한 수준이긴 하지만 온실가스 감축을 꾀하고 있다. 원자력발전 확대로 이 목표를 달성하겠다는 것이 국가에너지기본계획과 온실가스 감축 시나리오를 통해 유추할 수 있는 정부의 전략이다.

원자력에너지 확대에 따른 문제점
우선 중국은 원자력발전소의 안전과 관련해 국가 내부에서도 문제점이

■ 중국의 온실가스 총배출량은 연간 2.8% 증가해 2006년 62억 톤에서 2030년 117억 톤에 이를 것으로 전망된다. 이는 전 세계 배출량의 28%에 달하는 양이다.

지적되고 있다. 정책을 연구하고 조언하는 정부기구인 중국 국무원연구실 State Council Research Office은 지난 2011년 1월 원자력발전소 정책과 관련한 보고서를 내놨다. 이들은 2020년까지 70GW의 원자력발전소를 보유하는 것으로 제한할 필요가 있다고 제안하는데, 각 성省이나 기업의 의욕이 지나 쳐 불필요한 발전소 건설로 이어질 것이 예상되기 때문이다. 또한 현재 중국에서 건설 중인 2세대 원자로의 지나친 보급을 경고하는데, 국제사회에서 안전성에 대해 문제를 제기할 수 있다는 불안감 때문이다. 전 세계에 가동 중인 2세대 원자로가 모두 폐쇄된 이후에도 중국은 현재 건설 중인 2세대 원자로를 수명이 다할 때까지 운영해야 할 상황이다.

또 다른 중국의 고민은 발전소 안전을 위한 전문 인력에 관한 것이다. 발전소에서 근무할 엔지니어들은 4~8년간 기술적으로 훈련받을 수 있겠지만, 실제 운전과정에서의 '안전 문화safety culture'를 익히기 위해서는 좀 더 많은 시간이 요구된다. 특히 규제·관리 부문에서 전문 인력이 부족하다는 것을 유심히 살펴봐야 한다. 이들의 급여는 다른 산업의 전문가에 비해 적기 때문에 젊은이들에게 매력적이지 않다는 것이다. 현장에서 일하는 인력의 수 또한 상대적으로 적다. 국무원연구실은 '많은 국가에서 발전소 1기당 30~40명의 관리요원이 종사하는 데 반해, 중국의 국가핵안전국National Nuclear Safety Administration은 단지 1,000명의 스태프만 있다'고 지적한다. 이 보고서는 전문 인력의 수가 2020년까지 네 배 이상 확대되어야만 한다고 조언한다.

한국의 원자력정책과 연구개발R&D은 주로 원자력발전소 건설, 새로운 원자로 설계에 맞추어져 있다. 반면 방사성폐기물의 처리와 관리는 새로이 설립된 방사성폐기물관리공단에 전적으로 맡기고 있다. 한미원자력협정이라는 걸림돌이 있어 재처리가 불가능한 상황이지만, 안정적인 핵연료 공급을 핑계로 다양한 형태의 사용 후 핵연료 재처리를 연구하고 있다. 그러나 원자력발전소로부터 배출되는 방사성폐기물의 안전한 처분을 고려하는 노력은 찾아보기 힘들다. 원자로 폭발이라는 재앙뿐 아니라 영구 처분되지 않은 채 임시 보관된 핵폐기물만으로도 이에 준하는 화가 충분히 일어날 수 있다. 발전소 자체의 안전과 더불어 지금까지 발생한 핵폐기물에 대한 더욱 안전한 처리를 위해 심각히 고민해야만 한다.

경주 핵폐기장 결정을 돌아본다

1978년 고리 1호기를 시작으로 현재 총 21기의 원자력발전소를 운영하고 있지만, 한국은 아직 핵폐기물 처분장이 없다. 다 쓴 핵연료(사용 후 핵연료)를 영구 보관하는 고준위 핵폐기장은 전 세계 어디를 막론하고 건설되지 못했다. 수십만 년, 길게는 수백만 년 동안 사회와 격리해야만 하는 핵쓰레기를 처분할 부지를 찾는다는 것은 말처럼 쉽지 않음이 분명하다. 어느 지역인들 우리의 시간 개념을 뛰어넘는 기간의 안전을 담보할 수 있겠는가. 어느 지역 주민인들 이러한 시설을 내 고장에 유치하려 하겠는가.

사용 후 핵연료를 제외한 방사성폐기물은 모두 중저준위 폐기물로 분류된다. 발전소 내 노동자가 사용했던 작업복, 휴지, 덧신, 장갑, 폐부품 등이 주류를 이루는데, 이런 중저준위 폐기물이라 하더라도 방사성물질에 의해 오염되었기 때문에, '인간의 피해를 방지하고 환경이 오염되지 않도록 방사성폐기물을 적절하게 격리하고 처리 처분'해야만 한다. 정부 공식 자료에 따르면 300년 동안 격리할 필요가 있다고 한다. 사용 후 핵연료 처분에 비하면 짧을지 모르나 300년이란 시간 또한 매우 긴, 열 세대 이상에 해당하는 시간이다. 우리의 지난 300년간의 역사를 생각해보라.

이렇듯 긴 시간 동안 사회로부터의 격리가 필요한 위험한 물질을 다루는 핵폐기장 부지를 선정하는 데 우리 정부는 매우 폭력적이며 비민주적인 절차로 일관했다. 1990년 안면도, 1995년 굴업도, 2003년 부안까지 정부는 일방적으로 부지를 선정했다. 이에 거세게 반발한 지역 주민은 어떠한 공권력·경찰력에도 굴하지 않았고, 결국 정부로부터 계획백지화를 이끌어냈다. 그리고 마침내 핵폐기장 부지 선정이라는 과업이 참여정부로 넘어왔다.

그러나 참여정부가 핵폐기장 부지 선정에 접근하는 방식은 과거 다른 정권과는 차원이 달랐다. 우선 정부는 우여곡절 끝에 2004년 중저준위 핵폐기물과 고준위 핵폐기물을 분리해 폐기장을 선정하는 방식을 채택했다. 그리고 공권력·경찰력으로 폭압적으로 밀어붙이는 대신 참여정부가 선택한 것은 절차적 민주성에 입각한 지역 경쟁이었다. 주민투표 방식을 도입한 것이다. 그러나 그 과정에서 나타난 수많은 부정선거의 요소와 정부의 대응은 참여정부가 얼마나 핵폐기장 선정이라는 성과에 목말라 있었는지를 여지없이 보여주었다. 말이 좋아 주민투표이지, 참여와 민주성은 찾아볼 수 없고 결과만 바라는 난장판이었다.

많은 시민단체가 핵폐기장 '주민투표 과정에 불법적인 요소가 있다'고 문제를 제기했다. 그러나 당시 주무부처였던 산업자원부는 '19년이나 된 숙원 국책사업이 민주적으로 해결됐다'는 얘기만 되풀이했다. 부정이 발생했다는 경고음이 있었지만, 이를 관리하고 규제해야 할 책임이 있는 정부 스스로가 애써 묵인했다.

이 주민투표는 형식만 민주주의로 포장됐지 과정 자체는 그 반대였다. 유치 보상금 3,000억 원에 한국수자력원자력주식회사 본사 이전과 양성자 가속기 유치를 덤으로 얹은 주민투표는 안전성·환경성과는 전혀 무관한 이권사업으로 변질됐다. 유치를 신청한 지역 중 찬성률이 가장 높은 지역 한 곳이 최종 부지로 결정되는 구조에서는 찬성률을 높이기 위한 과열만 존재할 뿐이었다. 선거법에서 금하는 일들이 주민투표를 실시하는 지방자치단체 네 곳에서 경쟁적으로 벌어졌다. 각 지방자치단체에서는 공무원뿐 아니라 군수와 시장이 유치 찬성 측 유세현장에서 삭발로 유치 결의를 나타냄은 물론, 선거를 공정하게 감시해야 할 공무원들이 찬성률을 더 높이기 위해 직접적으로 선거에 개입했다. 또 통장, 이장 조직을 통해 조직적인 불법 부재자투표 신청이 진행됐다.

과정이 이러했음에도 지난 2005년 말 국정홍보처는 '올해의 10대 정책뉴스' 1위로 '중저준위 핵폐기장 부지 확정'을 선정했다. 2005년 참여정부의 정책 중 가장 자신 있었던 것이 고작 관권이 동원된 핵폐기장 주민투표라는 사실이 한심할 따름이다. 여기에 더해 중앙정부는 훈포장을 남발했다. 2006년 1월 25일, 정부는 "이번 포상은 지난해 11월 주민투표를 통해 경주 지역이 원전센터 후보 부지로 결정돼 19년 된 숙원 국책과제가 해결됨에 따라 사업 추진을 위해 각별히 노력한 관계 공무원과 유관기관 임직원을 격려하기 위한 것"이라고 설명했다.

당시 포상을 받은 사람은 총 86명이다. 직업군별로 이들을 분류해보면 참으로 어이없는 특징을 발견하게 된다. 우선 핵폐기장의 안전성은 무시한 채 여러 지방자치단체를 3,000억 원 쟁탈 경쟁에 붙인 비민주적인 주민투표를 기획한 산업자원부 및 중앙부처 공무원 20명이 눈에 띈다. 이들 대부분은 각 지역을 순회하며 주민들에게 일방적으로 핵폐기장에 관한 잘못된 정

■ 2005년 11월 주민투표 과정에서 벌어진 불법적인 실상은 2005년 11월 16일 방영된 KBS 〈추적 60분〉 "11월 2일, 경주와 군산에서는 무슨 일이 있었나" 편에서 자세히 다루었다.

■■ 정부는 관련 기관 홈페이지를 통해 위와 같은 내용을 공지했으나, 어떤 이유에서인지 며칠 만에 해당 페이지가 삭제되었다.

보를 유포시켰고, 시민사회가 주민투표 과정에서의 불법 사안에 대해 시정을 요구했을 때에는 수수방관한 장본인들이다.

여기에 더해 지방자치단체 예산을 유치 찬성 운동에 퍼붓고 유치 찬성 선거운동에 직접 개입한 지방자치단체 공무원 18명, 불법 선거임을 알고도 이를 방조한 중앙 및 지방 선거관리위원 6명, 오로지 핵폐기장 유치만을 위해 각 지역에 사무실까지 차려 그야말로 '올인'했던 한국수력원자력주식회사 직원 및 원자력문화재단 관계자 13명도 포함돼 있다. 그리고 마지막으로 왜 이 사람들이 투표 관련 유공자로 포상을 받는지 전혀 이해할 수 없는, 투표에 절대 개입해서는 안 될 경찰 12명과 국정원 직원 5명이 포함돼 있다. 이 사람들이 주민투표 관련한 포상을 받는 이유는 대체 무엇일까?

정부는 불법으로 얼룩진 주민투표를 자화자찬하고 심지어 포상까지 남발해서는 안 되었다. 대신 주민투표 전후로 있었던 경주, 군산, 영덕, 포항 지역 찬반 주민 간의 갈등과 분열을 치유하기 위한 대책을 마련했어야 했다. 지역 간 갈등을 부추겼던 주민투표가 어찌 훈장을 받을 만한 일이란 말인가.

300년간 사회와 격리해야만 하는 중저준위 핵폐기장을 건설하는 데 부지 안전성은 전혀 고려하지 않고 지방자치단체 간 경쟁을 통해 부지를 선정하는 방식, 결국 그 피해는 벌써부터 하나둘씩 나타나고 있다. 애초 2009년 말까지 완공될 예정이었으나 공사 현장에 바닷물이 들어오는 등 각종 문제로 완공 예정일이 2014년 6월로 두 차례 연기되었다.

지반이 연약해 하루 3,000톤의 지하수가 새어 나오고 있는 곳인데도 정부는 관련 절차를 승인, 2010년 말부터 핵폐기물 처분을 시작했다.

독일의 미래 에너지 시나리오

한·중·일 3국이 원자력발전을 택한 주요 이유는 에너지 수급 안정화와 온실가스 배출 감소로 요약할 수 있다. 반면 후쿠시마 원자력발전소 사고를 통해 얻을 수 있는 교훈, 즉 원자력발전소에서 통제 불가능한 사고가 발생할 경우에 대한 대비책은 이들 국가의 확대 정책 어디에서도 발견되지 않는다. 자국 내 원자력발전소가 안전하게 건설되고 운영될 것이라는 일종의 맹신이 밑바탕에 깔려 있기 때문일 것이다.

현재의 수준에서 원자력발전소는 전력을 생산하는 시설 중 하나일 뿐이다. 만약 위험한 원자력발전소를 대신해 에너지 해외 의존도를 줄일 수 있고 온실가스를 배출하지 않는 에너지원을 선택한다면, 원자력발전소와 관련한 불안과 문제는 매우 간단하게 해결할 수 있다. 독일은 2022년까지의 핵폐기 결정과 2050년까지의 장기 에너지 전략인 '에너지 콘셉트'를 통해 그 가능성을 직접 보여주고 있다. 원자력발전 없이도 한·중·일 3국이 추구하는 목적을 달성할 수 있으며, 더불어 일자리도 창출할 수 있음을 독일의 미래 에너지 시나리오는 보여주고 있다. 현재 독일은 이러한 방향에 맞추어 에너지 효율 개선을 통한 소비 감소와 재생가능에너지 보급을 통한 환경친화적 에너지 공급을 병행하고 있다(제3부의 「독일 정부의 에너지 콘셉트 2050」 참조).

후쿠시마 사고를 목격한 우리 스스로에게 물어보자. 기존의 원자력 확대 계획을 계속 밀고 나갈 것인지, 아니면 또 다른 죽음의 고통을 경험하기 전에 원자력을 포기하고 다른 대안을 찾을 것인지 말이다.

2022년 원자력발전소 완전 폐쇄 선언한 독일

대장균보다 더 무서운 원자력발전소 공포

총 50명의 사망자가 발생한 독일의 대장균 사태 그 한복판이던 2011년 5월 30일, 그러나 이날은 EHEC 대장균 공포가 더는 뉴스의 헤드라인이 아니었다. 후쿠시마 사고 이후 독일 정부가 새로운 에너지 정책을 발표했기 때문이었다. 모든 언론과 방송은 메르켈 정부가 정치적인 수치를 감내하며 발표한 2022년 원자력발전소 폐기 결정을 매우 진지하게 전하며 이를 분석하기에 여념이 없었다.

사실 메르켈 총리는 2010년 8월, 2022년 이전 원자력발전소 폐기를 확정했던 기존의 「원자력법AtG」을 개정해 평균 12년의 수명 연장을 밀고 나갔던 장본인이다. 총선 승리에 도취한 나머지 원자력발전소와 작별하길 원하는 국민 대다수의 마음을 읽지 못했던 것이다. 결국 대규모 반핵 집회의 집중 포화를 피할 수 없었다. 예정대로라면 슈투트가르트 인근에 위치한 네카베스트하임Neckarwestheim 원자력발전소는 2010년 말 35세를 일기로 폐쇄되었어야 했다. 메르켈 총리의 수명 연장 덕분에 이 발전소는 예정된 폐기 일정

을 넘겨 운전할 수 있었다. 2011년 3월 12일 전국에서 모인 6만 명의 시민들
은 장장 45km의 인간 띠를 만들어 늙은 발전소의 조속한 폐쇄를 요구했다.

후쿠시마, 잠자고 있던 체르노빌 악령을 깨우다

인간 띠를 만들고 있던 그 시각, 후쿠시마발 재앙이 전파를 타고 독일에
도 상륙했다. 시민들은 주저하지 않고 거리로 나왔다. 3월 14일 전국적으로
11만 명이 각 지역에서 후쿠시마를 위로하고 원자력발전소의 조속한 폐쇄
를 요구하는 시위를 벌였다. 메르켈 총리는 노후한 7기의 원자력발전소를
즉각 폐쇄해 반핵 여론을 잠재우려 했지만, 2010년 가을의 원자력발전소 수
명 연장을 지켜봤던 독일인들은 그저 정치적인 권모술수로 이해했던 모양
이다. 3월 26일 베를린, 뮌헨, 함부르크, 쾰른 등 독일 네 개 대도시에서 열
린 반핵 집회에는 역사상 가장 많은 25만 명이 길거리로 나왔다. 부모와 함
께 집회에 참석한 어린 형제는 손수 만든 "재생가능한 미래"라고 쓴 현수막
을 펼쳐 들고 이 무리들과 함께 행진했다.

그리고 다음 날, 메르켈 총리를 그로기 상태로 만든 독일 남부 바덴뷔르
템베르크 주州 지방선거가 있었다. 바덴뷔르템베르크 주는 1953년 이후 지
금까지 줄곧 메르켈 총리의 기민당이 정권을 잡았던, 그야말로 아성인 지역

반핵 집회에 참석한 아이들이 직접 그린
현수막 "재생가능한 미래"
© 염광희

이다. 주도인 슈투트가르트의 낡은 역사驛舍를 없애고 철도의 원활한 통행을
위해 새로운 형태의 중앙역을 짓는 '슈투트가르트 21' 프로젝트의 일방적인
추진으로 지역 주민들은 단단히 화가 난 상태였다. 그런 주민들이 후쿠시마
사태를 접하면서 환경·에너지 정책을 가장 우선해 투표에 참여하게 되고,
결과는 독일 역사상 최초의 녹색당 주지사 선출로 이어졌다.

이에 메르켈 총리는 그 이름도 희한한 '안전한 에너지 공급을 위한 윤리위
원회Ethik-Kommission Sichere Energieversorgung(이하 윤리위원회)'를 출범시킨다.
필요한 에너지를 공급하면서 나타날 수 있는 사회적 문제를 살펴보고 해결
책을 찾아보자는 취지였다. 물론 핵심은 독일 내 원자력발전소와 관련한 사
회적 갈등을 어떻게 해결할 수 있을지 전문가의 권위를 빌려 도출해보자는
것이었다. 성직자, 대학교수, 원로 정치인, 재계 인사 등 총 17명으로 구성된
이 윤리위원회는 8주간 활동한 후 5월 말 그 결과를 연방정부에 제출하기로
예정되었다. 그리고 그때가 온 것이다.

다시 돌아 제자리로

윤리위원회의 최종 결과보고서를 받아 든 메르켈 총리는 내각을 소집해
장고에 들어갔다. 일곱 시간을 토론했다고 한다. 사실 이 윤리위원회는 출

범 당시부터 말이 많았다. 원자력발전소 정책 유지를 위해 애꿎은 외부 전문가를 불러 결국 정부가 원하는 답을 이끌어내려는 것이 아닌가 의심하는 눈이 많았다. 이런 이유로 녹색당은 이 윤리위원회에 참여하지 않았다. 그렇게 구성된 윤리위원회에서 2021년까지 원자력발전소를 폐쇄하라고 위원회를 구성한 당사자인 메르켈 본인에게 권고하고 있으니, 한두 시간 토론해서 끝날 일이 아니었을 것이다. 결국 정부는 1년이라는 완충 시간을 두고 2022년까지 모든 원자력발전소를 폐쇄한다는 정책을 결정했다. 2010년 원자력발전소 수명 연장 당시 이를 반대하던 야당을 향해 비웃음을 보내 빈축을 샀던 노르베르트 뢰트겐Norbert Röttgen 독일 연방환경자연보호원자력안전부(이하 환경부) 장관은 이번에는 사뭇 진지한 표정으로 이 폐쇄 결정은 앞으로도 변함이 없을 것이라며 목에 힘을 주었다.

그러나 끝나지 않은 시간표 작성

이번 결과를 독일 내에서는 어떻게 바라볼까? 환경단체는 이번 결정이 민심을 돌려보려는 메르켈의 꼼수라고 혹평한다. 또한 좀 더 일찍 폐쇄해야 할 원자력발전소를 2022년까지 운전할 수 있도록 법으로 보장해준 것이라고 비판하고 있다. 바이에른 주에 위치한 군트레밍겐 C Gundremmingen C 발전소는 적녹연정* 결정 당시 2018년 폐쇄될 예정이었으나, 이번 결정으로 2021년까지 운전할 수 있게 되었다. 과거 적녹연정이 2022년까지 원자력발전소를 폐기하겠다는 계획을 발표했을 때 메르켈 총리의 기민당은 "가능한 한 빨리 이 결정을 폐기하겠다"라고 공언했었으나, 그 기민당이 결국 돌고 돌아 같

━━━━━━━━━━━━━━━

■ 1998년부터 2005년까지 사회민주당(사민당)과 녹색당Bündnis 90/Die Grünen의 연립정부를 일컫는 표현.

은 결정을 내린 꼴이 되었다. 한 라디오 방송은 "예전에 있던 곳으로 우리 다시 돌아왔네"라며 이 결정을 비꼬았다.

이 당시 국정은 메르켈 총리가 이끄는 기민당 - 자유민주당(자민당) 연정이 이끌고 있었지만, 핵 정국의 주도권은 녹색당이 장악했다고 해도 과언이 아니었다. 공영방송 ARD는 2011년 진행된 지방선거의 승리자는 단연 녹색당이라고 간결하게 평가했다. 바덴뷔르템베르크 주지사 당선에 이어 5월 22일 치러진 브레멘 주 선거에서는 기민당을 제치고 녹색당이 2위에 오르는 기염을 토했다. 2011년 9월 치러진 수도 베를린의 지방선거에 앞서 많은 전문가들은 녹색당 후보인 레나테 퀴나스트Renate Künast가 시장이 될 수도 있다는 전망을 내놓기도 했다.* 2010년의 원자력발전소 수명 연장, 후쿠시마 사고와 메르켈 정부의 오락가락 원자력발전소 정책은 독일 녹색당의 약진에 결정적인 역할을 했다.

후쿠시마 사고는 체르노빌 공포를 직접 체험했던 독일인의 내면 깊숙한 곳에서 잠자고 있던 악령을 다시 깨운 사건이다. 원자력발전소에 가장 우호적이었던 보수 정당마저 원자력발전소 폐기를 선언하게 되었으니, 만약 집권당이 바뀔 경우 그 시간표는 더욱더 앞당겨질 가능성도 배제할 수 없다. 녹색당이나 사민당은 자신들의 차별화를 위해서라도 더 빠른 원자력발전소 폐기를 선거 캠페인으로 들고 나올 수 있다. 여기에 더해 30년이 넘도록 해결하지 못한 핵폐기물 처리라는 복병도 여전히 자리 잡고 있다. 중저준위 폐기물을 저장했던 아세Asse 핵폐기장은 관리 소홀로 무너질 위기에 처했으며, 중북부에 위치한 작은 마을 고르레벤Gorleben은 폐기장으로 적합한지의 여부를 1970년대 이래 여태껏 다투고 있는 형편이다. 그래서 이번 메르켈

....

■ 결과는 사민당 보베라이트Klaus Wowereit 시장의 3선 연임으로 끝났다.

정부의 원자력발전소 폐기 결정은 논란의 종착역이 아니라 어쩌면 새로운 출발점이다.

이명박 대통령의 유럽 녹색성장 순방, 어떤 녹색을 보았는가?

2011년 5월 이명박 대통령은 녹색성장을 주제로 유럽 3개국을 순방했다. 그러나 그가 과연 제대로 된 녹색을 보고 왔는지는 의문이다. 원자력발전 폐기를 선언한 독일을 방문해서도 그는 여전히 원자력발전이 한국 입장에서 '클린' 에너지원이라 강변했다. 원자력산업의 강력한 지지자였던 메르켈 독일 총리가 후쿠시마 사고 이후 발 빠르게 핵폐기 시점을 논의하는 상황에서 이명박 대통령의 원자력발전소 확대 논리는 궤변일 수밖에 없다. 덴마크에서는 양국 간 '녹색성장동맹'을 맺었다고 대대적으로 선전했는데, 과연 알맹이가 있는 동맹 선언인지 되묻고 싶다. 아홉 개의 양해각서 체결이 선언의 전부다. 참고로 동맹국 덴마크에는 '클린 에너지원'인 원자력발전소가 현재 단 한 기도 없거니와 건설 계획 또한 전무하다.

이명박 대통령은 독일 언론과의 인터뷰에서 "재생가능에너지의 경제성이 확보되기까지는 많은 시간이 필요"하기 때문에 원자력발전소를 "지속적으로 운영할 것"이라고 밝혔다. '경제 대통령'이 맞는지 의문이 드는 지점이다. 독일과는 달리 한국에서 재생가능에너지가 경제성을 갖지 못하는 이유는 경제성을 확보하게끔 지원 육성하는 정책이 존재하지 않기 때문이다. 관련 기술은 이미 개발되었고 국내의 수많은 기업이 태양전지, 풍력발전기, 태양열 온수설비를 생산하고 있다. 문제는 정책의 부재로 이들 재생가능에너지 기술의 국내 보급이 매우 제한되어 있다는 것이다. 2010년 한국의 태양광산업은 급성장해 제조분야에서 총 5조 9,000억 원의 매출을 달성했는데, 이 중 70%가량인 4조 1,000억 원이 수출에서 발생했다. 오죽했으면 관련 기업들이 수출로 먹고산다고 푸념하겠는가. 이런 상황에서 경제성을 기대하기는 어렵다.

사실 원자력에너지와 재생가능에너지는 경쟁관계에 있는 기술이다. 정치인들이야 그들의 정치적인 수사로 원자력과 재생가능에너지의 동반성장을 위해 지원을 아끼지 않는다고 얘기하겠지만 실상은 전혀 그렇지 않다. 홍보비의 경우 매년 100억 원의 혈세가 원자력 홍보기구인 원자력문화재단에 배정되어 주요 언론 매체를 통해 원자력을 미화하는 데 쓰인 반면, 재생가능에너지 관련 홍보 예산은 2004년부터 4년간 총 12억 원뿐이었다고 한 환경단체는 꼬집었다.

'윤리위원회'에 참여하고 있는 미란다 슈로이어 교수는 후쿠시마 사고 이후 위험한 기술인 원자력산업은 오직 한국과 같이 공기업의 형태로 원자력발전소를 건설·운영하는 경우에만 성장할 수 있을 것으로 전망했다. 유추해보건대 한국은 후쿠시마 사고 이후 다른 나라들이 하나둘 손 놓고 있는 원자력에 더 필사적으로 매달릴 것이고, 관련된 에너지 예산은 원자력산업에 편중될 것이 분명하다. 결국 재생가능에너지의 경제성 확보는 더더욱 요원해지는 것이다.

독일이 2022년 원자력발전소 폐기를 과감하게 선언한 것은 재생가능에너지를 적극 활용하겠다는 복안이 있기에 가능했다. 이에 반해 한국의 녹색성장은 독일의 에너지 정책과는 완전히 다른 방향으로 나아가고 있다.

인터뷰 미란다 슈로이어
독일이 원자력발전소를 버릴 수 있었던 비결

2022년까지 원자력발전소를 완전히 폐쇄한다는 독일 정부의 발표를 이

끝어낸 것은 민간 전문가 17명으로 구성된 '안전한 에너지 공급을 위한 윤리위원회(윤리위원회)'였다. 여기에 참여한 미란다 슈로이어Miranda A. Schreurs 교수는 동아시아 기후·에너지 정책 전문가이자,

베를린 자유대학 환경정책연구소장
미란다 슈로이어

유럽연합EU 환경자문회의 의장을 맡고 있다. 그녀가 몸담고 있는 또 하나의 기구인 독일 연방정부 환경자문회의Sachverständigenrat für Umweltfragen는 2050년까지 독일 전력의 100%를 재생가능에너지로 공급할 수 있다는 시나리오를 2011년 초 발표해 주목을 끌기도 했다. 독일 녹색정책 창시자로 불리는 마르틴 예니케Martin Jänicke의 뒤를 이어, 2007년부터 베를린자유대학 환경정책연구소장으로 재임 중인 그녀를 만나 원자력발전소 폐쇄 결정의 의미 등을 들어보았다.[*]

후쿠시마 이후 독일의 대응

Q. 일본 원자력발전소 사고 이후 유럽 국가 중에서도 유독 독일이 발 빠른 대응을 할 수 있었던 이유는 무엇인가?

매우 흥미로운 점은 후쿠시마 사고 이후 독일과 같이 반응하는 국가가 없다는 것이다. 여러 이유를 들 수 있는데, 우선 체르노빌 사고에 대한 독일인의

[*] 인터뷰는 2011년 5월 25일과 6월 1일 미란다 슈로이어 교수의 집무실에서 이뤄졌다.

기억이다. 독일인은 체르노빌 사고를 겪으면서 매우 심각한 심리적 공황을 경험했고, 원자력발전소 사고로 인한 낙진이 떨어지는 공포를 경험했다. 방사능 낙진이 멀리까지 날아간다는 사실을 경험했다. 반면 프랑스는 독일에 비해 체르노빌발 방사능 낙진의 영향이 적었다.

두 번째는 독일의 반핵 - 환경운동을 들 수 있다. 독일의 녹색당은 환경운동 그룹, 그중에서도 반핵운동 진영이 핵심으로 참여해 만들어졌다. 반핵운동의 성장이 녹색당으로 발전한 사례다. 체르노빌 사고 당시 독일 녹색당은 이미 원내에 진출해 있었다. 녹색당과 환경단체 모두 체르노빌 사고를 계기로 정부의 원자력정책을 비판했다.

또 다른 이유를 들라면 냉전의 경험일 것이다. 이것이 스웨덴과는 다른 점이다. 독일은 동서 갈등의 현장이었다. 서로를 향한 장거리미사일의 영향권이었다. 이들은 소련과 미국의 군사적 갈등을 직접 체험했다. 독일의 반핵운동은 동시에 평화운동이었다. 1970년대 후반부터 1980년대 초반에 이르기까지, 시민들은 독일 땅에 무기가 배치되는 것을 반대하고 또한 핵무기에도 반대하게 된다. 이것이 매우 중요한 지점이다.

스웨덴 또한 과거 원자력발전소 폐기를 결정했다. 그러나 몇 년이 지나 안정적인 전력 공급을 이유로 이 결정을 뒤집었다.

프랑스는 에너지 기업이 국영이라는 점을 명심해야 한다. 반면 독일은 전력산업이 민영화되었고 여기에 더해 체르노빌 사고 직후 매우 강한 환경부가 설립되었다. 원자력 안전과 재생가능에너지 보급이 환경부 소관으로 자리했다. 이러한 것들이 독일의 발 빠른 대응의 요인이라 할 수 있다.

Q. 왜 독일에서는 원자력정책이 계속해서 변화하고 있는 것인가?
정당들이 시간이 흐름에 따라 어떻게 원자력정책에 대응하는지 살펴볼 필요가 있다.

녹색당은 원래 원자력발전소를 반대했고 사민당이 뒤를 따랐다. 기민당은 지금까지 원자력발전소가 안 된다는 얘기는 한 적 없지만, 아마도 지금은 할 것이다. 기독사회당(기사당) 또한 마찬가지다.

다른 대부분의 국가와 다른 점은 거의 모든 정당이 원자력발전 폐쇄를 얘기하고 있다는 것이다.

1998년 녹색당이 정권을 잡았을 때 가장 우선하는 정책이 원자력발전 정책의 종식이었다. 가동기간만큼 운전하고 폐쇄한다는 것이었다. 심지어 지금의 기민 - 기사연합도 국가적인 결론은 어쨌든 원자력 폐기라고 말한다. 얼마나 빨리 하느냐의 문제일 뿐이다.

혹자는 수명 연장이 시민 여론을 바꾸려는 첫 단계로, 결국은 원자력발전소 건설로 이어질 것이라고 전망하지만, 기민당 - 자민당 연정에서는 공식적으로 이에 대해 어떠한 언급도 하지 않았다.

Q. 후쿠시마 사고 후 독일에서는 역사상 최초의 녹색당 주지사가 선출되었다. 이러한 결과가 나온 원인은 무엇이며, 이후 연방정부 결정에 어떤 영향을 미치고 있는가?

2011년 3월의 바덴뷔르템베르크 주 선거 결과가 원자력발전소 폐기 정책 결정의 유일한 이유는 아니다. 2010년 가을 보수연정이 에너지 정책을 변경하자 극히 일부는 이에 찬성했지만, 대다수는 여전히 그 결정에 반대했다. 후쿠시마 사고가 일어나지 않았다면, 야당은 이 수명 연장 결정을 헌법재판소에 가져가 위헌성을 다퉜을 것이다. 그런 와중에 후쿠시마 사고가 일어났고, 바덴뷔르템베르크에서 녹색당 주지사가 탄생한 것이다.

바덴뷔르템베르크는 새로운 역사를 건설하는 '슈투트가르트 21' 프로젝트를 잘 지켜봐야 한다. 환경문제뿐 아니라 톱다운too-down식 의사 결정으로 주민들은 자신들의 의견이 무시당하는 일을 경험했다. '슈투트가르트 21'과 2010년 가을의 원자력발전 수명 연장, 그리고 후쿠시마 사고가 매우 보수적이면서 동시에 환경친화적인 이 지역의 유권자를 움직였다. 전통적인 기민당 지지자들이 이탈했고, 정책 결정 과정의 문제가 투표로 표현되었다.

동시에 벌어진 일련의 사건으로 인해 현 정부는 반응을 보여야 했다. 또한 시위대에 반응을 보여야 했다. 후쿠시마 사고 후 25만 명의 시위대가 길거리로 나섰다. 매우 큰 사건이다. 이는 원자력발전소의 수명 연장에 대항한 것이다. 이를 계기로 기민당 내부에서도 과연 옳은 결정이었는지 자문하고 있다.

Q. 독일의 경우 보수당이 집권하면서 친원자력정책을 폈고 원자력발전소의 수명을 연장해주었다. 후쿠시마 사고 이후 상황이 바뀌었다고는 하지만 어느 정당이 집권하느냐에 따라 이렇게 국가 에너지 정책이 바뀌는 것에 대한 해결책은 무엇인가?

현 보수 연정을 구성하고 있는 기민당, 기사당, 특히 자민당의 경우 전체는 아니지만 일부에 원자력산업 지지자가 있는 것이 사실이다. 이들은 2020년 경 원자력발전소를 폐쇄하는 것은 경제적으로나 온실가스 배출에 이롭지 못하다고 주장한다. 원자력발전소를 가능한 한 오래 사용하는 것이 기후보호 목표를 달성하는 데 유리하다는 것이다. 이러한 배경으로 지난 2010년 가을 원자력발전소 수명 연장이 결정되었다.

정권에 따라 정책이 변화하는 것은 어쩌면 당연한 결과다. 그러나 이러한 상황을 다른 측면에서 바라보면 아주 재미난 결과를 발견할 수 있다. 현재 독일에서 벌어지는 원자력발전소 폐기 논쟁을 지켜보면, 녹색당이나 사민당에게는 이러한 정책의 변화가 일종의 기회로 작용하고 있다는 것이다. 바덴뷔르템베르크 지방선거 이후 치러진 지난 5월 22일의 브레멘 지방선거에서 녹색당은 2위를 차지했다. 사민당과의 재집권에 성공했을 뿐 아니라, 사상 최초로 기민당을 3위로 추락시키는 수모를 안겨줬다. 녹색당은 2010년 가을 이후로 원자력에너지 정책과 관련해 상당한 이득을 보고 있다.

기민당과 자민당 연정은 자신들이 연장했던 원자력발전소 수명을 예전으로 돌려놓았다. 그러나 녹색당은 이전과는 다른 더욱 강력한 원자력발전소 폐기 정책을 준비하고 있을 것이다. 사민당도 기민당 - 자민당 연정과 다른 원자력발전소 폐기 시간표를 짜고 있을 것이다. 즉, 이들 각 당은 여전히 정책에서 차이를 보이고 있다.

다음 선거는 오는 9월 베를린의 지방선거다. 과연 이 선거에서 녹색당이 어떤 결과를 얻을 것인지, 과연 1위를 차지해 녹색당 출신 시장을 배출할 것인지에 관심이 모이고 있다. 이 선거 결과로 독일 상원의 정치 지형이 완전히 바뀔 수도 있다.[*]

Q. 2011년 1월, 2050년까지 독일 전력 100%를 재생가능에너지로 공급할 수 있다는 시나리오를 발표했는데, 그것이 과연 실현 가능한가?

이미 2008년부터 연방정부 환경자문회의에서 100% 재생가능에너지 전력

---

[*] 2011년 6월 녹색당은 메르켈의 2022년 원자력발전소 폐기 정책에 동의했고, 이로써 녹색당의 핵정국 주도권은 급속도로 약화되었다. 녹색당의 베를린 시장 후보로 나온 레나테 퀴나스트는 유세 도중 승용차의 도심 내 속도제한을 언급했는데, 이후 지지도가 현저히 떨어졌다. 선거 결과, 사민당(28.3%), 기민당(23.3%), 녹색당(17.6%) 순으로 순위가 정해졌고, 사민당 출신의 동성애자인 보베라이트 시장이 3선에 성공했다.

이 가능하다는 시나리오가 발간되었다. 그뿐만 아니라 독일 연방환경청 Umweltbundesamt, 세계자연보호기금WWF, 그린피스 등에서도 재생가능에 너지 100% 시나리오를 내놨다.

재생가능에너지로 전력의 100%를 공급하는 것은 기술적으로 100% 가능 하다. 그러나 전력 가격이 상승할 수 있다. 만약 다른 나라와 협력할 경우 가격은 저렴해질 것이다.

이를 달성하기 위한 몇 가지 조건이 있다. 우선 에너지 효율을 증가시켜 수요를 줄여야 한다. 또한 재생가능에너지의 출력 효율을 높이기 위해 풍력 발전의 경우 리파워링Repowering(소형 풍력발전기를 대형 풍력발전기로 교체하 는 작업)이 필요하다. 적재적소에 재생가능에너지를 보급하는 것도 필요하 다. 예를 들어 어느 지역에 해상풍력과 대규모 태양광을 보급할 것인가를 고민해야 한다.

재생가능에너지로 전력의 100%를 공급하겠다는 것은 과거 원자력과 석 탄이 담당했던 기저부하based load의 역할을 재생가능에너지가 담당한다는 것이다. 이를 위해서는 전력을 저장하는 기술이 보급되어야 한다. 노르웨이 등에 이미 많이 건설된 댐을 양수발전소로 활용하는 것도 하나의 방법이며, 지역 분산적인 에너지 저장, 메탄을 활용한 저장, 스마트 그리드 보급 등을 들 수 있다.

100% 재생가능에너지 전력을 달성하기 위해 무엇보다 필요한 것은 새로 운 송전망의 건설이다. 현재의 송전망으로는 대규모 재생가능에너지 전력 을 나르는 데 문제가 있다. 연구에 따르면 약 3,000km의 새로운 송전선이 필요한데, 새로운 송전선 건설과 관련한 시민 수용성 확보가 문제로 남아 있다.

Q. 후쿠시마 원자력발전소 사고 이후 일본 정부의 대응, 국제사회의 대응에 대해 어떻게 평가하나? 주변 국가들이 당장 시급하게 해야 할 일은 무엇인가?

일본 정부는 쓰나미 처리와 후쿠시마 사고에 대응하느라 매우 바빠 보인다. 때문에 미래 에너지 정책에 대해서는 이제부터 천천히 논의를 시작하는 것처럼 보인다. 상황이 바뀌는 것은 감지되고 있다. 간 총리는 하마오카浜岡 발전소의 가동 중지를 명령했다. 또한 새로운 원자력발전소를 더는 건설하지 않겠다고 선언했다. 이전 정권에서는 전력의 50% 이상을 원자력발전에 의존하겠다고 밝혔지만, 현 정권은 그렇게 하지 않을 것이다.

일본은 지금까지와는 다른 에너지 정책을 펼칠 것이다. 시민들이 후쿠시마 사고로 피해를 입었기 때문이다. 그러나 여전히 원자력산업이 매우 강력하기 때문에 독일처럼 원자력발전소 폐쇄를 선언하기는 어려울 것이다. 미래에 어떻게 될지는 모르지만 재생가능에너지를 매우 강력하게 보급할 것이고 원자력정책은 예전과는 다를 것이다. 더불어 원자력산업에 지금과 같은 지원이 지속되지는 않을 것이다. 후쿠시마 사고를 복구하는 데 비용이 들기 때문이다.

후쿠시마 사고가 미국에는 다른 영향을 미쳤다. 미국은 자국 내 모든 원자력발전소의 안전성을 점검하고 있다. 미국 핵규제위원회Nuclear Regulatory Commission의 아직 공개되지 않은 1차 리포트 초안에서는 현재 가동 중인 미국 내 원자력발전소 안전과 관련한 많은 문제－안전설비가 제대로 갖춰 있지 않고 제대로 작동되지 않는 등－가 지적되었다. 이에 따라 안전과 관련한 정책의 변화가 있을 것이다.

미국이 독일만큼 확고한 원자력발전소 폐기로 가지는 않겠지만 미국 내 새로운 원자력발전소 건설은 매우 어려울 것이라고 전망한다.

독일은 국제사회에 정책 모델 역할을 하고 있다. 독일이 정책을 바꾸어 성공하면 다른 나라는 독일을 보고 원자력에 대해 고민할 수밖에 없을 것이다. 독일이 원자력발전소 폐기에 성공하면 자연스레 재생가능에너지 전력 생산단가는 급속히 하락할 것이다.

에너지 정책의 확산과 관련한 좋은 사례는 독일의 「재생가능에너지법 Erneuerbare Energien Gesetz: EEG」이다. 기준가격매입제도Feed-in-Tariff: FIT로 알려진 이 법이 독일에서 성공하면서 많은 나라들이 이 제도를 채택했다. 정책 모델이 작동하면 다른 나라는 이에 대해 관심을 가질 수밖에 없다. 선구자의 장점 중 하나는 기술 리더가 될 수 있다는 것이다. 독일의 목표 중 하나는 재생가능에너지 관련 기술에서 리더가 되는 것임을 짐작할 수 있다.

윤리위원회

Q. 메르켈 총리가 윤리위원회를 설치했고, 당신은 이 위원회에 참여하고 있다. 위원회에 대해 소개를 해달라.

후쿠시마 사고 직후 정부는 두 개의 특별위원회를 설치했다. 원자로안전위원회Reaktor-Sicherheitskommission에서는 기술적인 내용을 다루는데, 예를 들면 실제로 발생할 수 있는 사고 — 비행기 충돌, 지진 등 — 로부터 정말 안전한지 살펴본다. 윤리위원회는 에너지 사용 이면에 있는 문제, 어떻게 에너지를 안정적으로 공급받는지 등을 다룬다.

모든 에너지에는 부정적인 면이 있다. 가령 풍력발전은 소음과 경관 문제, 태양광은 희토류와 땅 이용 문제, 석탄의 경우 수천 명이 사망하는 탄광 사고 등을 들 수 있다. 원자력발전소는 사고 확률은 매우 낮지만 사고가 날 경우 그 규모가 얼마나 큰지, 누가 피해를 보는지, 피해자가 노동자에 국한되는지 아니면 주변 지역 다른 주민들에게까지 영향을 미치는지, 또한 다음 세대에도 영향을 주는지 살펴본다. 아직까지 명쾌한 답은 없지만 핵폐기물 문제도 매우 주의 깊게 다루어야 하는 주제다. 결국 세대 간 형평성 문제를 다루는 것이다.

위원회에서 매우 많은 시간을 할애하는 또 다른 문제는, 원자력이 안전하지 않다면 문 닫을 발전소를 어떻게 결정할 것인가 하는 것이다. 그리고 원자력발전소 가동에 따른 위험을 어떻게 줄일 것인가, 만약 모든 원자력발전소를 당장 폐쇄한다면 발전소에 존재하는 핵연료는 어떻게 할 것이며, 국가 경제를 위해 얼마나 신속히 다른 에너지원을 이용할 수 있겠는가, 얼마나 빨리 또는 천천히 폐쇄할 것인가 하는 것 등이다.

연방정부는 이 위원회의 조언을 듣기 위해 결정을 기다리면서 동시에 정부 내부에서도 매우 심도 깊은 논의를 진행 중이다.

Q. 윤리위원회의 결정과 연방정부의 최종 결정에 대해 간략히 소개해달라.

윤리위원회의 경우 출신 배경이 매우 다른 전문가들이 한데 모여 2021년까지의 원자력발전소 폐기 결정을 이끌어냈다는 것 자체가 매우 중요하다. 물론 정부는 1년의 완충 기간을 두어 2022년까지 폐쇄하겠다는 결정을 내렸다.

연방정부의 결정은 1980년 이전에 건설된 7기에 대한 신속하면서도 완전한 폐쇄 결정이었다. 이건 매우 건설적인 결정이다.

물론 이와 같은 결정에 따른 도전도 있다. 실질적으로 얼마나 빨리 재생 가능에너지를 보급하고 에너지 효율을 개선할 것인가 하는 것이다.

결론적으로 연방정부의 결정은 매우 흥미진진한 결정이다. 모든 나라가 독일을 지켜보게 만들었다.

Q. 윤리위원회 최종 보고서와 연방정부 결정에 차이는 없었는가?

윤리위원회의 권고와는 달리 연방정부는 몇 기의 발전소를 임시 발전원으로 지정해 완전한 폐쇄까지 시간을 두었다. 또한 윤리위원회는 원자력발전소 폐쇄가 완료될 때까지 이를 감시하고 조언할 전문가를 연방정부와 연방의회에 배치할 것을 권고했지만, 이 또한 받아들여지지 않았다.

Q. 연방정부 결정에 만족하는가?

폐쇄 시기가 조금 더 앞당겨졌으면 하는 아쉬움이 남지만 전반적으로 만족한다. 개인적으로 우려하는 부분은 연방정부가 원자력발전소 폐쇄에 따른 전력 부족을 이유로 새로운 석탄 화력발전소 건설을 밝혔다는 것이다. 석탄 대신 천연가스 발전소로 보완이 가능한데도 말이다.

후쿠시마와 한국

Q. 1인당 전력소비의 경우, 2000년 5,586kWh에서 2010년 9,510kWh로 두 배가량 증가하는 등 한국의 최근 10년간 에너지 소비가 급증한 데 반해, 1차 에너지의 재생가능에너지 비중은 1.5%뿐이다. 일본도 거의 비슷하다고 알고 있다. 이런 나라들도 원자력 포기가 가능한가?

한국은 일본과 매우 비슷하다. 강력한 원자력산업이 있고 원자력 관련 기술 잠재력 또한 상당하다. 이미 수출을 성사키기도 했다. 원자력을 기후보호나 대기오염에 대한 대안이라 생각할 수도 있을 것이다. 그러나 후쿠시마 사고는 한국에 충격일 수밖에 없고, 결국 새로운 원자력발전소 건설을 어렵게 할 것이다. 시민사회나 지역공동체는 원자력발전소를 반대할 것이다.

또한 원자력발전소 건설비용은 이전보다 비싸질 것이다. 원자력산업계가 지불하지 않고 정부에 떠맡겼던 보험이나 핵폐기물 처리 비용과 같은 숨겨진 비용hidden cost이 드러나게 될 것이다.

한국의 환경운동은 매우 강하지만 반핵운동은 독일에 비해 강력하지는 않을 것이다. 그러나 후쿠시마 사고를 계기로 한국의 반핵운동이 일어날 것이고 결국 한국에서도 어느 정도 에너지 정책의 변화가 일어나지 않을까 전망해본다.

한국에서 완전한 원자력발전소 폐쇄는 현재로선 상상하기 매우 어렵다. 그러나 독일에서 성공한다면, 한국의 원자력산업은 그 영향을 받아 하락할 것이다. 가까운 미래에 신규 원자력발전소 건설에 관한 좀 더 까다로운 새로운 기준이 도입될 것이다. 사고 위험이 있는 국가, 핵폐기물 처리가 미지수인 국가, 정치적으로 불안한 국가 등에 원자력발전소를 수출하는 것이 매우 어려워질 것이다. 어느 누가 파키스탄이나 이란에 원자력발전소 건설을 원하겠는가? 내 수업시간에 한 학생이 북한의 원자력 안전 기준에 대해 질문을 했는데, 누가 여기에 대해 명확하게 얘기할 수 있겠는가?

독일의 핵폐기 결정, 그 배경과 영향

■

《황해문화》 72호(2011년 가을)에 실린 글을 수정 보완한 것으로
이 글에서는 원자력발전을 핵발전으로 표기한다.

■

2011년 독일은 2022년까지 자국 내 핵발전소를 완전 폐기하겠다는 정부 입장을 결정하고 하원과 상원으로부터 인준을 받았다. 이로써 핵발전 기술 강국이며 국가 전력의 28%[*]를 핵발전에 의존하는 전 세계 핵발전 5위 대국 독일은 순차적인 핵폐기를 진행할 예정이다.

1960년 이래 정부 차원에서 핵발전을 주요한 에너지원으로 보급 육성하던 독일은 1970년대부터 시작된 반핵평화운동에 직면하면서부터 시민들과 마찰을 빚었다. 이후 1980년 독일 녹색당의 창당, 1983년 녹색당의 원내 진출, 핵발전소 건설 문제를 다투는 법적 소송 중에 탄생한 민간 환경연구소인 생태연구소Öko-Institut e.V.의 등장 등으로 반핵 진영은 정치적 힘과 전문성 모두를 겸비하게 되었다.

1986년 일어난 체르노빌 사고로 독일 전역은 방사능 낙진을 경험해야 했는데, 이는 안전을 중시하는 독일인들에게 상당한 공포로 작용했다. 지역

■ 2010년 말 현재.

차원에서의 핵에너지 거부 운동은 결국 대안에너지를 모색하는 운동으로 이어졌고, 작은 마을인 쇠나우Schönau에서 펼쳐졌던 시민운동은 시민에 의한 재생가능에너지 전력회사 설립이라는, 당시로서는 상상하기 어려운 제도적·물리적 장벽을 뛰어넘는 거대한 흐름으로 이어졌다.

이어 등장한 사민당-녹색당 연정은 독일 핵에너지 정책에 일대 혁명적인 변화를 가져왔다. 2000년 제정된 「재생가능에너지법」으로 누구나 재생가능에너지 전력시설의 건설뿐 아니라 경제적인 이윤 추구가 가능하게 되었다. 또 2002년 개정된 「원자력법」에는 그간의 내용과는 달리 신규 핵발전소 건설 금지와 운전 중인 핵발전소는 수명이 다할 경우 폐쇄한다는 내용이 포함되었다. 그러나 2009년부터 새롭게 연립정부를 구성한 기민당과 자민당 보수 정권은 2010년 가을 「원자력법」 개정을 추진, 2022년경 폐쇄 예정이었던 자국 내 핵발전소의 수명 연장을 결정했다. 이는 다시 독일 내 반핵 진영의 반대 운동을 불러일으키는 계기가 되었다. 그리고 2011년 3월 11일 후쿠시마 사고는 핵산업에 우호적이던 앙겔라 메르켈 총리조차 핵발전 폐쇄를 선언하도록 만든 결정적인 단초가 됐다. 사고 직후 즉각적으로 노후한 7기의 핵발전소 가동을 3개월 동안 중단한다고 선언하고, 뒤이어 '안전한 에너지 공급을 위한 윤리위원회'를 구성해 핵폐기 시점을 논의하기에 이른다. 8주간 운영된 윤리위원회의 결정을 받아 든 메르켈 총리는 2011년 5월 30일, 2022년까지 모든 핵발전소의 폐기를 공표했다.

독일이 핵폐기를 선언하기에 이른 결정적인 계기는 시민의 핵발전소 반대 운동으로 요약할 수 있다. 50여 년 전 핵발전소 건설을 처음 시작했을 때부터 핵발전소 건설 예정지 지역 주민은 집회, 점거, 소송을 포함한 다양한 방식의 저항운동을 펼쳤으며, 체르노빌 사고를 겪은 뒤에는 핵발전을 뛰어넘는 대안에 대해 심도 깊게 고민하게 된다. 이러한 시민운동은 결국 녹색당이라고 하는 정당 형태로 나타났고, 녹색당은 원내 진출뿐 아니라 사민당과의 연정을 통한 집권으로 그 영향력이 정점에 이르렀다. 비록 정권이 바뀌어 메르켈 정부가 핵발전 수명 연장을 단행했지만, 후쿠시마 사고 이전에도 메르켈 총리의 결정을 비판하는 무수한 반핵 시위가 전국에서 펼쳐졌다. 후쿠시마 사고는 바덴뷔르템베르크 주 선거에서 녹색당 주지사 선출이라는 새로운 역사를 만들어냈지만, 이 역사를 만든 주인공은 다름 아닌 그 지역 시민, 지역 유권자였다. 메르켈 총리가 채 1년도 되지 않아 자신이 추진했던 핵발전 수명 연장을 폐기하는 정치적인 수치를 감내하는 것도 결국 시민들의 반핵운동에 따른 결과로 봐야 할 것이다.

최근 독일의 핵폐기 결정은 이웃 국가에 상당한 자극이 되고 있다. 독일은 유럽 경제의 20%를 차지하는 제조업 중심의 에너지 다소비 국가이다. 그런 독일이 핵발전을 폐기한다는 결정을 내린 것은 핵발전 없이 에너지 문제와 경제 발전을 동시에 해결하는 것이 가능하다고 풀이할 수 있기 때문이다. 주민투표를 거쳐 핵발전을 거부한 이탈리아나 2034년까지 핵폐기를 결정한 스위스, 추가적인 새로운 핵발전소 건설 금지를 천명한 핀란드의 사례는 독일의 최근 정책 변화에 따른 것으로 볼 수 있다.

이 글은 독일의 핵발전 시작부터 최근의 폐기 결정에 이르기까지를 반핵운동의 흐름과 함께 시간 순서로 살펴봄으로써, 이번 핵폐기 결정의 배경이 시민들의 반핵 요구에 반응한 것임을 보여줄 것이다.

독일의 핵발전 보급

독일은 다른 경제 선진국과 마찬가지로 1950년대 후반부터 핵산업에 대한 연구 지원을 시작했다. 1957년 10월 31일 바이에른 지역 가르힝Garching이라는 마을에 뮌헨공대 주도로 '원자란原子卵, Atomei'이라는 이름의 실험로가 운전에 성공한 것이 동서독 통틀어 최초의 핵시설 가동이다. 이후 핵에너지 육성을 목적으로 1960년 1월 1일부터 「원자력의 안전한 이용과 위험을 예방하기 위한 법AtG(원자력법)」이 시행되었으며, 1961년 프랑크푸르트 서쪽의 작은 마을인 칼슈타인Karlstein am Main에 만들어진 실험로가 처음으로 전력 계통 연결에 성공했다. 이 마을은 이를 기념하기 위해 현재까지 마을 휘장에 원자 기호를 삽입해 사용하고 있다(Isenson, 2009).

전력 생산을 목적으로 만들어진 최초의 상업 핵발전소는 1962년 12월 12일부터 바이에른 주 군트레밍겐 마을에 건설된 250MW 용량의 군트레밍겐 A 발전소인데, 1966년부터 상업운전에 들어가 1977년 1월 13일 폐쇄될 때까지 총 13.8TWh의 전력을 생산했다(KGG, 날짜 없음).

동독에서는 1960년 1월 1일 공사에 들어가 1966년 10월 11일부터 상업운전을 시작한 라인스베르크Rheinsberg 발전소가 최초의 핵시설이지만, 이는 실험로 수준이었다. 동독 최초의 전력 생산용 핵발전소는 그라이프스발트Greifswald에 세워진 동명의 발전소로 러시아 기술로 지어진 440MW 시설이었다. 이곳에서만 같은 용량으로 총 5기가 운전되었으나, 1990년 통일 이후 동서독 간 안전 규정의 차이로 인해 동독 지역의 모든 핵발전소는 가동을 중단해야만 했다(AP, 1990).

서독지역의 본격적인 핵발전소 건설은 1970년대에 그 붐을 맞는다. 1970년에만 1월 1일 헤센 지역 비블리스 ABiblis A 발전소 건설을 시작으로, 4월 15일 슐레스비히홀슈타인 주의 브룬스뷔텔Brunsbüttel 발전소와 10월 1일 바덴뷔르템베르크 주의 필립스부르크Philippsburg 1호기 건설이 시작됐다. 1977년 7월 7일 필립스부르크 2호기 건설까지 1970년대 서독에서만 총 17기의 핵발전소 건설이 진행됐다. 두 차례의 석유위기로 인해 독일에서의 핵에너지 개발은 더욱 탄력을 받게 된다(Isenson, 2009).

표 1 독일의 상업용 핵발전소(착공순)

발전소명	지역	용량 (MW)	건설 시작	상업운전 시작	폐쇄(예정)**		
Gundremmingen A	바이에른	250	1962.12.12	1967.04.12	1977.01.13		
Lingen	니더작센	183	1964.10.01	1968.10.01	1977.01.05		
Obrigheim	바덴뷔르템베르크	340	1965.03.15	1969.04.01	2005.05.11		
Stade	니더작센	540	1967.12.01	1972.05.19	2003.11.14		
Würgassen	노르트라인베스트팔렌	640	1968.01.26	1975.11.11	1994.08.26		
Biblis A	헤센	1,167	1970.01.01	1975.02.26	2011	2020	2011
Greifswald 1(구동독)	메클렌부르크포어포메른	408	1970.03.01	1974.07.12	1990.12.18		
Greifswald 2(구동독)	메클렌부르크포어포메른	408	1970.03.01	1975.04.16	1990.02.14		
Brunsbüttel	슐레스비히홀슈타인	771	1970.04.15	1977.02.09	2013	2020	2011
Philippsburg 1	바덴뷔르템베르크	890	1970.10.01	1980.03.26	2013	2020	2011
Biblis B	헤센	1,240	1972.02.01	1977.01.31	2011	2019	2011
Neckarwestheim 1	바덴뷔르템베르크	785	1972.02.01	1976.12.01	2011	2019	2011
Greifswald 3(구동독)	메클렌부르크포어포메른	408	1972.04.01	1978.05.01	1990.02.28		
Greifswald 4(구동독)	메클렌부르크포어포메른	408	1972.04.01	1979.11.01	1990.06.02		
Isar/Ohu 1	바이에른	878	1972.05.01	1979.03.21	2012	2019	2011
Unterweser	니더작센	1,345	1972.07.01	1979.09.06	2013	2020	2011
Krümmel	슐레스비히홀슈타인	1,346	1974.04.05	1984.03.28	2021	2033	2011
*Grafenrheinfeld	바이에른	1,275	1975.01.01	1982.06.17	2015	2028	2015
Mülheim-Kärlich	라인란트팔츠	1,219	1975.01.15	1987.10.01	1988.09.09		
*Brokdorf	슐레스비히홀슈타인	1,410	1976.01.01	1986.12.22	2022	2033	2021
*Grohnde	니더작센	1,360	1976.06.01	1985.02.01	2019	2032	2021
*Gundremmingen B	바이에른	1,284	1976.07.20	1984.07.19	2017	2030	2017
*Gundremmingen C	바이에른	1,288	1976.07.20	1985.01.18	2018	2030	2021
Greifswald 5(구동독)	메클렌부르크포어포메른	408	1976.12.01	1989.11.01	1989.11.24		
*Philippsburg 2	바덴뷔르템베르크	1,402	1977.07.07	1985.04.18	2019	2032	2019
*Emsland	니더작센	1,329	1982.08.10	1988.06.20	2022	2034	2022
*Isar/Ohu 2	바이에른	1,410	1982.09.15	1988.04.09	2021	2034	2022
*Neckarwestheim 2	바덴뷔르템베르크	1,310	1982.11.09	1989.04.15	2023	2036	2022

* 현재 가동 중인 발전소
** 폐쇄 예정의 경우, 좌측부터 2002년 적 - 녹 연정 결정/ 2010년 수명 연장 결정/ 2011년 새로운 결정의 폐쇄 예정 시기. 2011년은 이미 폐쇄.
자료: atw(2010) 내용을 바탕으로 필자 재구성.

반핵운동과 녹색당의 창당

1970년대 핵발전소의 폭발적인 증가는 지역 주민의 반발을 불러일으켰다. 독일 반핵운동이 규모를 갖추고 조직적으로 펼쳐진 것은 1975년 프라이부르크 인근 빌Wyhl 핵발전소 반대 운동이다(Isenson, 2009). 독일 정부는 1973년 프라이부르크에서 북서쪽으로 30km 떨어진 프랑스 접경 지역 빌 마을에 핵발전소 건설 계획을 발표했다. 초기에는 이 마을에서 생활하는 와인 생산자, 농부, 어부 등이 분산적으로 반대 집회를 가졌으나, 마침내 이들은 시민조직Bürgerinitiative을 만들어 조직적으로 핵발전소 계획에 대항하게 된다.▪ 유지훈(1990)은 "원자력발전소 건설 과정에서 그 지역 주민의 여론이 반영되지 않은 채 정당, 압력단체 그리고 관료가 모든 것을 결정하고 있"어 지역 주민은 "그들의 요구를 관철시키기 위하여 직접 행동"을 택했다고 그 배경을 설명하고 있다.

여기에 프라이부르크 지역 대학생까지 가세해 반대 운동의 규모는 점차 확대됐다. 이윽고 1975년 독일 역사상 최초의 조직적 반핵운동이 시작됐다. 시민조직은 2월 18일 빌 발전소 예정지를 점거했다. 이틀 후 경찰은 물대포를 동원해 시위대를 해산했지만, 며칠이 지난 2월 23일 시위대는 또다시 예정 부지를 점거해 장기전에 돌입했다. 이들의 점거는 전국적인 지지를 이끌어내는데, 시민조직에 따르면 1975년 2월부터 11월까지의 점거 기간에 약 8만 명이 이들을 방문했다(≪Spiegel≫, 날짜 없음). 같은 기간 여러 차례 법원

▪ 여러 학술 논문에 따르면, 독일의 '신사회운동new social movement'은 바로 빌 마을에서 일어난 핵발전소 반대 시민조직의 탄생에서 시작되었다(Engels, 2003: 105). 또 다른 문헌에서는 이 운동을 지역 주민이 핵산업계에 대항해 직접 행동과 시민불복종운동을 펼친 대표적인 사례로 손꼽는다. 빌 발전소 반핵운동의 성공은 독일뿐 아니라 유럽과 북미 여러 지역으로 퍼져나갔다(Patterson, 1986: 113).

공청회가 열리기도 했다. 이 과정에서 과학적인 연구 집단이 탄생했다. 현재 독일뿐 아니라 해외에서도 널리 알려진 독일생태연구소는 이 빌 핵발전소 건설에 반대하는 지식인 27명이 모여 만든 것이다. 이들이 당시부터 사용한 주요 모토는 "우리가 스스로 행동할 때에만 우리는 희망을 품을 수 있다Wir können nur hoffen, wenn wir selbst handeln"는 것이다(Öko-Institut e.V., 2006). 결국 발전소 건설 계획은 계속 미뤄지다 1995년에 예정 부지가 자연보호구역으로 지정되었다(Engels, 2003: 103).

빌 반핵투쟁 이후, 전국적인 핵발전소 건설 계획을 저지하기 위해 해당 지역에 주민조직이 만들어지고 격렬한 반대 투쟁이 벌어졌다. 1976년 11월 13일, 독일 북부 슐레스비히홀슈타인 주의 브로크도르프Brokdorf 신규 핵발전소 건설 예정지에서는 약 2만 5,000명의 시위대가 모여 계획 철회를 요구했다. 종교인들의 사회로 평화롭게 진행되던 시위는 경찰 저지선을 넘어선 수천의 시위대와 경찰의 충돌로 결국 130여 명의 부상자를 발생시켰다. 1977년 2월 19일에는 이 브로크도르프 발전소 건설에 반대하는 5만 명이 시위에 참여해, 결국 행정법원으로부터 1981년까지 건설 계획을 유예한다는 결정을 얻어냈다(≪Spiegel≫, 날짜 없음).

몇 달이 지난 1977년 9월 24일에는 노르트라인베스트팔렌 지역의 칼카어 Kalkar에 건설 예정된 고속증식로에 반대하기 위해 5만 명이 모여들었다. 이미 이때부터 독일 반핵운동의 상징이 된 노란색 바탕에 빨간 색의 웃는 태양이 들어간 "핵발전? 사양합니다Atomkraft? Nein, Danke" 포스터가 등장해 전국적으로 인기몰이에 들어갔다. 1979년 3월 29일 미국에서 발생한 스리마일 섬 핵발전소 사고를 규탄하고 고르레벤 지역에 계획된 핵폐기장 건설을 반대하는 집회가 하노버에서 열렸다. 10만 명이 이 집회에 참여했는데 당시까지 열렸던 반핵 집회 중 최다 인파였다. 10월 14일 당시 서독의 수도였던 본

독일 대통령궁 앞에서 어린이들이 반핵
깃발을 들고 있다.
© Tsukasa Yajima

에서는 15만 명이 참여하는 반핵 집회가 열리기도 했다. 비록 전국 정당으로 창당하지는 않았지만, 지역 녹색당이 이 집회를 조직하는 데 중요한 역할을 했다고 언론은 밝히고 있다.

1980년 5월 3일에는 고르레벤 핵폐기장 공사 현장을 5,000명의 시민들이 점거하는 일이 벌어졌다. 시위대는 오두막을 짓고 '벤트란트˙ 자유공화국 Freie Republik Wendland'이라 이름 붙였다. 5월 31일 300여 명의 사민당 청년조직이 시위대와 연대를 확인하기 위해 불법 점거지를 방문했는데, 당시 청년조직의 단장은 이후 연방 총리가 된 게르하르트 슈뢰더Gerhard Schröder였다.

1981년 2월 26일 경찰은 브로크도르프에서 반핵 시위대를 향해 물대포를 발사했다. 이틀 후, 약 10만 명의 시위대가 이 발전소 건설 예정지에 모여 집회를 열었다. 그러나 결국 발전소 건설 계획은 강행되어 1986년 상업운전에 들어갔다. 1984년 4월 30일에는 핵폐기장 예정지인 고르레벤이 경찰에 의해 봉쇄되었음에도 4,000명 이상의 반핵 시위대가 고르레벤으로 향하는 모든 길을 열두 시간 동안 트랙터와 트럭 등으로 막아서는 일이 벌어졌다. 그들의 목적은 이 지역으로 조만간 핵폐기물이 옮겨질 것을 알리는 것이

■ 고르레벤이 위치한 마을 이름. 1989년 마을 이름이 고르레벤으로 통폐합되었다.

었다.

시민들의 이러한 투쟁은 현실 정치에도 반영되었다. 1977년 봄부터 환경과 다양한 가치를 주장하는 후보들이 지방선거에 그 모습을 드러냈다. 10월 힐데스하임Hildesheim에서 '환경보호 녹색 후보Grüne Liste Umweltschutz'가 의회에 진출하는 데 성공했고, 하멜른·피르몬트 지역 지방선거에서는 '선거연합 핵발전 사양합니다Wählergemeinschaft Atomkraft Nein Danke'가 2.3% 지지를 획득, 1석을 얻어 역시 지방의회 진출에 성공했다. 이후 1978년 3월 바이에른 주의 한 지방 의회 선거에서 1석, 핵발전소 건설로 홍역을 치른 북부 브로크도르프 주변의 두 지역 선거에서도 의회 진출에 성공했다. 6월에는 함부르크의 아임스뷔텔Eimsbüttel 구의회 선거에서 '무지개 후보Bunte Liste*'라는 이름으로 출마한 두 명의 후보가 의회 진출에 성공했다. 비록 5%라는 진입 장벽을 넘지는 못했지만, 6월 니더작센 주 선거(3.9%), 10월 헤센 주 선거(2.0%)와 바이에른 주 선거(1.8%)에서 각기 다른 정당의 이름을 걸고 선거에 출마한 녹색 후보와 정당 들이 적은 지지율이지만 그들의 존재를 드러냈다. 1979년 6월 열릴 유럽의회선거Europawahl를 위해 3월 16일과 17일 각기 다른 이름으로 활동하는 500여 명이 '녹색당Die Grünen'이라는 이름으로 후보 동맹을 맺기로 결정했다. 독일 녹색당 역사에서 빼놓을 수 없는 페트라 켈리Petra Kelly가 이때 후보로 선출된다. 그러나 이 선거에서는 3.2%의 득표율에 머물렀다.**

10월 7일 브레멘 지방선거에서는 '브레멘 녹색후보Bremer Grüne Liste'가 5.1% 득표에 성공, 독일 역사상 최초로 주 의회에 네 명이 입성하는 데 성공

■ bunt는 형용사로 독일어 원뜻은 다양한 색깔을 의미한다. 이 글에서는 무지개라고 의역했다.

■■ 이하 녹색당의 역사와 관련해서는 Grünen(2009) 참조.

했다. 여기서 자신감을 얻은 녹색당원들은 11월 오펜바흐Offenbach에 모여 1980년 1월 전국 단위 단일 정당을 만들기로 결정했다. 이 결정에 따라 1월 12일과 13일 카를스루에Karlsruhe에서 창당식을 갖고 '녹색당'은 공식적으로 활동에 들어갔다. 이들은 "생태, 사회, 기초민주주의, 비폭력"을 기본이념으로 들고 나왔다(Die Grünen, 1980: 4~6).

녹색당은 창당 당시부터 핵발전소 건설과 운영에 반대했다. 이런 이유로 정당 차원에서 반핵 집회에 지속적으로 참여해 지역 주민과 핵반대를 함께 외친다. 1980년 고르레벤에서 반핵운동가들이 '벤트란트 자유공화국'을 선언할 때도 이들과 함께했으며, 1981년 2월 28일 10만여 명이 독일 북부 브로크도르프 핵발전소 건설을 반대할 때도 이들은 함께 있었다.

유지훈(1990)은 독일 녹색당의 초기 형성과정을 다섯 개의 발전과정으로 분류한다. 첫 번째 과정은 1973년부터 1975년까지의 핵발전소 반대 지역조직이 형성된 시기다. 통계에 따르면 1977년 1,000여 개의 시민조직이 존재했고, 참여한 인원은 총 30만 명이었다고 한다. 두 번째 과정은 1977년 말까지의 시기로, 이들 지역 주민 조직이 유권자 조직을 형성해 서로 통합하며 주와 지방자치단체 선거에서 기존 정당과 경쟁을 벌였다. 세 번째 과정은 1979년 유럽의회선거를 앞두고 단일 정치조직을 만든 것으로, 3.2% 득표로 유럽의회 진출에는 실패했다. 네 번째 과정은 1980년 1월 연방 단일 정당인 녹색당을 만들고 10월 연방의회 선거에 참여한 것으로, 1.5% 득표로 원내 진출에는 실패했다. 마지막으로 다섯 번째 과정은 1983년 3월 6일 연방하원 선거에서 5.6%를 얻어 27명의 의원을 배출한 것인데, "이로써 녹색당은 확고한 연방정당이 되었다"(유지훈, 1990:16).

1985년 10월 27일, 헤센 주 지방선거에서 사민당과 녹색당이 승리해 연립 정부를 구성했다. 12월 12일 녹색당 하원의원인 요슈카 피셔Joschka Fischer가

환경에너지부 장관에 선출되는데, 이는 녹색당이 지방정부 차원에서 집권 여당으로 등장한 첫 사례다.

체르노빌

1986년 4월 26일 소련 체르노빌 핵발전소가 폭발했다. 폭발 당시 흑연이 연소되어 세슘-137과 요오드-131과 같은 방사성동위원소가 지상 1,500미터에서 1만 미터까지 상승, 독일을 포함한 유럽 대륙의 40%에 퍼져나갔다(Yablokov, Nesterenko and Nesterenko, 2009: 5). 독일은 유고슬라비아, 핀란드, 스웨덴, 불가리아, 노르웨이, 루마니아, 오스트리아, 폴란드 등과 더불어 약 8,800조 Bq 이상의 세슘-137에 피폭된 것으로 보고되었다(UNSCEAR, 1988: 369). 유럽 전체 면적의 40%에 해당하는 390만km²의 면적에 제곱미터당 최소 4,000Bq 이상의 세슘-137에 피폭된 것이다(Fairlie and Sumner, 2006: 35).

이 사고는 독일에는 직격탄이나 다름없었다. 동에서 서로 부는 바람을 타고 온 방사성동위원소로 인해 독일은 그 피해를 고스란히 입었다. 특히 인구가 밀집한 남동부 바이에른 지역의 경우, 세슘-137이 제곱미터당 최대 7,400Bq까지 피폭되었다고 한다. 독일 연방방사선보호청Bundesamt für Strahlenschutz에 따르면, 독일 남부는 북부에 비해 열 배 이상 강하게 피폭되었는데, 사고 후 16년이 지난 2002년의 조사를 보면 산딸기와 생선, 꿀에서는 여전히 킬로그램당 수백 Bq, 버섯이나 들짐승에서는 킬로그램당 수천 Bq의 방사능이 검출되었다. 피폭이 가장 심한 바이에른 지역 야생 멧돼지의 경우 세슘-137이 킬로그램당 무려 2만 Bq까지 검출되었다고 한다. 57마리

■ 반면 다른 유럽 국가인 벨기에, 프랑스, 아일랜드, 룩셈부르크, 네델란드, 영국, 스페인과 포르투갈 등은 그 피폭의 정도가 상대적으로 적은 1,200조 Bq이었다.

의 멧돼지를 조사한 평균은 킬로그램당 6,400Bq로, EU 기준치인 킬로그램당 600Bq의 열 배를 웃도는 것이다(BfS, 2003: 139).

이에 따른 보건상의 직접적인 영향도 나타나고 있다. 한 조사결과에 따르면 체르노빌 피폭을 심하게 받은 바이에른 주의 두 마을에서는 1987년 이후 사산율이 두 배로 증가했으며, 이 사산율 증가는 세슘-137 때문일 가능성이 매우 높다고 한다(Scherb and Weigelt, 2003: 119). 뮌헨환경연구소Umweltinstitut München는 체르노빌 사고 이후인 1987년 봄, 서독 지역에서만 수백 건의 사산이 보고되었다고 밝히고 있다(BUND, 2006: 4). '핵전쟁을 막기 위한 국제 물리학회IPPNW'에 따르면 다운증후군으로 알려진 유전자 손상을 입은 아이를 출산하는 경우가 사고 후 9개월째부터 증가했는데, 특히 체르노빌로부터 약 1,160km 떨어진 베를린에서 상당히 높은 수치를 보여주고 있다. 또한 독일 남부에서도 사고 발생 후 퍼져나간 방사성요오드로 인한 갑상선암 발병이 나타났다(BUND, 날짜 없음). 사고 당시의 방사능이 섞인 우유와 음식물, 방사능에 노출된 어린이 놀이터 등은 아직까지도 독일인의 뇌리에 박혀 있다.

핵발전에 대해 찬성과 반대가 절반이었던 독일 내 여론은 체르노빌 사고 이후부터 '80% 이상 핵발전 반대'로 균형의 추가 급격히 기울었다(박란희, 2011). 반핵 시위도 계속해서 이어졌다. 사고 한 달이 지난 5월 말, 부활절 주말을 맞이한 바이에른 주 바커스도르프Wackersdorf에 약 10만 명의 시민들이 모여 이곳에 예정된 사용 후 핵연료 재처리 시설에 반대하는 시위를 벌였다. 시위대와 경찰 간의 무력 충돌은 전투라 불렸는데, 수십 명이 부상을 당했으며 한 명이 사망했다. 이후에도 계속해서 시위와 충돌이 벌어졌다. 결국 행정 당국은 1989년까지 건설 계획 결정을 연기했다. 또한 6월에는 체르노빌 사고를 추모하고 핵발전에 반대하는 시위가 전국에서 열려 수십 만 명이 참여했다고 전하고 있다. 가장 큰 시위로는 4만 명이 참여한 브로크도르프 발전소 운전 개시에 반대하는 행진이었다. 이곳에서도 경찰과 시위대의 무력 충돌이 벌어졌다(≪Spiegel≫, 날짜 없음).

체르노빌 사고에 대응하는 독일 정부의 움직임은 매우 빨랐다. 사고가 발생한 지 5주가 지난 6월 6일 환경부[*]를 설립, 내각에 포함시켰다. 독일 정부는 환경부를 설립하기 위해 기존에 분산적으로 처리되었던 업무를 하나로 통합했다. 우선 내무부 소관이었던 환경보호, 원자력 안전과 방사선 보호 업무를 환경부로 이관하고, 농업부 담당이었던 환경 자연보호에 대한 책임과 청소년가족보건부 영역이었던 보건과 관련한 환경보호 업무, 방사능 보건, 화학 및 공해와 관련한 업무도 이 새로운 부서로 이전시켰다. 여기서 우리가 주목해야 할 것은 원자력 안전과 에너지 보급이 독일 환경부의 고유 업무에 포함되어 있다는 사실이다. 환경부는 창설 첫해 핵에너지와 관련한 주요한 사업으로 9월 26일 오스트리아 빈에서 열린 국제원자력기구IAEA 총회에서 핵사고의 월경 피해를 예방하는 두 개의 협약에 서명했으며, 12월 「방사선보호사전예방법Strahlenschutzvorsorgegesetz」을 제정했다. 이 법은 핵사고 발생 시 방사능 피폭으로부터 주민을 보호할 목적으로 제정되었다(BMU, 날짜 없음).[**]

민간 차원에서도 체르노빌 공포를 뛰어넘어 대안을 만들려는 노력이 펼쳐졌다. 대표적인 사례로 남부 슈바르츠발트Schwarzwald지대에 위치한 인구 2,500명의 아주 작은 마을 쇠나우의 '전력반란'을 들 수 있다.[***] 쇠나우 주민

---

[*] 독일 환경부의 공식명칭은 '연방환경자연보호원자력안전부Bundesministerium für Umwelt, Naturschutz und Reaktorsicherheit: BMU'이다.

[**] 법 1조 1항과 2항 참조.

[***] 쇠나우의 전력반란에 관해서는 EWS(날짜 없음a), EWS(날짜 없음b)를 참조.

들은 체르노빌 참사가 일어나자 '원자력 없는 미래를 위한 학부모 모임Eltern für atomfreie Zukunft e.V.'을 결성했다. 이들은 정치인이나 전력회사가 무엇을 해주기를 더는 기다릴 수 없기 때문에 시민조직을 만든다고 밝혔다. 이 모임을 통해 에너지 절약을 위한 토론회를 열고, 에너지 절약 방법을 알리는 자료를 만들고, '와트킬러Wattkiller'라는 이름의 에너지 절약 운동을 펼치기도 했다.

에너지 절약에 이어 두 번째 단계로 이들은 핵을 뛰어넘어 환경친화적인 전력을 생산하는 작은 회사를 설립했다. 작은 수력발전 시설을 다시 작동시키고 시민들과 함께 지역난방과 태양광발전소 설치에 투자하는 활동을 펼쳤으나, 당시 지역 독점으로 운영되던 지역 전력회사는 이들의 에너지 절약과 재생가능에너지 확대 활동을 방해하기 시작했다.

결국 시민들은 자체 전력회사를 만들어 지역에 핵이 아닌 녹색 전력을 공급하겠다는 계획을 세우고 실행에 착수했다. 그러나 지방의회가 이들의 발목을 잡았다. 당시 독일법은 해당 지역의 전력 공급업체로 지방의회에서 결정한 한 업체의 독점만 허용했다. 지방의회는 주민들의 뜻과는 반대로 기존 업체의 독점 공급을 연장하는 방안을 고려했던 것이다. 결국 지역 주민들은 주 헌법에 보장된 주민투표를 통해 결정할 것을 제안했고, 1991년 열린 주민투표에서 56%의 지지를 받아 지역 주민이 주주로 참여하는 녹색전력회사를 지역의 전력 공급업체로 결정했다. 1994년 1월, 제도적인 장벽이 여전히 남아 있었음에도 이들의 '전력반란'은 자체의 전력회사 EWSElektrizitätswerke Schönau 설립으로 이어졌다. 이후 전력망 매입을 위한 전국 차원의 모금을 통해 약 200만 마르크를 모으는 데 성공, 마침내 1997년 지방의회로부터 지역 전력망과 전력 공급권을 공식적으로 넘겨받았다. 이는 독일 사상 최초의 일이었기에 언론에서 "다윗과 골리앗의 싸움에서 쇠나우 전력반란이 승리했다"는 칭송을 듣기도 했다. 1998년 EWS는 모든 쇠나우 전력 소비자에게 핵과 석탄이 아닌 재생가능에너지에서 나온 전력을 공급하게 되었고, 1999 년 독일 전역에 전력시장 자유화가 시행됨에 따라 마침내 EWS는 전국으로 녹색전력을 공급할 수 있는 기회를 얻었다.

이 EWS는 2002년 독일에서 가장 큰 녹색전력회사로 성장하기에 이르렀 다. 2007년에는 5만 번째 고객이 가입했고, 현재 10만 호가 넘는 개인과 기업에 녹색전력을 공급하고 있다. 이들은 단지 친환경 전력 공급에만 머무는 것이 아니라, 변화와 창조를 위한 다양한 활동을 지원하는 역할도 병행하고 있다. 대표적인 것으로 '원자력에 반대하는 100가지 좋은 이유'라는 이름으로 2009년부터 시작한 전국 차원의 반핵 캠페인을 들 수 있다.■ 지금까지의 이런 노력을 인정받아 이 회사의 대표를 맡고 있는 우르술라 슬라데크Ursula Sladek는 2011년 골드만 환경상 수상자로 선정되었다(골드만재단, 2011).

1998년 적녹 연립 정권의 등장

1998년 9월 27일 열린 연방의회 선거는 사민당 - 녹색당이라는, 최초의 '반핵 정권'이 등장하는 엄청난 결과를 가져왔다. 사실 녹색당은 6.7%라는 저조한 득표에 그쳤지만, 40.9%를 얻은 사민당은 보수적 성향의 기민 - 기사 연합(35.2% 득표)이나 자민당(6.2%) 대신 녹색당을 연립 정부의 파트너로 택했다. 녹색당은 1998년 선거 결과를 "정치적인 변화를 국민이 열망하고 있음을 보여줬다"라고 평가한다. 득표는 적었지만 녹색당은 요슈카 피셔 외무부장관, 위르겐 트리틴Jürgen Trittin 환경부장관, 안드레아 피셔Andrea Fischer 보건부장관을 배출했다.

....

■ http://100-gute-gruende.de/.

이들 '반핵정부'는 신속하게 새로운 에너지 정책 개발에 착수했다. 이들은 연정 조약에 "원자력 사용은 최대한 조속히 종료한다"라고 명시했다(피셔 외, 2011: 5). 먼저 핵폐기에 착수하는데, 열아홉 개에 이르는 핵발전소 운영사의 손해배상 요구를 막는 것이 선행되어야 했다. 마침내 2000년 6월 14일, 정부와 이들 간에 합의가 이루어졌다. '원자력합의Atomkonsens'라 불리는 이 합의의 주요 내용은 핵발전소 신규 건설 금지와 기존 핵발전소 사용의 제한이었다. 기존 발전소는 수명을 32년으로 간주하고 그 기간에 생산할 수 있는 전력량을 산출한 후, 그 범위 내에서만 운전을 허용한 것이다. 이는 2002년 「원자력법」 개정에 포함되었다. 이대로라면 2021년 또는 2022년 독일은 핵폐기를 달성하는 일정이었다. 이 법에 따라 2003년 11월 14일 슈타데Stade 핵발전소, 2005년 오브리크하임Obrigheim 핵발전소가 폐쇄되었다.

또 다른 에너지 정책은 재생가능에너지 확대에 관한 것이다. 전력의 20% 이상을 공급하는 핵발전소를 문제없이 폐쇄하기 위해서는 다른 전력 공급원이 필요하기 때문이다. 우선 1999년 1월 1일을 기해 태양광발전 보급을 위한 '10만 지붕 프로그램100,000-Dächer-Programm'이 시작되었다. 이는 당시까지 태양에너지 보급을 위한 가장 많은 예산이 책정된 프로그램으로, 2000년 말까지 8,000개의 태양지붕을 설치하는 성과를 거두었다(Grünen, 2009). 2000년 4월 1일부터는 「재생가능에너지법」이 시행됐다. 용량 제한 없이 법에서 정한 재생가능에너지 시설에서 생산된 전력을 법에서 정한 가격과 기간 동안 의무적으로 매입해주는 제도로, 독일이 재생가능에너지 선도국으로 자리매김하는 데 결정적인 역할을 했다. 여기에서 발생하는 재정적인 부담은 독일의 모든 전력 소비자가 분담한다는 '공동부담의 원칙shared burden principle'을 채택했다.* 이 제도에 대해 당시 야당이던 기민·기사 연합은 "통제적이고 경제적으로 비효율적이며 환경보호에 별로 효과적이지 못하다"라고 비판

그림 3 독일 재생가능에너지의 폭발적인 성장

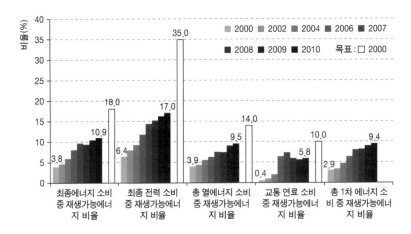

*최종에너지 소비는 2000년 3.8에서 2010년 10.9%로, 전력은 6.4에서 17%로, 열은 3.9%에서 9.5%로, 수송연료는 0.4%에서 5.8%로, 1차 에너지는 2.9%에서 9.4%로 그 비율이 폭발적으로 증가했다. 자료: BMU(2011c: 3).

했으며, 경제인 단체들은 "에너지 가격이 인상됨으로 인해 독일 기업이 (국제) 경쟁력을 잃게 될 것"이라고 우려했다(피셔 외, 2011:7). 그러나 결과는 이들의 비판과 우려와는 달리 재생가능에너지 전력의 폭발적인 성장을 가져오는데, 2000년 6.4%뿐이었던 재생가능에너지 전력이 2010년 말 현재 17%로 급성장하고, 더불어 36만 개 이상의 일자리가 만들어졌다(Baetz, 2011). 「재생가능에너지법」의 도입을 비판했던 기민당이 집권한 2012년 현재에도 「재생가능에너지법」은 그대로 유지되고 있다.

■ 이것이 한국에서 시행되었던 발전차액지원제도와 다른 점이다. 한국은 발생하는 비용을 모든 전력 소비자가 분담하는 것이 아니라, 전력산업기반기금에 책정된 일부 예산에서만 지출하도록 했다. 이런 이유로 재생가능에너지 전력의 생산 한계 용량이 설정되어 있어 폭발적인 성장을 기대할 수 없었다. 이마저도 2012년부터 의무할당제Renewable Portfolio Standard: RPS라는 미국식 제도로 대체되었다.

한 연구에서는 "전체적으로 볼 때 1998~2005년간 독일 연방정부의 친환경 산업 정책이 그 후 독일 에너지 및 환경 정책의 방향을 결정했다고 평가해야 할 것"이라고 요약한다(피셔 외, 2011: 7). 그러나 이들 '탈핵 정권'의 결합은 2005년 선거를 통해 끝나고 만다. 2005년 9월 독일 총선에서 35.2%를 득표한 기민당이 연정 파트너로 34.2%를 득표한 사민당을 선택함으로써, 창당 이래 줄곧 탈핵을 외쳤던 녹색당은 야당으로 물러나게 되었다. 에너지 정책에서 그나마 다행스러운 것은 환경부 장관으로 사민당 출신인 지그마어 가브리엘Sigmar Gabriel이 임명됨으로써, 보수 - 진보 연정의 불편한 동거 과정에서도 핵을 포함한 에너지 정책은 과거 '탈핵 정권'의 결정을 이어갈 수 있었다.

메르켈 보수 정부의 등장과 핵발전소 수명 연장

2007년 러시아의 유럽행 천연가스 공급 논란이 시작될 때, 당시 총리 메르켈, 경제부장관 미하엘 글로스Michael Glos 등은 독일 핵폐기 정책에 의문을 나타냈다. 2008년 7월, 메르켈 총리는 연정 파트너였던 사민당이 신규 핵발전소 건설을 계속 금지하는 내용을 포함한 연정 제안서를 제안했을 때 이를 거부했다. 그러면서 그녀는 "독일이 핵발전소 없이 온실가스 감축 목표를 달성할 수 있을지 믿지 못하겠다"라고 밝혔다(Isenson, 2009).

2009년 가을 독일 총선은 기민당과 사민당의 불편한 동거를 끝내는 결과를 가져왔다. 33.8%로 선거에서 승리한 기민당은 사민당 대신 14.6%로 약진한 자민당을 연정 파트너로 선택했다. 이 보수 연립정부는 즉각적으로 핵발전소 정책에 손을 댔다. 정부는 "저비용으로 기후보호 목표를 달성하고 재래에너지원을 단계적으로 재생가능에너지로 대체하기 위해서는 핵에너지를 임시적인 과도기 기술로 계속 사용하는 것이 필요하다"고 보았다(피셔 외, 2011:10). 결국 보수연정은 17기 핵발전소의 수명을 연장하는 '핵폐기 정책의 일부 폐기'를 결정했다. 1980년 이전에 건설된 총 7기의 발전소는 8년 더, 그 이후 건설된 총 10기의 발전소는 14년 더 가동을 허가하는 내용으로, 2010년 10월 28일 연방하원에서 통과됐다. 하원을 통과한 핵 수명 연장 결정은 2010년 12월 8일 크리스티안 불프Christian Wulff 대통령의 서명을 받고 시행되기에 이른다.

이와 같은 급작스러운 핵 수명 연장 결정은 야당과 시민의 반발을 불러일으켰다. 우선 야당이 정권을 잡고 있는 각 주의 주지사들은 핵 수명 연장이 「원자력법」에 따라 핵발전소의 안전한 운전을 위한 관리 감독의 책임이 있는 해당 주의 동의를 거치지 않았다는 이유로 헌법소원을 냈다(DPA, 2011).

또한 시민들의 대규모 반핵 시위가 이어졌다. 독일 정부의 핵발전소 수명 연장을 눈치챈 시민들은 그들의 목소리를 높이기 시작했다. 2010년 4월 24일 약 12만 명이 독일 북부 함부르크 인근의 크뤼멜 핵발전소와 브룬스뷔텔 핵발전소 사이에서 120km에 달하는 인간 띠를 만드는 시위를 벌였다. 9월 18일에는 수만 명의 시위대가 베를린에 위치한 수상 관저를 둘러싸는 시위를 벌였다. 이는 체르노빌 사고 이후 가장 큰 규모의 시위였다. 10월에는 수만 명이 뮌헨에 모여 시위를 벌였는데, 이는 지난 20여 년 동안 바이에른 주에서 열린 시위 중 가장 규모가 큰 시위였다. 2010년 11월에는 프랑스에서 독일로 이동하는 재처리된 핵폐기물의 수송을 막기 위해 단넨베르크Dannenberg에 모여 시위를 벌였다.

후쿠시마

후쿠시마 핵 사고는 체르노빌 사고 후 25년 동안 독일인의 뇌리에서 잠자고 있던 핵 공포 트라우마를 다시 깨운 사건이었다. 2010년 가을 핵 수명 연장으로 가뜩이나 독일 사회는 반핵 시위로 들끓고 있었는데, 지구 반대편에서 들려오는 체르노빌에 버금가는 핵발전소 사고는 시민들을 가만 놔두지 않았다. ≪뉴욕타임스≫는 "대부분의 독일인은 핵발전을 깊이 혐오하는데, 후쿠시마 발전소 사고는 이들의 반대에 불을 붙였다"고 평한다(Dempsey, 2011).

초대형 쓰나미로 후쿠시마 제1발전소가 문제를 일으킨 3월 11일과 12일, 핵발전소 사고 소식은 그리 크게 알려지지 않은 때였다. 예정대로라면 2010년 말 폐쇄되었어야 할, 그러나 메르켈 정부의 수명 연장으로 폐쇄를 면한 슈투트가르트 인근의 네카베스트하임 핵발전소를 6만 명의 시위대가 45km의 인간 띠로 둘러막았다. 사고 소식이 전해진 3월 14일 월요일에는 평일임에도 전국 450여 개의 도시에서 약 11만 명이 핵폐기 시위에 참여했다. 이들은 독일 국민의 80%가 정부의 핵 수명 연장에 반대한다는 것을 보여주었다(Knight, 2011).

결국 3월 15일 메르켈 총리는 1980년 이전에 건설된 7기의 핵발전소를 일시 폐쇄한다고 밝혔다. 핵발전에 우호적이던 메르켈 총리뿐 아니라, 당시 부총리였던 귀도 베스터벨레(Guido Westerwelle) 외무부장관 등 보수 정치인들도 후쿠시마 사고로 인해 그들의 생각이 바뀌었다고 밝혔다(Bowen, 2011). 그러나 독일 국민의 71%는 메르켈 정부의 즉각적인 핵발전소 폐쇄 조치가 향후 펼쳐질 지방선거를 위한 꼼수에 지나지 않는다고 비판했다(Reuters, 2011). 3월 26일 베를린을 포함한 독일 네 개 대도시에는 독일 반핵운동 역사상 가장 많은 25만 명이 거리로 쏟아져 나와 "후쿠시마를 기억하라, 모든 핵발전소 폐쇄하라"라고 외쳤다. 그리고 3월 27일, 58년간 기민당이 장악했던 아성인 바덴뷔르템베르크 지방선거에서 역사상 최초로 녹색당 출신의 주지사가 탄생했다. 이를 두고 독일공영방송 ARD는 유권자가 경제나 사회

정의, 교육 정책보다 환경·에너지 정책을 가장 우선시하고 투표에 참여했다고 분석했다.

위기의식을 느낀 메르켈 정부는 3월 말 핵에너지의 사회적 안정성을 되짚어보는 '안전한 에너지 공급을 위한 윤리위원회'를 구성, 8주간의 활동을 거친 후 결과를 보고하도록 요청했다. 이 윤리위원회는 성직자, 대학교수, 원로 정치인뿐 아니라 산업계를 대표하는 총 17명으로 구성되었다. 이들은 이미 가동을 중지한 8기는 다시 가동해서는 안 되며, 남은 핵발전소 또한 2021년까지 모두 폐쇄하라는 내용의 최종 보고서를 채택, 메르켈 총리에게 제출했다.

'윤리위원회' 최종 보고서를 받아든 메르켈 총리는 내각을 소집해 의견을 나눈 후, 드디어 2011년 5월 30일 독일의 모든 17기의 핵발전소를 2022년까지 폐쇄한다고 밝혔다(폐쇄일정은 〈표 1〉 참조). 기계 고장으로 가동을 멈춘 크뤼멜 발전소와 후쿠시마 사고 직후 긴급히 가동 중단된 7기의 핵발전소를 제외하면 현재 남은 것은 총 9기다. 이 핵 폐쇄 정책은 「원자력법」에 포함되어 2011년 6월 30일 독일 연방하원에서 재적의원 총 622명 중 513명 찬성, 79명 반대, 8명 기권의 압도적인 지지로 통과되었으며, 7월 8일에는 독일 연방상원에서 통과되어 본격 시행에 들어갔다.

아직까지 끝나지 않은 문제 — 핵폐기물 수송과 처리

핵폐기가 결정되었다고 해서 독일 내 모든 핵문제가 해결된 것은 아니다. 간과해서는 안 될 중요한 과제가 바로 핵폐기물 수송과 처리 문제다. 국제

■ 후쿠시마 사고 직후인 3월 15일 메르켈 총리는 1980년 이전에 건설된 7기의 핵발전소에 대해 3개월 동안 가동 중단을 명령했다. 여기에 더해 기술적인 결함으로 2009년 이래 가동이 중단된 크뤼멜 발전소를 포함하면 가동 중지된 핵발전소는 전체 8기가 된다.

핵산업협회World Nuclear Association에 따르면, 2011년 7월 현재 핵발전을 운영 중이거나 건설 또는 계획 중인 국가는 총 47개국인데,[■] 이 중 고준위 핵폐기물 영구 처분장이 있는 국가는 한 곳도 없다.

독일은 30년 넘게 핵폐기장 부지로 지정한 한 마을로 인해 홍역을 앓고 있다. 1977년 2월, 니더작센 주지사인 기민당 출신의 에른스트 알브레히트 Ernst Albrecht는 고르레벤의 암염 광산을 핵폐기물 처분장으로 지정했다. 다음 달인 3월 12일 이 마을에서 열린 첫 번째 대규모 반대 집회에는 약 2만명이 참여했고, 그 이후로 현재까지도 계속해서 반대 집회가 열리고 있다. 더군다나 최근에는 당시 핵폐기장 부지 선정에 과학적 조사나 투명한 정책 결정을 거치지 않은 채 단지 '정치적 이유'로 결정했다는 논란이 일고 있다. 2010년 9월에는 암염지대에 건설 중인 이곳 핵폐기장 부지에서 가스 누출이 일어나, 이곳 어딘가에 천연가스가 매장되어 있는 것이 아닌가 추측하는 소동이 벌어지기도 했다(Schrammar, 2010). 과연 고르레벤이 최종 부지로 선정될지는 30여 년이 지난 지금까지도 알 수 없다.

이 와중에 이곳은 핵폐기물 임시 저장시설로 이용되고 있는데, 부정기적으로 핵폐기물이 수송될 때마다 수많은 반핵운동가들이 도로나 철로를 점거하는 시위를 벌이고 있다. 1990년대 중반 이후로 신규 핵발전소 건설 계획이 없었기 때문에 반핵 시위는 이른바 '카스토르Castor'[■■] 컨테이너를 통해 운반되는 핵폐기물 수송에 집중되었다. 1995년 수천 명의 시위대가 필립스부르크 핵발전소부터 고르레벤 임시 저장시설까지의 핵폐기물 수송을 막아섰다. 1996년 5월 7일과 8일 양일에는 프랑스의 라아그La Hague 재처리 시설

■ http://www.world-nuclear.org/info/reactors.html(2011. 7. 10) 참조.
■■ 'cask for storage and transport of radioactive material'를 줄여서 일컫는 말.

에서 고르레벤으로 향하는 고준위 핵폐기물을 이동하는 두 번째 카스토르 수송을 반대하는 시위가 벌어졌다. 이동 경로를 따라 여러 지점에서 반대 시위가 있었으며, 충돌 과정에서 35명이 부상을 당했다. 가장 최근인 2011년 11월 26일, 고르레벤으로 향하는 카스토르 수송을 막기 위해 약 2만 3,000명의 녹색당원과 시민이 단넨베르크에 모여 지난 30년간 가장 큰 규모의 핵폐기물 수송 반대 집회를 열기도 했다. 핵발전소 폐쇄 이후 독일 사회가 풀어야 할 숙제가 바로 핵폐기물 처리다.

핵폐기 정책의 배경과 영향

후쿠시마 사고 이후 독일은 전 세계에서 가장 빠른 속도로 에너지 정책, 핵 정책에 변화를 주었다. 사고 반년 전에 과거의 핵폐기 정책을 폐기했던 장본인인 메르켈 총리는 이번 후쿠시마 사고를 계기로 자신의 핵에너지에 대한 입장이 바뀌었다고 밝혔으나, 핵정책의 변화는 지난 1970년대 중반부터 계속된 시민들의 반핵운동의 결과라 할 수 있다. 핵에 비판적인 시민들은 자치 조직을 꾸려 핵 반대를 외쳤고, 정치의 중요성을 인식한 이들은 '반핵 후보', '녹색 후보', '무지개 후보'라는 이름으로 지방의회 선거에 도전, 1970년대 후반부터 하나둘 의회에 진출하는 성과를 거두었다.

이 힘이 모여 전국적 대안정당인 녹색당의 창당으로 이어졌고, 1983년 연방의회에 진출하고 1998년 사민당과의 연립정부를 구성해 독일 국정을 운영하기에 이르렀다. 시민 자치 조직에서 출발한 핵폐기 주장이 현실 정치 참여를 통해 결국 국가 정책을 바꾼 것이다. 똑같이 체르노빌의 방사능 낙진에 영향을 받았고 지구 반대편에서 벌어지는 후쿠시마 사고를 지켜봤음에도 핵발전을 운영 중인 많은 EU 국가가 독일과 달리 핵발전소 폐쇄 결정에 소극적인 이유는 시민들의 반핵운동이 독일에 비해 적극적이지 않았기 때문으로 풀이할 수 있다.

독일이 국가 차원에서 핵폐기 정책을 선언한 것은 또 다른 반향을 낳고 있다. 독일의 핵발전소 폐쇄 선언이 유럽 전역으로 확산되고 있는 것이다. 5기의 핵발전 시설을 보유한 스위스는 독일의 즉각적인 8기 핵발전소 폐쇄를 지켜본 직후인 2011년 5월 중순, 2034년까지 이를 폐쇄하기로 결정했고, 이탈리아에서도 2011년 6월 국민투표 결과 94%의 국민이 핵에 반대해 2014년으로 예정된 4기의 핵발전소 건설 계획을 전면 취소했다. 핀란드도 현재 건설 중인 핵발전소 이외의 추가적인 신규 건설은 없을 것이라고 결정을 내렸다. 바야흐로 독일은 핵폐기라는 새로운 실험의 리더로서의 역할을 하고 있는 것이다. 1970년대 시민조직이 외친 반핵 구호가 독일뿐 아니라 주변 국가의 에너지 정책을 변화시키고 있다.

| 제2부 |

탈핵 세상을 일구는

이야기

지속가능성과 원자력
독일의 제3세계 협력 정책

　한국은 OECD에 가입한 경제 선진국이지만 그 속을 들여다보면 더불어 산다는 말이 무색할 지경이다. 2011년 여름, 이명박 대통령은 '공생발전'을 들고 나왔다. '녹색성장'만큼이나 겉포장은 폼 나게 잘 했지만 그 내용은 알맹이 하나 없는, 차라리 꺼내지 말았으면 하는 말잔치의 향연이다. 가난한 학생들 가슴속에 평생 한으로 맺힐 눈칫밥 먹이지 말자고, 몸에 좋은 친환경 급식을 모든 아이들에게 제공하자고 시민사회가 요구한 무상급식을 '복지 포퓰리즘'이라고 거부하는 이 정부, 재개발을 둘러싼 못 가진 자들의 생존권 투쟁을 공권력으로 밀어붙여 여섯 명의 '국민을 살해'한 용산참사를 일으킨 이 정부가 공생을 얘기한다. 이런 말잔치에 앞서 국가의 존립근거가 대체 무엇인지 묻고 싶다. 제 국민을 하루아침에 알거지로 만들어 길거리로 쫓아내는 국가, 그들의 정당한 생존권과 재산권 요구를 한낱 '떼'로 규정하는 국가, 무상교육은 있어도 무상급식은 '포퓰리즘'이라며 수용하지 않는 국가, 그러면서 부자 감세는 흔들림 없이 추진하는 국가, 점점 더 가진 자만을 옹호하는 정책을 생산하는 국가.

독일은 연방정부 내각에 경제협력개발부Bundesministerium für wirtschaftliche Zusammenarbeit und Entwicklung: BMZ를 두고 있다. 이 부서는 국제 협력을 목적으로 설립되었다. 이들은 몇 년 전부터 '원 월드One World'라는 표어를 내걸고 제3세계 지원에 적극 뛰어들었다. 이 부서에서 무료로 배포하는 세계지도 위에는 읽을수록 감동적인, 용산사태를 접한 이후로는 읽으면 눈물이 날 것 같아 차마 볼 수 없는 문구가 새겨져 있다. "세계의 절반은 다른 절반 없이 존재할 수 없다Keine Hälfte der Welt kann ohne die andere Hälfte der Welt überleben." 무상급식을 공짜 밥 달라는 투정으로 생각하고 생존권을 요구하는 제 국민도 죽음으로 내모는 정부에게 제3세계 얘기를 한다는 것이 쇠귀에 경 읽기인 줄 알지만 어쩌겠는가, 우리는 엄연히 세계시민의 일원인 것을.

한국에서야 '경제'가 지상 최고의 단어가 되었지만, 전 세계적으로 많이 통용되는 단어 중 하나가 '지속가능발전Sustainable Development'이다. 독일의 경제협력개발부는 연방정부 차원에서 이 지속가능발전을 일선에서 실천하는 부서다. 주요 활동은 제3세계와의 협력 사업이다. 우리는 이 대목에서 '협력' 대신 '지원'이나 '원조'라는 낱말을 떠올릴 것이다. 그러나 지금까지 이어져온 끊임없는 수탈의 역사가 세계의 빈부 차를 만들었음을 직시한다면, 그리고 비록 가진 부富는 적을지라도 제3세계 역시 이 시대를 사는 우리의 동반자라고 생각한다면, '지원'이나 '원조'와 같은 단어는 그들을 또 한 번 고통스럽게 만드는 표현일 것이다. 이런 이유로 지난 세기 말부터 국제사회는 불평등하며 힘의 논리가 노골적으로 드러나는 '원조'라는 단어 대신 '협력'이란 용어로 변경해 사용하고 있다.

2011년 경제협력개발부의 연간 예산은 62억 2,000만 유로에 달했다. 2010년에 비해 2.5% 증액된 것으로, 독일 연방정부 전체 예산의 2%에 해당한다.

EU는 회원국에 2015년까지 전체 국민총소득GNI의 0.7%를 제3세계 개발 협력 사업에 쓸 것을 의무로 제시하는데, 2010년 독일은 이미 GNI의 0.4% 수준을 지출했다. 이 부서는 제3세계와의 협력, 기술이전이나 사회기반시설 투자뿐 아니라 교육, 보건, 심지어 정책 생산 과정에까지 참여하고 있다. UN이 제시한 새천년목표Millennium Development Goals의 실행이 큰 목적이라 할 수 있다. 경제협력개발부는 실행조직으로 gtz Deutsche Gesellschaft für Technische Zusammenarbeit(제3세계와 기술협력을 위한 실무조직), KfW Kreditanstalt für Wiederaufbau(독일 정부 소유 개발은행, 제3세계를 위한 차관, 무상원조 등을 총괄)을 두고 있고, 한국에도 많이 알려진 독일학술교류처Deutscher Akademischer Austausch Dienst: DAAD 와도 협력해 사업을 벌이고 있다. 이들은 각각의 역할에 맞게 제3세계에서 전 세계의 지속가능한 발전을 위해 많은 활동과 공헌을 하고 있다.

이들 각 기관이 현장에서 어떻게 협력 사업을 펼치는지 살펴볼 수 있는 좋은 예는 필자가 석사 과정을 공부했던 SESAM Sustainable Energy System And Management 코스가 될 것이다. 이 코스는 1984년 ARTES Appropriate Rural Technology and Extensions Skills 라는 이름으로 시작되었는데, 제3세계 학생들을 독일로 초청해 농업 시스템, 물·에너지·주택 관리 등 생존에 필요한 기술을 가르치는 내용이었다. 이를 위해 독일학술교류처는 학비뿐 아니라 생활비까지 제공하며 제3세계의 학생을 불러 모은다. 2년제 과정인 이 코스는 10년간 유지되다 에너지문제의 심각성을 깨닫고 재생가능에너지에 집중된 SESAM으로 이름과 커리큘럼을 바꾸어 지금까지 이어져 오고 있다. 이 코스를 마친 학생은 본국으로 돌아가 재생가능에너지 분야 전문가로 활동하게 된다. 졸업생들의 활동은 현장에서 협력 사업을 펼치는 gtz의 세분화된 사업과 결합할 수도 있고, 이들이 공무원이라면 KfW에서 제공하는 무상원조 또는 차관을 통해 그들이 독일에서 배운 것들을 본국에서 재현할 수 있다.

이렇게 유기적으로 움직이는 독일의 제3세계 협력 정책에도 원칙은 있다. 그 대원칙이 바로 지속가능개발이다. 무조건 '독일산Made in Germany'을 전파하겠다는 것이 아니라, 지속가능한 발전을 도모할 수 있는 독일산을 퍼뜨린다는 것이다. 대표적인 모델이 에너지 분야다.

모두가 인정하는 것처럼 독일은 재생가능에너지 정책뿐 아니라 기술에서도 상당히 앞선 국가다. 제3세계 협력 사업에서 재생가능에너지가 우선시되는 것은 당연하다. 여기에 더해 에너지효율화 사업까지 병행된다. 지난 2002년 남아프리카공화국 요하네스버그에서 열린 '지속가능한 발전을 위한 회의WSSD'에서 독일 정부는 이를 위해 2007년까지 10억 유로를 지출하겠다고 선언했다. 독일은 목표보다 빠른 2005년에 이 약속을 지켰다.

독일의 지속가능발전이 한국의 '녹색성장'과 현저하게 다른 지점은 바로 원자력과 관련한 것이다.

경제협력개발부, 다시 말해 독일 정부의 공식입장은 제3세계에 원자력발전을 지원하지 않는다는 것이다. 2002년 독일 연방정부는 공식적으로 독일 내 원자력발전소의 단계적 철폐를 선언한 바 있다. 그러나 후쿠시마 사고가 일어나기 전, 원자력산업계는 틈만 나면 원자력발전소의 수명 연장을 위해 각종 로비를 펼쳤다. 게다가 기후변화의 유력한 대안인 양 묘사되는 판에 몇몇 유럽 국가가 원자력에 대해 다시 고민하고 있는 것이 사실이기도 했다. 이런 분위기에도 독일 정부는 제3세계 협력 시 원자력발전에 대해 지원하지 않는다는 공식 입장을 유지하고 있다. 이 원칙이 국내외 상황에 따라 변경될 여지가 있느냐는 질문에, KfW에서 사업평가를 담당하는 고위급 인사인 테오도르 디크만Theodor Dickmann 씨는 "국내 상황과 제3세계 협력은 별개"라며 "국내에서 원자력발전소가 새로 건설된다 하더라도 제3세계 협력에서 원

그림 4 BMZ 에너지 분야 정책 설명 자료

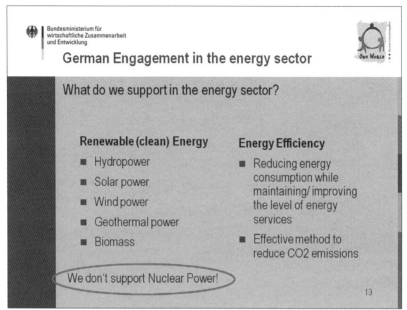

*"우리는 원자력을 지원하지 않는다!"라고 명시하고 있다.
자료: Winnubst(2008: 13).

자력은 배제될 것"이라고 분명하게 답했다. 그 이유는 아주 명쾌한데, 제3세계의 지속가능발전과 원자력은 관련이 없기 때문이라는 것이다.

지속가능한 발전이란 무엇을 의미하는 것일까? gtz은 지속가능발전에 관한 가이드라인을 만들어 모두에게 공개하고 있다. 이들이 내세우는 세 가지 의미는 ① 번영을 위한 경제성장, ② 부자와 가난한 자, 선진국과 개도국, 그리고 여성과 남성 간에 균등한 기회의 제공, ③ 현재뿐 아니라 미래 세대의 편익을 위한 자원의 이용을 들고 있다. 독일이 원자력발전소를 협력 대상에서 제외한 것은 이 세 가지와 맞지 않기 때문이다.

녹색성장을 꺼내 든 이명박 정부는 에너지 분야에서 원자력발전 확대를 우선순위로 꼽았다. 2024년까지 13기의 새로운 원자력발전소가 추가로 건

고리원자력발전소
© 이성수

설될 예정이다. 더불어 원자력발전소를 수출 전략상품이라며 치켜세우고

있다. 그러나 한국 정부가 원자력발전을 녹색성장 범주에 넣으면서까지 원

자력발전소 확대에 심혈을 기울인다 해도 원자력발전이 녹색이 될 수 없다

는 사실을 독일의 제3세계 협력 정책이 잘 보여주고 있다. 원자력발전은 지

속가능한 세상을 만들 수 없다.

풀뿌리 반핵후보에서 탈핵 결정까지

독일 녹색당 발전사

독일 녹색당은 전 세계 녹색당 중 가장 성공한 사례로 꼽힌다. 1980년 창당한 이래 1998년부터 2005년까지 독일 연방정부의 집권 여당이었다. 독일 역사에서 녹색당이 가장 크게 기여한 것은 다름 아닌 에너지 정책의 일대 전환이다. 2000년 「재생가능에너지법」 제정, 2002년 「원자력법」 개정으로 대표되는 새로운 에너지 정책을 통해 원자력과 화석에너지에 기반을 둔 그간의 에너지 시스템을 재생가능에너지 중심으로 이동시킨 것이다.

1970년대 초반부터 독일 여러 지역에서 녹색정치의 싹이 움트기 시작했다. 흥미롭게도 그 토대는 원자력발전소가 만들어주었다. 그 당시 서독 중앙정부는 원자력발전소 확대정책을 공격적으로 추진했다. 정부의 일방적인 계획 발표와 부지 선정으로 지역 주민들은 생업을 놓고 자치조직을 만들어 반대투쟁에 나섰다. 정부 계획에 비판적인 전문가들은 독립적인 연구기관을 만들어 지역 주민을 지원했고, 투쟁 과정에서 정치의 중요성을 깨달은 주민들은 반핵 대표자를 지방의회에 진출시키기 위해 선거를 적극 활용했다. 1970년대 후반 서독 전역에서 등장한 풀뿌리 반핵/환경 후보들은 마침내 1980년

1월 생태, 사회, 기초민주주의, 비폭력을 이념으로 '녹색당'을 창당했다.

창당 후 처음으로 맞이한 그해 10월 선거에서는 전국 지지율 1.5%로 5% 진입 장벽에 막혀 원내 진출이 무산되었다. 그러나 그다음 1983년 선거에서 5.6%를 얻어 27명이 최초로 연방 의회에 진출하는 쾌거를 이루었다.

녹색당이 늘 성장 가도를 달렸던 것은 아니다. 통일 후 치러진 1990년 선거에서 녹색당은 통일에 대한 기대와 두려움은 등한시하고 "모든 이들이 독일을 얘기할 때 우리는 날씨를 이야기한다"라는 표어로 환경의 중요성만 강조하다 결국 쓴잔을 마셨다.

1994년 원내 진출에 재성공한 녹색당은 다음의 1998년 선거에서 6.7%를 득표해 47명의 국회의원을 배출함과 동시에 사민당과의 연합정부 구성에 성공함으로써 독일 역사상 최초의 '반핵'정부를 출범시켰다.

'집권' 녹색당 내부에서는 소위 '이상파'와 '현실파' 간에 충돌이 벌어지기도 했다. 2001년 연정 파트너인 사민당은 녹색당에 아프가니스탄 파병 동의를 요청했다. 현실파이며 친미 성향인 당시 외무장관 요슈카 피셔를 중심으로 다수가 파병에 동의하는 결정을 내리면서 이에 반대하는 많은 당원들이 녹색당을 떠났다. 창당 이래 내세웠던 비폭력이 더는 유효하지 않다는 판단 때문이었다. 그러나 날로 심각해지는 기후변화 문제가 녹색당을 도왔다. 2002년 여름 전 유럽을 강타한 폭염과 드레스덴 지역의 대홍수는 독일 국민에게 환경파괴의 위험성을 다시금 일깨웠고, 녹색당은 그해 선거에서 8.6% 득표를 기록, 사민당과의 재집권에 성공했다.

2005년 선거 이후 야당으로 물러난 녹색당의 지지도는 2010년 원자력발전소 수명연장 이후 계속해서 상승해 후쿠시마 사고에서 정점에 도달했다. 그리고 마침내 독일 남부 바덴뷔르템베르크 주에서 총리를 배출하기에 이르렀다. 슈투트가르트 21 프로젝트와 선거를 2주 남기고 발생한 후쿠시마 원자력발전소 사고는 유권자들이 녹색당에 표를 던지게 만들었다. 그러나 연합정부를 구성하기 위해 사민당을 끌어들여야 했던 녹색당은 이 주의 원자력발전소 폐쇄에 관한 주도권을 가져오는 대신 사민당에 슈투트가르트 21 프로젝트 결정권을 넘겨줘야만 했다. 사민당은 이 프로젝트에 우호적인 입장이었다. 유권자들은 이 프로젝트의 반환경성 때문에 녹색당을 지지했다. 그러나 단독 정부를 구성할 수 있는 과반 이상의 지지를 얻지 못한 녹색당은 결국 다른 정당과 손잡을 수밖에 없었는데, 이 프로젝트에 관해서는 녹색당과 다른 당의 입장이 달랐던 것이다. 자신들이 원하는 녹색당 주총리가 탄생했음에도 오래된 역을 보존하기 원하는 시민들은 다시 피켓을 들고 거리로 나와야 하는 신세가 되었다.

2011년 초중반 20%를 상회하던 녹색당의 인기는 메르켈 총리의 2022년 원자력발전소 폐쇄 결정에 녹색당이 동의하면서 사그라졌다. 후쿠시마 사고 직후만 하더라도 2013년 선거에서 녹색당이 연방정부 총리를 배출할 것이라는 전망이 우세했으나, 메르켈의 재빠른 수습 이후 녹색당은 더 이상 주도권을 행사하지 못하고 있다.

인터뷰 잉그리드 네슬레
기후정책 전문 초선의원, 한국의 녹색성장을 이야기하다

잉그리드 네슬레Ingrid Nestle. 그녀는 2008
년 11월 슐레스비히홀슈타인 지역의 녹색당
총회에서 이 지역 비례대표 1순위로 지명되
었고, 이듬해 9월 치러진 독일 연방의회 선거
를 통해 독일 국회의사당에 당당히 입성했다.

잉그리드 네슬레

그녀는 플렌스부르크 대학에서 '기후변화 비용the costs of climate change'을 주제로 박사학위 연구를 수행했으며, 5년간 같은 대학에서 학부생을 대상으로 에너지, 환경 정책을 가르쳤다.

학생 신분에서 벗어나 - 물론 그 연장선일 수도 있고 - 환경과 에너지 문제에 관심 있는 정치인으로서 활동하는 그녀를 인터뷰했다.[*]

2008년 11월 1일 녹색당 지역 비례대표 선거에서 1위로 당선된 뒤
자료: 잉그리드 네슬레.

Q. 오는(2009년) 9월에 치러지는 독일연방 국회의원 선거에 녹색당 1순위 비례대표 후보로 선출되었다. 어떤 과정을 거쳐 연방의회에 입성하게 되는가?

독일은 정당명부 투표 결과에 따라 지역별 정당별 비례대표 후보를 국회의원으로 선출한다. 나는 내가 사는 지역인 슐레스비히홀슈타인 주의 녹색당 제1순위 비례대표 후보다. 2009년 9월 연방선거에서 녹색당이 5% 이상의 지지를 얻으면 나는 국회의원이 된다. 현재 여론조사에서 녹색당은 10%가량의 지지를 얻고 있다. 국회 입성은 무난할 것으로 생각한다.

Q. 기후변화에 따른 외부비용(external cost)을 주제로 박

■ 이 인터뷰는 국회의원으로 선출되기 전인 지난 2009년 2월 이메일을 통해 진행되었다.

사학위 연구를 진행 중인 것으로 알고 있다. 어떤 내용이며 의미는 어떤지 얘기해 달라.

내 연구주제는 농업에 관한 기후변화 영향이 어느 정도인지 살펴보는 것이다. 이를 위해 기후변화의 비용에 관한 경제학 모델도 다룬다. 지금까지 경제학 모델은 기후변화의 결과로서 나타나는 기근을 충분히 다루지 않았다. 농작물 감소를 단지 시장가격 변동의 결과로만 이해하고 있다. 그러나 기후변화가 더욱 심각해지면서 특히 식량부족을 겪는 나라에서 농작물 수확이 크게 감소할 것으로 전망된다. 나는 연구를 통해 이러한 경제학 모델의 한계를 비판하고, 기후변화는 과거의 많은 경제학자들이 분석했던 것보다 더 심각하게 고려되어야 한다는 것을 증명하고자 한다. 나는 이 중차대한 고통이 여러 중요 모델에서 간과된다는 것을 비판한다. 결론적으로 기후변화는 과거의 많은 경제학자들이 권고했던 것보다 더 심각한 고려가 필요하다는 것이다.

Q. 독일은 재생가능에너지 보급과 기후변화 대응에 관한 좋은 모범사례로 소개된다. 독일의 기후변화 정책을 평가한다면?

기후변화에 관한 독일의 정책은 매우 다양하고 그 속성 또한 매우 다르다. 예를 들어 재생가능에너지 전력을 지원하는 기준가격매입제도는 매우 훌륭하고 지난 10여 년간 큰 성장을 견인했다. 내가 사는 지역에서 소비되는 전력의 40%가량은 풍력발전기에서 나온다. 그러나 현재의 (기민당 - 사민당의) 독일 정부는 차량연료 소비는 뒤로한 채 자동차의 이용을 지원하고, 심지어 EU의 자동차 연비 기준의 강화를 방해하고 있는 실정이다.

독일은 1990년 이래 약 20%의 온실가스를 감축했다. 이 감소의 큰 부분은 구동독 지역 산업시설의 폐쇄 덕분이기도 하지만, 또한 앞선 기후변화 정책 때문이기도 하다. 독일은 2050년까지 80~95%의 온실가스 감축이 필요한 실정이고 이를 위해 여전히 긴 항해를 해야만 한다. 그러나 최근 들어 독일은 온실가스 감축을 위한 장정에서 필요한 만큼 빠르게 움직이지 못했다.

Q. 앞선 질문과 관련해, 독일에 어떤 정책이 필요하다고 생각하나?
많은 정책이 필요하다. 예를 들어 자동차 효율 향상을 위한 강력한 법률이 필요하다. 통상적으로 에너지 효율화는 재생가능에너지 보급만큼 빠르게 진전되지 않았다. 이 부분에도 많은 노력이 필요하다. '톱-러너 어프로치 Top-runner-approach'가 좋은 대안이 될 수 있을 것이다. 과거의 에너지 효율 기준을 계속 유지하는 것이 아니라, 현재의 앞선 에너지 효율 수준을 새로운 기준으로 설정해 후발주자가 이 새로운 기준에 따라오도록 강제하는 것이다. 또 다른 중요한 과제는 새로운 화력발전소 건설을 막는 것이다. 아마도 2040년까지 또는 그 이후에도 운전될 텐데, 여기서 발생하는 온실가스는 우리가 감당할 수 있는 수준보다 더 많을 것이다.

Q. 한국 정부는 2008년 8월 '녹색성장'을 새로운 정책 화두로 제시했다. 재생가능에너지도 다루고 있지만 안타깝게도 원자력발전이 중심에 놓여 있다. 어떻게 생각하나?
원자력발전은 위험도가 높은 기술이고 아직까지 어느 누구도 수백 년간의 안전한 핵폐기물 처분에 관한 답을 제시하지 못했다. 원자력발전에서 필요한 부분임에도 말이다. 심지어 사회적 공론화가 상대적으로 잘 진행 중인 독일에서도 핵폐기물 처분장에 관해 엄청난 문제들이 있다. 1970년대 처분장 건설 책임자들은 지하수가 폐기물 저장시설에 흘러드는 것이 불가능하다고 확언했다. 그들은 수천 년간 안전할 것이라고 얘기했다. 거우 30년가량이 지난 오늘날, 하루 1만 2,000리터의 물이 매일같이 핵폐기물 저장시설로 흘러들고 있고, 그 대부분은 방사선에 피폭되었다. 또한 지하 저장시설의 상당 부분은 붕괴의 위험에 처해 있다. 더불어 관리상의 충격적인 불법 사례 등을 포함해 많은 심각한 문제점이 나타나고 있다.

원자력 이용은 무책임한 행동이라고 생각한다. 또한 원자력 이용과 재생가능에너지 이용은 쉽게 양립할 수 없다. 원자력발전은 매시간 똑같은 양의 전력을 생산하는, 경직된 공룡과 같다고 할 수 있다. 시시각각 변화하는 에너지 소비 패턴에 반응하기도 어려울 뿐 아니라 풍력과 태양에너지 같은 간헐적인 자연에너지와 융화되는 것 또한 불가능하다. 이 둘은 결합할 수 없다. 원자력은 위험도도 높고 엄청 비싸다. 또 대중에 의해 통제되기 어렵다. 또한 요동치는 소비 패턴에 대응할 수 없다. 거기에 더해 수백 년 또는 그 이상 풀 수 없는 폐기물 문제까지 안고 있다.

Q. 한국은 온실가스 배출 세계 9위의 나라이다. 그러나 교토의정서상 의무감축국이 아니라는 이유로 온실가스 감축에 소극적인 입장이다. 한국 정부는 교토의정서를 대신해서 부시 전 미국 대통령이 제안한 '아시아 태평양 기후변화 파트너십' 활동만 집중하고 있는 형편이다. 한국은 온실가스 배출에 상당한 책임이 있으면서도 독일, 유럽과는 달리 미국을 쫓고 있다. 한국 정부에 조언해줄 것이 있다면?

기후변화 문제는 오로지 모든 주요 배출국이 구속력 있는 구조 아래에서 협력할 때만 해결할 수 있다. 그렇지 않으면 모든 국가는 온실가스를 더 많이 배출하려 할 것이고, 종국에는 모두가 기후변화의 피해를 입을 것이다. 미국은 양자 간 협정을 제안함으로써 다자간 협상구조를 무시하려고 했다. 그

결과는 미국이 세계 최대의 온실가스 배출국이면서도 구속력 있는 온실가
스 배출의무를 전혀 수용하지 않는 것으로 나타났다. 장기적으로 한국이 다
자간 해법을 지지하지 않을 경우 한국 또한 온실가스를 줄일 수 있는 기회
를 잃을 수 있다. 기후변화는 한국에 심각한 위협이다. 기후변화에 관해 미
국이 전향적인 자세로 대처하길 희망한다.

**Q. 한국은 2002년부터 독일과 같은 재생가능에너지 전력 기
준가격매입제도를 시행해오고 있다. 그러나 2008년 4월 갑자기
2012년부터 이 제도 대신 의무할당제를 재생가능에너지 보급
정책으로 변경하겠다고 발표했다. 어떻게 생각하는가?**

유럽은 기준가격매입제도와 의무할당제 모두를 시행하고 있는데, 이에 관
한 구체적인 연구는 기준가격매입제도가 의무할당제에 비해 비용도 저렴하
고 좀 더 효과적이라고 결론짓고 있다. 의무할당제는 녹색전력 생산자에게
더 큰 위험부담을 안긴다. 이는 결국 새로운 발전소 건설을 지연시킬 뿐만
아니라 (건설이나 생산) 비용을 더 상승시키는 이유가 된다. 현재까지의 경
험에 따르면 기준가격매입제도 대신 의무할당제를 도입하는 것은 전혀 이
치에 맞지 않는 것이다.

Q. 의회에 진출할 경우 어떤 사안에 관심을 갖고 활동할 것인가?

의회에서 어떤 전문 분야를 다룰지는 녹색당 국회의원이 모두 모여 결정한
다. 그러므로 지금 현재 의회에서 내가 어떤 일을 맡게 될지를 말하는 것은
시기상조다. 그러나 기후변화와 에너지 정책과 관련한 일을 할 것으로 기대
하고 있다.

Q. 한국에서도 몇 년 전부터 녹색당을 준비하는 그룹이 생겨나고 있고, 국제 녹색당대회 참석 등을 통해 미약하나마 꾸준하게 연대활동도 펼치고 있다. 독일의 경험을 바탕으로 한국에서 녹색당을 준비하는 사람들, 그리고 일반 시민에게 해줄 얘기가 있다면?

한국에 녹색당을 창당한다는 것은 매우 좋은 생각이다. 국회 내에 환경과 인권 문제에 관한 강한 옹호 그룹이 있다는 것이 매우 가치 있다는 것을 독일의 경험이 말해주고 있다. NGO와 녹색당의 활동은 서로를 고무시킨다. 둘 중 하나가 없다면 지금처럼 효율적인 활동을 펼칠 수 없을 것이다.

지역이 답이다

에너지 문제는 날로 심각해지지만, 아직까지 한국은 이 문제를 사회 전반적으로 깊이 있게 고민하지 않는 것처럼 보인다. 석유는 점점 고갈되고 그로 인해 세계 유가가 폭등하는 현실인데, 우리는 정부가 가격 조정을 제대로 못해 석유 값이 비싸졌다고 비판하고 있다. 후쿠시마를 목격했으면서도 원자력발전소의 위험성보다는 '값싼 전기'를 쓰기 위해 정부의 원자력발전소 건설에 침묵으로 동조하고 있다. 전체 인구의 4분의 1 이상이 모여 사는 서울, 1,000만 명이 생활하는 이곳의 에너지 자립률은 1.5%에 불과하다. 불야성을 이루는 서울의 밤거리, 여기에 쓰이는 모든 전기는 서울 바깥 지역에서 만들어 거대한 송전탑을 통해 서울로 들어온다.

이 모든 현상은 에너지라는 재화가 정부가 '알아서 책임지고' 국민에게 공급해줘야 한다는 공공재 성격을 띠기 때문에 발생한다. 그러다보니 에너지의 97%를 수입에 의존하는 에너지 절대 빈국 한국에서 참으로 희한한 일이 벌어지고 있다. 정부는 에너지 가격을 어떻게든 올리지 않으려 노력하고, 그 결과 우리의 에너지 소비는 계속해서 증가하고 있다. 우리보다 경제 수준이 두 배 이상인 영국, 일본, 독일, 프랑스의 1인당 에너지 소비를 뛰어넘은 지 오래다. 재생가능에너지처럼 한국 영토 내에서 얻을 수 있는 에너지 자원 대신 원자력, 석유, 천연가스를 외국에서 수입해야만 하다 보니, 만일 외국에서 석유나 천연가스 공급에 문제가 생기기라도 하면 한국 사회 전체는 모든 동력이 멈출 수밖에 없는 위험성을 내포하고 있는 상황이다.

어디서부터 우리의 약점을 극복해야 할까? 여러 가지 답 중 가장 현실적이며 지속가능한 방안은 바로 지역에서 시작하는 것이다. 각 지역에서 에너지 문제를 해결할 수 있다면 굳이 국가차원에서 특단의 대책을 내놓지 않아도 위기를 피해 갈 수 있을 것이다.

독일 정부는 2007년부터 '100% 재생가능에너지 마을100% Erneuerbare Energie Regionen'이라는 이름의 프로젝트를 통해 각 지역의 에너지를 100% 지역 내의 재생가능에너지로 공급하는 사업을 펼치고 있다.■ 프로젝트에 참여하

그림 5 '100% 재생가능에너지 마을' 공식로고

고자 하는 지역은 지역에서 필요한 에너지를 100% 재생가능에너지로 자립하겠다는 목표를 선언문 또는 조례에 포함해 제정하고, 초기 연구와 전문가 네트워킹 지원을 위해 신청서를 작성해 연방 환경부에 제출하면 된다. 환경부는 심사위원회를 조직해 각 지방자치단체에서 접수한 신청서를 평가한다. 선정된 지방자치단체는 환경부의 지원을 받아 전문가의 에너지 잠재량 조사 및 분석을 진행하고, 다른 한편으로 이 프로젝트에 참여하는 다른 지방자치단체와 다양한 노하우를 공유하게 된다. 프로젝트 진행을 위한 지식 전수knowledge transfer뿐 아니라 각 지방자치단체의 성공사례와 시행착오 경험

■ http://www.100-ee.de 참조.

그림 6 '100% 재생가능에너지 마을' 프로젝트 참여 현황

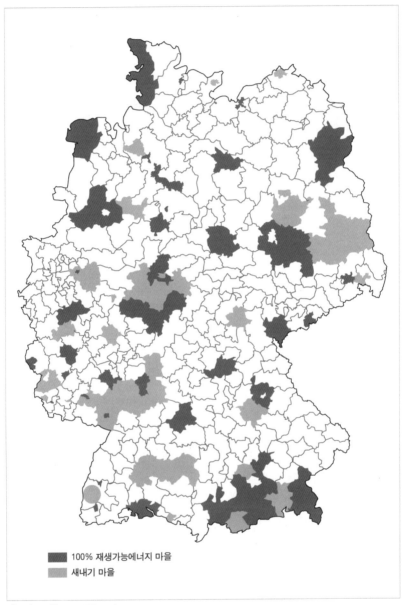

100% 재생가능에너지 마을
새내기 마을

자료: http://www.100-ee.de.

제2부 탈핵 세상을 일구는 이야기

을 공유함으로써, 경쟁이 아닌 협동의 정신을 바탕으로 재생가능에너지 100% 자립이라는 목표 달성을 위해 노력하는 것이다. 시민 인식 증진을 위해서 주민을 대상으로 한 에너지 자립을 고민하는 여러 자치 모임과 워크숍이 마련된다. 프로젝트에 선정된 지방자치단체는 이 프로젝트의 공식 로고를 사용할 수 있는 자격을 부여받고, 정부의 재정지원, 기술 적용에 관해 조언을 받게 된다.

2011년 2월 현재 오스나브뤼크Osnabrück, 쇠나우, 모바흐Morbach를 비롯한 74개의 시, 군 등이 이미 해당 지역의 에너지 전체를 재생가능에너지로부터 얻고 있거나 또는 명확한 목표와 실행 계획을 추진 중인 '100% 재생가능에너지 마을'로 선정되었다. 프라이부르크, 울름을 포함한 39개의 시, 군 등은 지역 에너지 자립 논의를 이제 시작한 '새내기 마을'이다. 독일 전체 면적의 25% 이상에 해당하는 지방자치단체가 이 프로젝트에 참여하고 있다.

인구 36만 명의 오스나브뤼크는 5기의 소수력발전, 90개의 바이오매스 열병합발전, 108개의 풍력발전기와 1,763개의 소규모 태양광발전소에서 시전체가 필요로 하는 전력의 17%를 얻고 있다. 오스나브뤼크는 이 프로젝트에 처음부터 참여한 도시 중 하나인데, 시와 산업체, 지역 주민과의 유기적 활동으로 널리 알려진 사례라 할 수 있다. 시는 관내 에너지 기업체와 함께 관공서 건물을 에너지 효율적으로 개조하고 15개의 관공서 옥상에 태양광 발전기를 설치했다. 학생 대상 프로젝트인 '기후보호를 위한 2010 나무 심기' 캠페인과 각종 주민 대상 프로그램은 이 지역 시민들에게 100% 재생가능에너지 도시 만들기가 어떤 의미인지를 알리는 시민 인식 증진에 큰 기여를 했다. 또한 엔지니어를 중심으로 지역의 지열, 풍력, 태양, 바이오에너지의 잠재량을 분석하고, 또 이것들을 개발하기 위한 전략을 세우고 있다.

2,600명이 사는 바이에른의 작은 마을 빌트폴츠리트Wildpoldsried는 기후변

화를 막기 위해 "우리가 그 책임을 다한다"라는 기치 아래 재생가능에너지 보급과 더불어 온실가스 감축을 위해 노력하고 있다. 지난 2009년 이미 지역에서 필요한 전력의 세 배 이상을 재생가능에너지로부터 생산했으며, 연간 400만 유로의 수입을 창출하고 있다. 난방에너지의 경우, 공공기관에 필요한 열의 100%, 개인 주택의 40%에 해당하는 열을 재생가능에너지에서 얻고 있다. 재생가능에너지가 이 작은 마을의 새로운 활력소인 셈이다. 이 마을은 특히 지역 주민의 적극적인 참여가 눈에 띄는데, 지역난방 개선, 태양열 온수기 구입, 난방 펌프 교체, 풍력발전소 건립 등에 지역 주민이 너 나 할 것 없이 자발적으로 참여해 새로운 화합 모델을 만들고 있다. 특히 100개가 넘는 소규모 태양광발전소 설치는 지역 주민이 중심이 되어 지역의 에너지 자립을 이끌고 있다는 증거라 할 수 있다. 이 마을은 2020년까지 지역의 모든 난방에너지를 재생가능에너지로 공급하기 위해 애쓰고 있다.

지역 재생가능에너지 보급을 위한 또 하나의 재미난 프로젝트는 농촌, 특히 축산업 중심의 마을을 위한 '바이오에너지 마을Bioenergiedorf' 만들기 사업이다.[■] 현재까지 독일의 76개 마을이 바이오에너지 마을로 선정되었는데, 이들은 마을에서 필요한 대부분의 전기와 열을 지역에서 나오는 바이오매스에서 얻는다.

대표적인 사례는 우리에게도 잘 알려진 독일 중부 괴팅겐 근처의 윤데Jühnde 마을이다.[■■] 독일 최초의 바이오에너지 마을인 윤데는 750여 명이 모여 사는 작은 농촌으로, 이들의 새로운 부활의 역사는 2001년으로 거슬러 올라간다. 2000년 괴팅겐 대학 부설연구소인 IZNE Interdisziplinäres Zentrum für

---

■ http://www.wege-zum-bioenergiedorf.de/ 참조.

■■ http://www.bioenergiedorf.de/ 참조.

윤데 마을의 바이오에너지 시설
© 류경민

*Nachhaltige Entwicklung*은 인근 마을 한 곳을 선정, 바이오에너지 마을로 만들겠다는 계획을 세웠다. 이들은 곧 2001년 공개 모집을 통해 윤데를 비롯한 21개 마을에서 신청서를 접수했다. 심사는 에너지 자립을 위한 기술적인 요소뿐 아니라 마을 주민들의 참여도까지 고려한 다각적인 기준을 통해 이루어졌다. 마을 자체에 충분한 바이오매스 에너지원은 있는지, 바이오에너지 마을의 핵심은 바이오가스 시설에서 생산되는 난방열인데 이것을 지역 전체에 분배하기에 합당한 조건인지, 마을 주민이 지역난방을 이용하고자 하는지 등등을 따져 물어 결국 윤데가 최종 대상지로 선정되었다.

이 마을은 70% 이상의 주민이 새로운 지역난방이 도입될 경우 기존 개별 보일러를 없애고 이 지역난방을 쓰겠다고 동의했다. 2002년 최종 승인을 얻은 후 연방정부와 니더작센 주의 지원을 받아 과학적인 연구와 분석을 거쳐 2004년 발전소 건설에 들어갔다. 지역 주민은 바이오에너지 조합을 결성해 발전소 건설을 위한 초기 투자금으로 50만 유로를 출자했고, 150만 유로의 연방·지방정부 지원금과 연방정부 개발은행인 KfW의 에너지 시설 저리융자 프로그램에서 330만 유로를 끌어와 716kW 규모의 바이오가스 시설을 설치했다. 이 마을에서 '생산'되는 하루 25톤의 축분과 34톤의 농업 부산물을 발효시켜 얻는 바이오가스를 연소해 생산하는 전기는 재생가능에너지법에 따라 전력회사에 값비싸게 판매하고, 전기를 생산하는 과정에서 나오는 열은 지역난방에 사용한다. 전력생산을 통해 연간 105만 유로, 난방열 판매를 통해 21만 유로의 수입을 얻는다.

결론적으로는 이 바이오가스 열병합발전시설Combined Heat and Power: CHP 단 하나를 설치한 프로젝트지만 이를 준비하는 과정은 만만치 않았다. 무엇보다 이전까지 각 가정에서 개별적으로 설치해 사용하던 보일러를 폐기하고 마을 전체를 연결하는 연장 5.5km의 지역난방 시설을 새로이 설치해야 했기 때문이다. 비록 이전에 이미 바이오가스 시설이 독일 여러 곳에 설치되어 운영에 별 문제가 없다는 사실을 알고는 있었지만, 남는 열을 지역난방으로 활용한 사례는 없었기 때문에 지역 주민들이 이 '새로운 기술'을 받아들이는 것이 쉽지만은 않았다고 한다. 그러나 열정적으로 이 프로젝트를 이끈 선구자들의 노력으로 마을 주민들은 수십 차례에 걸친 전체 모임과 지역난방, 전력, 축분, 농업 부산물 등의 세부 주제를 다루는 소규모 워킹 그룹을 적극적으로 조직해 이 프로젝트를 완성할 수 있었다.

윤데 마을의 주민 참여 모델과 협동조합 방식의 운영은 지금까지도 독일을 비롯해 세계적으로 알려진 성공 사례로 손꼽히는데, 2010년 독일 정부의 '바이오에너지 마을 대상' 수상과 더불어 각종 재생가능에너지 학술 논문에서도 모범 사례로 언급되고 있다.[*] 윤데의 노력은 여기서 멈추지 않고 최근에는 전기 자동차 카셰어링Car-sharing 프로그램을 시작했다. 발전소에서 생

---

[*] 이 윤데 마을을 모델로 한국에서도 농촌에 바이오가스 플랜트를 보급하려는 시도가 있었다. 그러나 윤데의 성공과는 반대로, 2011년 10월 중순 충남의 한 마을에서 이 사업으로 인해 마을 이장이 목숨을 끊는 안타까운 일이 벌어졌다. 성과에 집착한 나머지 과정을 소홀히 한 정부의 '밀어붙이기 식' 사업이 빚은 참극이다.

펠트하임에 세워진 풍력발전기
자료: http://www.wege-zum-
bioenergiedorf.de.

산되는 전기의 일부를 마을 주민이 함께 이용하는 카셰어링 차량에 연료로
공급하는 시설을 운영하는 것이다.

윤데와 함께 바이오에너지 마을 대상을 공동 수상한 펠트하임Feldheim도
성공적인 사례로 잘 알려져 있다.[*] 베를린에서 서남쪽으로 약 100km 떨어
져 있는 145명 37가구가 모여 사는 작은 마을인 펠트하임. 이곳에서는
74MW 규모 총 43기의 풍력발전기가 돌고 있고, 500kW 용량의 바이오가스
시설은 연간 2,000m³의 돼지 축분과 1,500m³의 소 축분, 6,000톤의 옥수수
를 원료로 400만 kWh의 전력과 430만 kWh의 열을 생산하고 있다. 마을에
서 필요로 하는 전력의 13.5%, 열의 약 80%를 이 바이오가스 시설에서 얻고
있다. 난방열은 마을 곳곳을 연결하는 3km 길이의 지역난방 공급망을 타고
39개의 주택으로 배달된다. 이곳은 지방자치단체와 마을 주민이 함께 만든
공기업 펠트하임에너지회사Feldheim Energie GmbH & Co. KG가 이 마을의 에너
지 시설을 관리 운영하는 데 그 특징이 있다. 관과 민의 협치를 보여주는 좋
은 사례라 할 수 있다. 이 마을은 원자력과 화석에너지에서 독립해 재생가

■ http://www.energiequelle-gmbh.de/ 참조.

프라이부르크 지역 에너지 회사가 마을의 재생가능에너지 시설에 설치한 안내판. 1927년에 설치한 물레방아가 아직도 전기를 만들고 있다.
© 김해정

능에너지만을 사용하겠다는 목표를 지난 2010년 10월 29일 이미 달성했다.

바이오에너지 마을은 방문객, 특히 외국의 방문객들을 불러들이는 뜻밖의 효과도 거둬들이고 있다. 세계 어디든 농촌은 도시에 비해 주목을 받지도 못하고 많은 경우 심지어 천대받는 상황인데, 독일의 바이오에너지 마을이 농촌의 새로운 가능성을 보여주기 때문이다. 이 프로젝트는 에너지 독립과 수익 창출에 더해 관광 효과까지 거둬들이는 일거삼득의 효과를 얻고 있는 셈이다. 이런 이유 때문인지 독일 각 주마다 경쟁적으로 바이오에너지 마을 만들기에 뛰어들었다. 녹색당 주지사가 선출된 바덴뷔르템베르크 주는 2020년까지 100개의 바이오에너지 마을 건립을 목표로 하고 있으며, 현재 가장 가난한 주로 알려진 구동독 지역 메클렌부르크포어포메른 주는 2020년까지 총 500개의 바이오에너지 마을을 만들겠다고 밝혔다.

에너지 위기 시대, 해법은 바로 우리가 살고 있는 마을에 있다. 햇빛, 바람, 물, 축분, 음식물 쓰레기…… 이 모든 것이 훌륭한 에너지 자원이다.

두 마리 토끼 잡기

50 태양주택단지 프로젝트

이명박 정부가 녹색성장을 외친 이후로 지식경제부와 에너지관리공단에서는 신재생에너지[■]의 새로운 미래 비전을 제시했네, 예산을 얼마나 증액했네 하며 언론 홍보에 열을 올리고 있다. 이에 발맞추기라도 하듯 기업들도 재생가능에너지 관련 산업에 뛰어든다는 선언을 연이어 내놓고 있다. 언론에 난 기사만 보면 마치 한국의 에너지 문제는 조만간 해결될 듯 보인다.

그러나 독일의 재생가능에너지 정책과 한국의 것을 비교하면 할수록 우리 정부의 '보여주기 식' 정책의 실체를 접하는 것 같아 여간 불편하지 않다. 심지어 어떤 정책은 효율과 목표 달성 측면에서 독일의 성공 사례와는 완전히 역행하는 것들도 있다. 대표적인 것이 기준가격매입제도를 폐기하고 2012년부터 의무할당제를 도입하겠다는 계획이다. 의무할당제를 유지하다 후쿠시마 사고 직후 기준가격매입제도로 방향을 선회한 일본의 결정과는

■ 한국 정부는 관련법에 따라 '신재생에너지'를 공식용어로 사용하고 있다. 그러나 '신에너지'에 대한 입장 차로 인해 많은 전문가와 대부분의 환경단체는 '재생가능에너지 renewable energy'라는 표현을 고집하고 있다.

정반대의 길을 걷는 것이 우리의 에너지 정책이다. 그리고 또 하나, 밑 빠진 독에 물 붓는 '신재생에너지 보급 지원 사업'을 들 수 있다.

정부 발표에 따르면 2011년 신재생에너지 관련 예산은 2010년 대비 24.1% 증가한 1조 35억 원 규모다. 연구개발 예산에 2,677억, 그린홈 100만 호 프로젝트를 포함한 보급사업에 3,118억 원이 배정되었다. 이 보급사업 중 900억 원은 재생가능에너지 설치 보조에, 890억 원은 그린홈 사업에 지원된다. 이미 2002년부터 '발전차액지원제도[*]'라는 이름으로 재생가능에너지 발전시설에서 생산되는 전력을 기준가격으로 매입하는 정책이 시행 중인데도, 이와는 별도로 초기 설치비의 절반을 무상 지원해 태양광발전기 설치를 독려하는 또 다른 지원 정책이 존재하는 것이다. 여러 지원책을 시행하는 것은 접근 경로를 다양화한다는 장점이 있을 수 있지만, 달리 얘기하면 그만큼 선택과 집중을 제대로 못한다고 평가할 수도 있다. 여기 우리의 접근법과는 달리, 정부 입장에서는 특별한 예산 투입 없이 뜻하는 결과를 얻을 수 있는 정말 효과적인 정책이 있다.

독일 중서부에 위치한 노르트라인베스트팔렌 주. 독일의 열여섯 개 주 중에서 인구수가 1,800만으로 가장 많은, 그리고 경제적으로 가장 힘 있는 지역이 바로 이곳 노르트라인베스트팔렌 주다. 라인 강의 기적을 가능케 했던, 독일 석탄 생산과 공업의 중심지인 이곳에서 1990년대 말 주정부와 주 에너지공사는 '50 태양주택단지 프로젝트50 Solarsiedlungen in Nordrhein-Westfalen(이하 '50 프로젝트')'를 시작했다. 태양에너지를 적극 활용하는 50개의 주택단지를 만드는 것이 이 프로젝트의 목표이고, 에너지 절약 건축기법을 통해 건축물의 에너지 수요를 줄임과 동시에 태양에너지 시설로 건축물에 필요한 에

■ 기준가격매입제도를 우리 정부는 발전차액지원제도라고 부른다.

너지를 공급하는 주택단지를 곳곳에 보급하는 것이 이 사업의 내용이다. 이 프로젝트의 특징은 정부가 모든 것을 결정하고 예산을 투입해 시행하는 톱 다운 방식이 아니라, 그 반대로 주정부는 관련 기준만 만들어놓고 일반 시민 이나 건축주가 관련 기준을 충족시킨 후 정부에서 인증을 받는 독특한 방식 에 있다.

실례를 들어 과정의 처음부터 설명하는 것이 이해에 도움이 될 것이다. 노르트라인베스트팔렌 주에 위치한 도시, 겔젠키르헨Gelsenkirchen은 과거 루 르 석탄 공업단지의 가장 중심에 있었던 석탄 도시였다. 1970년대 폐광이 된 후 새로운 산업으로 주목한 것이 바로 태양에너지 분야다. 북위 51도에 위치한 도시에서 얼마나 좋은 일사량을 기대할 수 있을까마는 그들은 화석 에너지의 상징인 석탄을 포기하는 대신 미래에너지의 핵심이라 할 수 있는 태양에너지를 도시의 새로운 상징으로 선택했다(겔젠키르헨은 독일 대표로 세 계태양도시총회ISCC에 참여하고 있다. 한국의 대표도시는 대구시).

이 도시 한쪽에 위치한 비스마르크 가街에 새로운 주택단지가 계획되었 다. 총 72세대 규모로 지어질 이 주택부지를 소유한 두 명의 건축주는 태양 주택단지를 만들어 '50 프로젝트'에 참여하기로 의기투합했다. 이를 위해서 는 다음의 세 가지 요구 조건 중 두 가지 이상을 만족시켜야만 했다.

우선 열에너지 소비. 패시브 하우스 기준을 따를 경우 연간 $15kWh/m^2$, 그보다 약간 완화된 형태인 '3리터 하우스'로 지을 경우 연간 $35kWh/m^2$의 열에너지 소비 기준을 충족해야 한다. 2000년 이전 독일 주택 난방에너지 소비량이 $200kWh/m^2$였던 것을 고려하면 에너지 소비가 거의 없다고 할 수 있는 수준이다. 두 번째 조건은 온수 생산. 건물에 쓰이는 전체 온수 중 최 소 60% 이상이 태양에너지를 통해 만들어져야만 한다. 추운 북쪽 지방의 특 성에 맞게 에너지 소비의 대부분인 난방에너지를 자연으로부터 얻고자 만든 기준이라 할 수 있다. 나머지 하나는 전기 생산에 관한 것으로 한 가구당 최소 1kW 이상의 태양광발전기가 설치되어야 한다.

이를 만족했다고 해서 모든 절차가 끝난 것은 아니다. 독일인 특유의 꼼꼼함이 드러나는, 68쪽에 달하는 구체적인 요구조건이 명시된 문서의 기준을 모두 충족해야 한다. 주택단지의 지형은 어떠하며, 물 공급, 기후, 소음, 교통, 심지어 집의 방위까지 규정해놓고 있다. 자연보호구역과는 최소 100 미터 떨어져 있어야 한다는 내용도 포함되어 있다. 온실가스 배출에 관한 기준도 있는데 열, 온수, 전력 소비로 인한 온실가스 배출이 새로 건설되는 주택단지의 경우 연 33kg CO_2/m^2, 기존 건물일 경우 40kg CO_2/m^2 이내여야만 한다.

그림 7 **방위에 따른 열 소비**

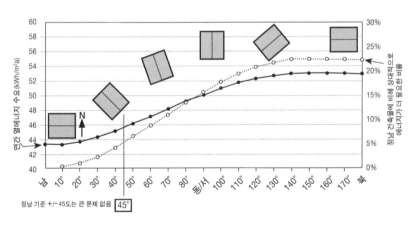

자료: 노르트라인베스트팔렌 에너지공사, http://www.energieagentur.nrw.de/.

이 두 명의 건축주들은 이 모든 요건을 충족시킨 주택단지를 완성했다. 열 소비는 1995년 단열 기준에 비해 40~60% 낮으며, 총 470m²의 태양열 집

열기에서 전체 온수의 60~65%를 생산하고, 총 80kW 용량의 태양광발전기에서 생산된 전기는 전체 소비의 40%가량을 자체 생산하는 주택단지를 만든 것이다. 더불어 빗물 재활용시설까지 포함한 이 새로운 주택단지는 결국 주정부로부터 '50 프로젝트' 인증을 받았다.

1990년대 말에 시작된 이 50가구 주택 프로그램은 현재 어느 정도 달성되었을까? 10여 년이 지난 2011년 현재 약 8,000명이 생활하는 총 32개의 주택단지 건설이 완료되었을 뿐이다. 추가로 주택단지가 건설 중이거나 설계 단계이긴 하지만, 결과적으로 10년이 지난 지금도 그 목표는 달성되지 않은 것이다.

왜 이런 현상이 벌어진 것일까? 이 프로젝트가 지향하는 바가 무엇인지를 살펴보는 것이 필요하겠다. 이 프로젝트는 제대로 만들어진 주택단지에 정부의 인증을 부여해 주민들이 마음 놓고 생활하도록 유도하는 것이 최종 목적이라 할 수 있다. 좀 더 빠른 시일 내에 목표한 50단지를 완공하면 성과 측면에서 좋기는 하겠지만, 실제 생활하는 주민에게 기대 이상의 만족을 주기 위해서는 인증을 위한 조건이 까다로우면 까다로울수록 효과적이다. 이 때문에 주정부에서는 시간에 쫓겨 날림으로 인증서를 남발할 이유가 없는 것이다. 처음 제시한 까다로운 원칙 그대로를 꾸준히 적용하는 것이 인증의 권위를 높이는 더없이 좋은 방법이기 때문이다.

이 프로젝트를 위한 예산이 궁금해졌다. 필자를 안내한 주 에너지 공사의 패트릭 위테만Patrick Jüttemann 씨는 뜻밖에도 예산이 거의 들지 않는다고 답했다. 고작해야 이 프로그램을 홍보하는 비용, 인증된 주택단지에 명패를 붙이는 비용, 그리고 새로이 인증을 신청한 주택단지를 심사하는 데 들어가는 비용이 전부라는 것이다. 정부 예산을 파격적으로 퍼부어 보기 좋은 결과물 몇 개 만드는 한국식 보급사업과는 정반대라 할 수 있다. 반면 그 효과

그림 8 비스마르크 가에 새로이 건설된 '50 태양주택단지 프로젝트' 인증 주택단지

자료: 노르트라인베스트팔렌 에너지공사, http://www.energieagentur.nrw.de/.

는 주택거래를 통해 여과 없이 증명된다. 집값이 다른 일반 주택에 비해 비싸도 이 주택에 살고자 하는 주민들은 계속 늘어난다는 것이다. 그럴 수밖에 없는 것이, 이 주택단지는 에너지 소비량이 다른 집에 비해 현저히 적을 뿐 아니라 온수와 전력의 상당 부분을 집에서 자체 생산하기 때문에 그만큼 에너지 관련 지출이 줄어들기 때문이다. 주정부의 까다로운 인증 시스템 덕에 태양주택단지 인증이 붙어 있는 집으로 이사 가는 것만으로 최소 50% 이상의 에너지 소비를 줄일 수 있다니, 웃돈을 주고라도 그곳에 살고 싶은 것은 당연한 이치일 것이다.

이 사례를 통해 우리가 배울 수 있는 것은 매우 간명하다. 치밀하게 기획된 정부의 정책은 예산을 크게 들이지 않고도 기대 이상의 효과를 거둘 수 있다는 것이다. 그리고 이 사업에서 직접적으로 눈에 보이지 않지만 간과해

서는 안 될 것이, 독일 재생가능에너지 정책의 근간을 이루는 기준가격매입 제도다. 일사량이 적은 독일의 중부 도시에서 각 집마다 1kW 이상의 태양광발전기를 설치해 태양주택단지 인증을 받고자 하는 이유는 단지 집값을 올리려는 이유뿐 아니라, 태양광발전기 설치에 쓰인 목돈을 전력 판매를 통해 환원받을 수 있는 정책이 자리 잡고 있기 때문이다. 태양광발전기 설치로 태양주택단지 인증을 받고 금전적인 이득도 얻을 수 있다니, 건축주 또는 세대주 입장에선 두 마리 토끼를 동시에 잡는 셈이다. 정부 입장에서도 이미 태양광발전기에는 기준가격제도를 통한 일종의 지원이 있기 때문에, 태양광발전기 설치를 위해 별도의 지원금을 추가로 배정할 이유가 없다. 독일 전역은 지난 2000년 기준가격매입을 골격으로 한 「재생가능에너지법」 시행에 발맞추어 설치비를 지원하는 보급사업을 모두 없앴다.

2011년 우리 정부가 태양광발전기를 비롯한 재생가능에너지 보급사업에 배정한 예산은 자그마치 1,700억 원이 넘는다. 그렇다고 긍정적인 효과를 거두는 것은 아니다. 여러 전문가들이 지적한 바와 마찬가지로 그 부작용은 이미 매우 심각한 상황이다. 야심 차게 진행한 '그린빌리지'에서는 주민들이 태양광발전기에서 '공짜 전기'를 얻는다고 생각해 에너지 소비가 되레 증가

제주 한 마을의 그린빌리지. 집
옥상에 정부지원금으로 세운
태양광발전기가 있다.
© 염광희

하는 리바운드 효과가 나타나고 있고, 만에 하나 설비에 문제가 생기면 자비를 들어 태양광발전기를 보수하는 대신 이 고장 난 시설은 그냥 내버려두고 값싼 한국전력 전기를 사용하고 있다고 한다. 예산 낭비에 자원 낭비인 셈이다. 정부의 혈세가 그린빌리지 준공식 사진을 몇 장 찍어 언론에 홍보하는 것 이상의 효과를 내지 못하고 있다고 해도 과언이 아니다.

이 태양에너지 보급사업, 그린홈 100만 호 프로젝트 보급 사업에 들어가는 예산을 정부가 예산 탓을 들어 없앤 기준가격매입제도에 투입한다면 태양에너지 보급량은 그만큼 증가할 것이다. 더불어 관련 산업 또한 동반 성장할 것이 분명하다. 일사량이 부족한 독일에서조차 태양에너지를 주요한 산업으로 선정해 육성하는 마당에, 그보다 훨씬 좋은 자연조건을 갖고도 비효율적인 정책 탓에 예산은 예산대로 퍼부으면서 제대로 된 효과를 거둬들이지 못하는 현재의 우리 정책이 안타까울 따름이다. 정부 예산의 효율적인 집행이라는 측면에서도 우리의 보급사업에 대한 점검이 필요하다.

덴마크 삼쇠 섬의 에너지 독립

지구는 단 하나라는 사실을 모르는 사람은 없다. 지구는 완벽한 하나의 계system다. 그것도 태양과의 소통을 제외하고는 완벽하게 폐쇄된 시스템이다. 햇빛을 제외하고는 그 어느 것도 우주에서 지구로 유입되지 않고, 태양복사열을 빼고는 그 어느 것도 지구에서 우주로 나가지 않는다. 가끔씩 무인 우주선을 내보내긴 하지만.

태양에너지를 제외하고는 지구라는 별 안에서 모든 에너지를 해결해야 하는 숙명이 우리 지구인에게 있다. 어쨌든 지금까지는 잘 버텨왔다. 지구 온난화나 석유 고갈 위기, 원자력발전소 사고가 닥치기 전엔 말이다.

한 섬의 실험

덴마크에 있는 삼쇠Samsø 섬은 114km²의 면적에 약 4,000명 2,500가구가 모여 사는 조그만 섬이다. 한국의 안면도보다 조금 큰 이 섬은 필요한 에너지를 모두 섬 안에서 만들어내는 에너지 독립 섬으로서, 우리 지구인 모두에게 의미하는 바가 크다.

지난 1997년 덴마크 정부는 각 지역을 대상으로 에너지 자립에 관한 프로젝트를 공모했다. 어떤 지역에서든 재생가능에너지로 지역의 에너지 자립을 꾀하는 계획을 만들면, 현실적이고 실현 가능한 지역을 선정해 약간의 지원을 하는 사업이었다. 삼쇠 섬을 비롯한 다섯 곳에서 신청을 했고, 그중 이 섬이 가장 현실적이라는 판단에 따라 본격적인 삼쇠 섬 에너지 독립 프로젝트가 시작되었다. 최종 대상지로 선정된 그해 10월 이후부터 지금까지 다양한 실험이 계속되고 있다. 그 결과는 물론 에너지 독립에 성공한 것이다.

삼쇠 섬 내륙에 설치된 풍력발전기(왼쪽)와 삼쇠 섬 해상 풍력발전기(오른쪽)
© 염광희

풍력발전기의 나라 덴마크답게 이곳 삼쇠 섬에도 풍력발전은 중추적인 역할을 담당한다. 섬 안에 11기, 섬 주변 해상에 10기의 풍력발전기가 쉴 새 없이 전기를 만들어낸다. 쉽게 표현하자면 내륙의 11기는 섬에서 사용하는 전력을 생산하고, 해상 풍력발전기는 섬에서 사용하는 열, 교통, 심지어 섬과 내륙을 이어주는 배에 필요한 에너지를 생산한다.[■] 얼핏 보면 풍력자원

■ 그렇다고 풍력발전기 전기로 열과 교통에 필요한 연료를 생산하는 것은 아니다. 소비되는 양과 생산하는 양을 같은 단위로 환산해 비교한 것이다.

이 좋은 섬에서 단지 몇 개의 풍력발전기를 설치해 에너지 독립이라고 거창하게 말하는 것처럼 보이지만 그 속내를 들여다보면 얘기가 달라진다.

이 섬에 설치된 모든 발전기는 제 주인이 따로 있다. 정부 지원금으로만 건설된 것이 아니라는 얘기다. 특히 내륙에 설치된 발전기 중 9기는 각자 주인이 따로 있고, 2기의 경우 약 430명의 지역 주민이 참여한 시민발전소 형태로 건설되었다. 지역 주민이 조합을 만들고 출자금을 내어 공동투자 형식으로 발전기를 세운 것이다. 풍력발전기에서 생산된 전기를 팔아 얻는 수익은 당연히 이 430명의 참여자에게 지분에 따라 배분된다. 최근 한국에서 시민단체를 중심으로 진행 중인 시민발전소 개념과 같은 것이다.

내륙에 발전기를 설치한 지역 주민은 또다시 해상풍력발전을 시도하게 된다. 그들의 고민은 에너지 독립을 이루기 위해 어떻게 수송 에너지를 자립하는가에서 시작되었다. 내륙에 설치한 풍력발전기로는 전력 자립을 달성했지만, 수송 에너지는 도무지 해법을 찾지 못했던 것이다. 결국 소비하는 에너지만큼 다른 방식으로 만들어내자는 결론에 이르렀다. 그리고 그들은 풍력발전을 선택했다. 한 발 더 나아가 바다 위에 풍력발전기를 세우기로 했다. 내륙에 비해 바람이 좋아 전력 생산에 따른 수익을 더 많이 기대할 수는 있지만, 바다에 발전기를 세워야 하기 때문에 설치비용이 더 많이 든다는 단점도 있는 사업이었다. 총 10기 건설계획을 세우고 진행했으나 결국 비용이 문제였다. 시민들은 삼쇠 도청島廳을 찾았다. 작은 섬에서 도청의 재정이라는 것이 어떠한 사업에 '투자'할 정도의 여력이 없는 것이 당연하겠지만, 지역 주민의 적극적인 설득과 에너지 독립 섬을 향한 도청의 의지가 더해져 결국 '무리한 투자'를 감행하게 된다('지원'이 아니라 엄연한 '투자'다. 전기를 팔아 발생하는 수익은 당연히 도청의 수입이 된다). 총 1억 2,500만 덴마크 크로네(약 310억 원)를 투자해 여전히 4,000만 크로네를 상환해야 하는 처지이지만, 2015년 이전에 전액 상환할 수 있고 그 후에는 1년에 약 1,000만 크로네의 수익을 올릴 것으로 전망하고 있다.

삼쇠 섬에서 재생가능에너지의 의미

섬의 모든 주민은 재생가능에너지가 무엇인지 안다. 전문가처럼 그 원리가 어떻고 효율이 어떤지는 모르지만, 그 단어가 무엇을 말하고 이 섬에서 어떤 역할을 하는지는 모두가 안다. 삼쇠 섬의 에너지 독립이 전 세계로 알려져 이를 직접 살펴보려는 외지인, 외국인의 방문 덕분에 이들의 자긍심은 점점 더 커지고 있다. 몇 년 전에는 덴마크에 주재하는 90개국의 대사들이 이 섬을 공식적으로 방문하기도 했다. 섬 주민뿐 아니라 덴마크 정부가 나서서 이 섬을 재생가능에너지로 '명품'화 시키고 있는 것이다.

트란베르 씨 농장에 설치된 풍력발전기
© 염광희

예르겐 트란베르Jørgen Tranberg 씨는 150마리의 젖소를 키우는 축산농민이다. 1MW짜리 풍력발전기를 9년 전 프로젝트가 시작될 때 설치했다. 덕분에 1년에 약 2억 원 정도의 짭짤한 부수입까지 올리고 있다. 그는 430여 명으로 구성된 시민발전 조합의 이사를 역임한, 삼쇠 섬의 에너지 독립사史에서 빼놓을 수 없는 인물이다. 그가 얘기하는 재생가능에너지 역사는 1980년대 초로 거슬러 올라간다. 당시 덴마크 정부는 원자력발전소 건설을 추진했었다고 한다. 도시민이나 지역농민이 원자력발전소를 반대하면서 대안으로 내놓은 것이 풍력과 같은 재생가능에너지였다. 그러나 작은 섬 삼쇠에서 별다른 기폭제가 없어 간혹 소형 풍력발전기를 이용하는 작은 규모의 '실험'에 그쳤던 것이, 1997년의 에너지 독립 프로젝트 공모에 당선되면서 많은 시민들의 참여를 이끌어내게 되었고, 결국 에너지 독립을 달성하게 되었다는 것이다.

80세가 넘은 닐슨 할아버지의 집은 마치 만물상 같다. 할아버지 나이와 비슷한 오토바이가 있고, 여기저기서 주워 온 고물이 할아버지의 손을 거치면 감쪽같이 제 기능을 발휘한다. 맥가이버 할아버지인 셈이다. 이 할아버지는 섬 어딘가에 버려지다시피 한 29년 된 풍력발전기를 헐값에 가져와 지난 2007년 여름, 자신의 집 마당에 설치했다. 맥가이버 할아버지 손을 거친 풍력발전기는 현재까지 아무런 문제없이 전기를 만들어내고 있다. 이 전기는 kWh당 0.6 덴마크 크로네(약 150원)를 받고 전력회사에 팔리고 있다.

마을의 풍력발전기 유지 관리를 맡은 청년의 집 마당에도 55kW 규모의 오래된 풍력발전기가 세워져 있다. 1986년 제품으로 다른 섬에

20년이 더 된 풍력발전기도 삼쇠 섬에서는 전기를 만들어내는 귀한 보물이다.
© 염광희

삼쇠 에너지아카데미 전경
© 염광희

설치되었던 것을 중고로 가져와 자기 집에 설치해 전기를 생산한다. 풍력발
전기에 대한 삼쇠 주민의 관심을 짐작할 수 있는 대목이다.

삼쇠 에너지아카데미

섬의 역사를 만들어온 이들은 4,000명 전체 섬 주민들이지만, 구체적인
계획을 세우고 주민들과 대화하며 온갖 궂은일을 맡아 하는 이들이 있었기
때문에 지금의 삼쇠가 만들어졌다는 것을 주민들은 부인하지 않는다. 바로
'삼쇠 에너지아카데미'가 그 주인공이다. 2011년 현재 총 여덟 명의 상근
직원이 활동하는 이 조직은 새로운 재생가능에너지 프로젝트를 기획하고
실행할 뿐 아니라, 이름에 걸맞게 각 연령에 적합한 교육 프로그램을 운영한
다. 이 단체를 이끄는 쇠렌 헤르만센Søren Hermansen은 요청이 있으면 대학
수준의 교육까지도 가능하다고 얘기한다.

이들은 풍력발전기로 달성한 삼쇠 섬의 에너지 독립에 만족하지 않고 열

■ 홈페이지 http://www.energiakademiet.dk/.

에너지 자립에도 많은 관심을 기울이고 있다. 1997년 섬에서 필요한 열의 25%가량만 재생가능에너지에서 공급되었던 것이 2005년 그 비율이 65%로 급격히 증가했다. 또한 같은 기간 열의 소비는 10%가량 줄었다.

대표적인 것이 220가구에 지역난방을 공급하는 바이오매스 이용 시설의 기획이다. 삼쇠 섬에서 생산된 농산물의 부산물인 짚단을 태워 열을 얻고 그 열을 각 가정에 공급하는 지역난방시스템이 그것이다. 700kg 무게의 짚단 한 뭉치는 300~400리터의 석유를 대체한다고 한다. 탄소 중립이라는 환경적인 장점뿐 아니라 가격 면에서도 석유의 10분의 1밖에 안 되기 때문에 경제적인 이득을 얻을 수 있음은 물론이다. 에너지아카데미는 바이오매스뿐 아니라 태양열을 이용하는 지역

난방도 준비하고 있다. 또한 지역난방 혜택을 받기 어려운 분산된 가정을 위해 겨울철 에너지 소비를 줄일 수 있도록 단열에 대한 정보를 제공해주고, 주민들의 요구가 있을 경우 단열 개조 작업을 함께 벌인다. 직접 언급하지 않았지만 이들의 활동은 마치 현재의 에너지 독립에 머물지 않고 재생가능에너지를 통한 에너지 수출까지 꾀하고 있는 것처럼 보인다.

지역난방에 이용될 짚단. 한 뭉치가 석유 300~400리터를 대신한다(위). 열을 만들어내기 위해 소각로로 향하는 짚단(아래) ⓒ 염광희

삼쇠 에너지아카데미는 에너지 독립이 가능했던 힘을 100여 년 전부터 시작된 덴마크 특유의 조합

전통에서 찾는다. 지역공동체를 위해 지역 주민 스스로가 나서서 협심으로 일을 해결했던 전통이 지금의 에너지 독립 섬을 만들었다는 것이다.

중앙정부의 지원금이 있든 없든, 이들은 지역 주민에게 에너지 독립의 필요성을 알리기 위해 다양한 방법을 동원했다. 에너지 전문가를 양성하고 섬의 모든 집을 방문해 무료로 에너지 진단을 해주는가 하면, 에너지 시설 신축이나 각 가정의 단열 개선을 위한 공사에 삼쇠 섬에 거주하는 목수나 건축가, 전기기사 등 지역전문가의 우선 참여를 보장했다. 이런 노력 덕분에 주민 모두가 에너지 독립 문제에 관심을 갖지 않을 수 없었던 것이다.

작은 섬 하나가 에너지 독립에 성공한 것이 왜 이슈가 되는 것일까. 작은 섬이 에너지 독립을 이룰 수 있다면 지구라는 거대한 섬도 에너지 독립이 가능하지 않을까. 특히 분단 상황으로 섬처럼 살 수 밖에 없는 우리에게는 이 작은 섬 삼쇠가 의미하는 바가 더욱 크다 하겠다.

'화석연료 제로' 선언한 스웨덴 벡셰

　환경보호와 경제의 관계는 어떠할까. 아직까지도 많은 이들은 이 두 개념이 동전의 양면처럼 양립할 수 없다고 생각한다. 기업의 국제경쟁력을 높이기 위해 저렴한 전기요금을 적용하고, 각종 환경규제를 가능한 한 느슨하게 풀어주는 것이 정부의 역할이라 주장하는 사람이 여전히 우리 주위엔 많이 있다. 또 경제 개발을 위해서라면 세계적으로 보존가치를 인정받은 새만금 갯벌이든 정부가 정한 국립공원이든 가차 없는 경우도 많다. 삽질 경제를 위해 파헤쳐진 4대강이 그 본보기다.

　벡셰Växjö라는 곳이 있다. 1,925km²의 면적에 8만 2,000여 명이 사는 스웨덴의 한 자치도시다. 수도인 스톡홀름에서도 남쪽으로 약 450km 떨어져 있어 접근하기 쉽지 않은 이곳을 매년 상당수의 외국 공무원, 연구자, 교수, 언론인 등의 전문가가 찾고 있다. 2007년의 경우 총 110회에 걸쳐 1,000여 명의 외지인이 벡셰 시청을 방문했다고 한다. 일주일에 두 팀 이상씩 방문했다는 계산이다. 그들이 방문한 목적은 단 하나, '화석연료 제로Fossil Fuel Free'를 선언한 이 외진 마을의 성공비결을 살펴보기 위해서다.

벡셰 전경. 도시의 중심에 트룸멘 호수가 있다.
자료: 벡셰 시청.

벡셰 한가운데에는 커다란 트룸멘Trummen 호수가 있다. 호수 가장자리로 조깅을 할 수 있는 길이 조성되어 있고, 한여름이면 많은 시민들이 호수 주변에서 일광욕을 즐긴다. 시민을 품어주는 도시의 구심점인 셈이다. 지금은 아주 맑은 이 호수도 한때 심각한 위기에 처해 있었다고 한다. 산업화로 인한 공업폐수와 시민들이 배출한 생활하수 때문에 심각하게 오염됐던 것이다. 그러나 위기가 기회를 만든다는 말은 이럴 때 써야 하리라. 벡셰 시민들은 이때부터 환경문제에 관심을 갖기 시작했다. 악취가 나는 도시 한가운데의 호수를 마냥 두고 볼 수만은 없었기 때문이다. 1960년대부터 벡셰의 시정 목표 중 하나는 바로 이 호수를 되살리는 것이었다. 시민들은 다양한 아이디어를 내놓았고, 이러한 과정이 환경과 에너지 문제의 중요성을 시민 스스로 깨닫는 계기로 자연스레 이어졌다. 이러한 움직임은 이후 1996년 '화석연료 제로'를 선언하며 도시 전체를 스웨덴 내 최고의 기후변화정책 도시로 탈바꿈시키게 된다.

2007년 벡셰 시는 유럽의회에서 '지속가능 에너지 유럽상(Sustainable Energy Europe Award)'의 한 부분인 '지속가능 공동체상'을 수상했다.
자료: 벡셰 시청.

현재의 트룀멘 호수(왼쪽)와 호수에서 물놀이를 즐기는 시민(오른쪽)
자료: 벡셰 시청.

화석연료 제로 도시를 향한 도전

이들의 1996년 선언 당시의 목표는 2050년까지 기후변화를 유발하는 화석연료를 전혀 사용하지 않겠다는 것이었다. 2010년까지 화석연료 의존도를 50% 이하로 낮추겠다는 중간목표를 세웠는데, 2010년 전체 에너지의 56%를 바이오매스를 비롯한 재생가능에너지에서 얻었다. 목표를 초과 달성한 것이다. 결국 이들은 2010년 애초의 계획을 대폭 수정, 2015년까지 1993년 대비 55%의 온실가스 감축, 화석연료 제로를 2030년으로 앞당기게 된다.

화석연료 제로를 선언한 지 15년이 지난 지금, 이들은 어떤 효과를 얻고 있을까. 경제는 성장했고 온실가스는 줄었다. 경제성장과 온실가스 배출

표 2 2009년 벡셰 온실가스 배출 통계

구분		배출량
연간 총배출량		24만 7,000톤
1인당 배출량		3톤
부문별 배출 비율	수송	68%
	기계	10%
	가정	10%
	상업/산업/공공 등	12%

자료: 벡셰 시청.

간의 탈동조화decoupling가 너무나도 분명하게 나타난 것이다. 이 작은 도
시는 환경과 경제발전이 양립할 수 있는 가치라는 것을 보여주고 있다.

그림 9 **벡셰와 스웨덴의 온실가스 배출, 경제성장 그래프**

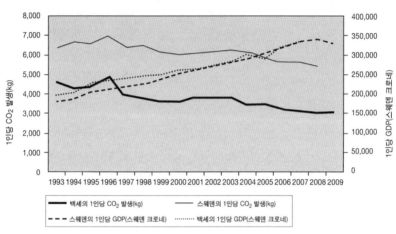

자료: 벡셰 시청.

스웨덴 정부가 2020년까지 화석연료 제로를 선언한 것은 이미 널리 알려
진 유명한 사건이다. 물론 이 계획에 원자력이 포함되어 있어 논란의 여지
가 있는 것 또한 사실이다. 우리는 이 작은 도시 벡셰가 스웨덴의 야심 찬 계
획보다 훨씬 앞서 있다는 것을 유심히 살펴봐야 한다. 1993년과 비교해볼
때 벡셰 시는 1인당 온실가스 배출을 34% 줄이는 데 성공했다. 현재 벡셰
시민 한 명은 연간 약 3톤의 온실가스만 배출하고 있는데, 이는 스웨덴 평균
의 절반 수준이다."

경제 또한 괄목할 만한 성장을 했다. 온실가스를 34% 줄이는 동안 1인당

....

■ 한국은 2008년 기준 1인당 10.31톤의 온실가스를 배출하고 있다.

국민총생산GDP이 70% 이상 증가한 것이다. 인구가 적은 시골마을이라 특별한 경제활동도 없을 것이란 어림짐작은 않길 바란다. 이곳 벡셰에는 약 8,000개의 중소기업, 400개의 IT기업뿐 아니라, 에너지 다소비 업종인 알루미늄 제조공장 및 볼보, 샤브 등 중대형 자동차 제조공장도 있다. 시에서는 기업 유치와 관련해 여섯 개의 중점 클러스터를 선정해 육성하고 있는데, 여기에 자동차, 알루미늄 분야가 포함될 정도로 에너지 의존도가 높은 지역이다. 물론 이 여섯 개의 중점분야 중에 기후보호밸리Climate Protection Valley 또한 자리 잡고 있다. 시에서 실험 중인 다양한 화석연료 제로 노력을 산업화하려는 것이다.

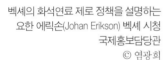
벡셰의 화석연료 제로 정책을 설명하는
요한 에릭손(Johan Erikson) 벡셰 시청
국제홍보담당관
© 염광희

그들은 도대체 무엇을, 어떻게 하고 있는가?

가장 중요한 이들의 전략은 바로 '지역'을 중심에 두는 것이다. 최근 들어 한국에도 '동네에너지'라는 친숙한 개념어가 사용되고 있는데, 벡셰의 성공은 바로 이 동네에너지의 적극적인 활용에서 찾을 수 있다. 지역에서 에너지 문제를 해결하지 않으면 결국 어딘가에서 에너지를 수입해야 하는데, 그것은 장기적으로 지속가능하지 않다는 것을 우리는 경험으로 잘 알고 있다. 이것은 각국의 정상들이 '에너지안보'에 집착하는 주된 이유이기도

열과 전기를 만들기 위해 대기하고 있는 벡셰의 동네에너지 목재 바이오매스
ⓒ 염광희

하다.

이들 동네에너지의 근원은 바로 나무다. 벡셰는 울창한 숲으로 둘러싸여 있는 도시다. 이곳의 폐목재 부산물을 이용해 전력도 생산하고 지역냉난방에 이용한다. 시내 한가운데 있는 산드비크Sandvik 열병합발전소는 1887년 세워진 이래, 100여 년이 넘게 변신에 변신을 거듭하며 현재까지 지역에 열과 전기를 공급하고 있다. 〈그림 10〉에서 보는 바와 마찬가지로, 1970년대 말까지 석유를 연료로 사용하던 이 발전소는 이후 목재 바이오매스 연료로 순차적으로 전환했다. 1980년 벡셰는 스웨덴에서 지역난방을 위해 바이오

목재를 주재료로 지은 에너지저소비주택단지의 공사 중(왼쪽)과 완공 후(오른쪽)의 모습
ⓒ 염광희

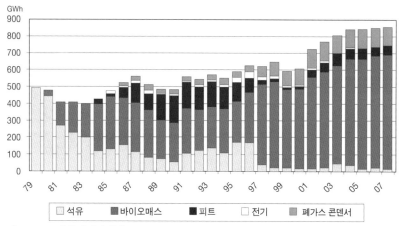

그림 10 산드비크 열병합발전소의 연료사용 변화추이

GWh

범례: □ 석유 ■ 바이오매스 ■ 피트 □ 전기 ■ 폐가스 콘덴서

자료: VEAB 벡셰 에너지 회사.

매스를 이용한 최초의 도시가 되었고, 계속해서 연료 전환을 이어가 마침내 전혀 석유를 사용하지 않고 지역에서 얻는 재생가능에너지에 의존하는 열병합발전소로 변신하는 데 성공했다.

동시에 이들은 에너지 소비를 줄이기 위한 활동도 적극적으로 펼치고 있다. 집을 짓는 재료인 시멘트가 그 생산단계에서 얼마나 많은 온실가스를 배출하는지 알고 있는가. 시멘트 생산을 위한 화석연료 사용을 줄이기 위해 나무의 도시 벡셰는 나무집을 지어 시민들에게 선보였다. 또 에너지 절약 프로그램인 SAMS 프로젝트를 시작해 시민참여형 에너지 절약 운동을 펼치고 있다(이 SAMS 프로젝트의 카피가 재미있다. "상호작용이 에너지 효율을 만들어 낸다Interaction creates energy efficiency."). 그중 하나가 실시간으로 측정할 수 있는 에너지 소비 계량기를 설치하는 것이다.

이것은 사실 전혀 복잡하지 않다. 사람 눈에 잘 띄는 곳에 에너지 계량기를 설치하는 것이 프로젝트의 전부다. 고작 '계량기 하나 부착했을 뿐'인데

그림 11 에너지 소비 계량기의 사용에 따른 효과를 나타낸 그래프와 실시간으로 측정할 수 있는 에너지 소비 계량기

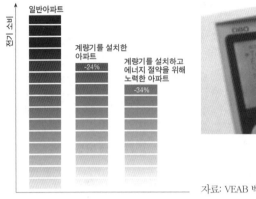

자료: VEAB 벡셰 에너지회사.

그 결과는 놀랍다. 이 기기의 설치로 인해 24%의 에너지 소비가 줄었다고 한다. 소비자가 에너지 계량기와 자주 '접촉'함으로써 자신의 에너지 소비가 어느 수준인지를 알아차릴 수 있도록 도움을 주는 것이다. 이 계량기 하나가 소비자 행동에 변화를 일으켜 4분의 1가량의 에너지 절약이라는 믿기 어려운 결과를 만들어냈다.

또 다른 에너지 절약 활동은 시민들과 함께 다양한 게임을 하는 것이다. 예를 들면 중고등학생들로부터 에너지 절약 게임을 위한 신청을 받고, 신청자에게 휴대전화로 문자를 보내 '지령'을 하달하는 것이다. 지령이 '컴퓨터 화면보호기 설정하기'라고 가정해보자. 학생들은 임무를 완수한 후 답 문자를 보내거나 인터넷 사이트에 임무 완수를 '보고'한다. 학생들이 참여한 만큼 에너지는 절약될 것이다. 성인을 대상으로는 매월 에너지 사용량을 점검해 가장 절약을 많이 한 가정에 영화티켓 등을 선물하고,＊ 그 결과는 전력

．．．．．．．．

　■ 한국의 에너지관리공단에서도 과거 이를 시행했던 적이 있다.

회사 홈페이지에 공지된다. 에너지 절약 프로그램을 진행하는 운영자와 경쟁에 참여한 시민들은 선물보다 자신의 이름이 홈페이지를 통해 알려진다는 것이 참여자의 경쟁심리를 더 자극한다고 말한다.

화석연료 제로를 선언한 이들의 계획은 단지 에너지 문제에만 국한되지 않는다. 전기나 열, 차량의 연료문제를 해결한다고 해서 화석연료 소비가 완전히 없어지는 것은 아니기 때문이다. 이들이 역점을 두고 추진할 미래사업 가운데 하나는 바로 로컬 푸드local food(지역 먹거리) 운동이다. 많은 이들이 지적하듯 현재의 관행농법은 석유 없이는 경작이 불가능한 석유농법이다. 또한 생산지에서 소비지까지 운송하기 위해서는 바이오연료를 이용하지 않는 한 화석연료인 석유나 가스에 의존해야만 한다. 화석연료에 의존하지 않는 방법으로 농산물을 재배하고, 지역 주민이 이 농산물을 소비하는 지역 먹거리 운동만이 그 대안이 될 수 있다.

우리는 벡셰에서 무엇을 배울 것인가

지난 2010년 나온 벡셰 시의 보고서는 통계수치와 함께 목표를 이루기 위해 그동안 이들이 체득한 교훈을 소개하고 있다. 화석연료에서 해방되기 위해 필요한 것들이 있다는 것이다.

무엇보다 가장 중요한 것은 정치적인 합의가 필요하다는 것이다. 모든 정치인, 정당이 환경문제에 관심을 두고 분명한 장기계획을 마련해야 한다. 그래야만 시를 위해 일하는 공무원이나 공사 관계자가 목표 달성을 위해 열심을 다할 것이다. 벡셰가 성공할 수 있었던 비결은 다른 도시와 달리 환경정책이 선거결과에 따라 휘둘리지 않았다는 것이다.

두 번째는 폭넓은 협력이다. 이들의 계획과 실행은 지역 NGO, 기업, 대학과 시민들 간의 집중적인 소통을 통해 진행되었다고 한다. 대표적인 것으로 지난 2007년 목표 달성을 위해 만든 '지역기후위원회Local Climate Commission' 를 들 수 있는데, 여기에는 정치인 대표, 시청 관계자, 대학, 지역 에너지 기업 등이 포함되었다. 이들은 목표와 실행 수준을 점검하고 문제가 발견된 지점에 대해 보완책을 내놓았다. 폭넓은 협력의 또 다른 장점은 다른 지역의 사례나 교훈을 더욱 빠르게 접할 수 있다는 것이다.

마지막으로 재정에 관한 것을 빼놓을 수 없다. 세부적인 활동 내용이 많기 때문에 필요한 예산도 많을 수밖에 없다. 중앙정부와 EU 차원에서 재정지원을 이끌어내야 했는데, 만약 벡셰에서 강도 높은 정치적 합의가 없었다면 정부나 EU 차원의 지원은 적었을 것이라는 것이 이들의 평가다. 또한 향후 지원을 위한 신뢰 구축이 매우 중요한데, 지금까지의 현황과 결과를 즉각적으로 공표하는 것이 필요하다고 지적한다.

어쩌면 우리는 벡셰에서 희망을 발견할 수도 있을 것이다. 환경과 에너지 문제의 해결이 지역공동체의 발전과 소통을 함께 가져올 수 있다는 것을 말이다. 환경은 점점 더 좋아지고 경제 또한 성장한다. 삶의 질이 올라가는 것은 당연하다. 벡셰에서 성공했다면 우리 동네, 내가 속한 공동체도 못 하리란 법은 없다.

저상버스와 자전거

재생가능에너지로의 전환에 가장 어려운 부문이 바로 교통이다. 바이오디젤과 같은 대체 연료는 이미 등장했으나,[*] 자동차나 항공기 이용의 기하급수적인 증가를 따라가려다 보니 동남아시아 지역의 팜유palm油 플랜테이션과 같은 또 다른 사회·환경적 갈등이 일어나고 있다.

안타깝게도 수송 부문에서도 우리는 원자력과 만나게 된다. 참여정부 시절 노무현 대통령은 청와대에서 새로이 개발된 연료전지 차량에 탑승하면서 '수소경제시대'를 선언한 바 있다. 물에서 얻을 수 있는 수소로 움직이는 자동차를 보며 정치인과 언론은 마치 에너지 문제가 해결된 것처럼 호들갑을 떨었다. 물에서 수소를 분리하기 위해서 또 다른 에너지가 필요하다는 사실은 크게 다뤄지지 않았다. 그 시각, 원자력산업계는 수소 생산을 위한 차세대 원자로 건설에 매진했다. 핵분열 과정에서 발생하는 뜨거운 열을 이

---

[*] 100여 년 전 독일 과학자 디젤Rudolf Diesel이 내연기관을 발명하면서 사용했던 연료는 콩기름이었다. 이후 이와 물성이 비슷한 경유가 콩기름을 대신해 디젤엔진의 연료로 사용된다.

용해 열화학분해법으로 물에서 수소를 분리해내는 원리를 이용한 원자로가 그것이다.

핵폐기물을 만들어내는 원자력 수소의 문제뿐 아니라 드넓은 면적에 바이오디젤을 위한 팜 나무(야자나무)만 심는 단일경작 등의 폐해를 피하기 위해서는 결국 교통수요를 줄여야 한다. 동시에 철도, 버스와 같은 대중교통과 자전거와 같은 무동력 교통수단을 보급하는 것이 필요하다. 이와 관련한 독일의 사례를 소개해본다.

저상버스 이야기

독일은 대중교통이 매우 발달한 나라이다. 어느 도시, 어느 마을을 가든 광역열차에서 시작해 노면전차, 시내버스, 지하철로 이어지는 매우 촘촘한 대중교통망을 만나게 된다. 독일의 대중교통 시스템이 우리의 것과 비교되는 지점을 두 가지로 요약할 수 있을 것이다. 하나는 운영이고 또 다른 하나는 접근성이다.

독일 모든 도시의 대중교통망은 각 도시의 지역운송공사가 독점으로 운영하고 있다. 다양한 교통수단을 단 하나의 공기업이 관리하므로 노선뿐 아니라 요금체계 또한 효율적이다. 그 도시의 시민이라면 1년 정기권을 할인된 가격으로 구입해 택시를 제외한 도시의 모든 대중교통 수단을 아무런 제한 없이 이용할 수 있는 것이다.

그다음으로 우리가 살펴봐야 할 것은 접근성에 관한 것이다. 한국의 대중교통은 특히나 노약자나 장애인이 접근하기에 아직까지 장벽이 너무 많다. 지하철은 대합실까지 승강기도 설치하고 지하철 내에 자전거나 유모차와 같은 보조 교통수단을 위한 공간을 따로 마련하는 등 여건이 많이 개선되었으나, 버스는 여전히 드높은 계단 때문에 불편함이 많다.

버스에 탑승하는 유모차(왼쪽)
몸이 불편한 이 두 노인은 버스 타는 것이 전혀 어렵지 않다고 한다.
보행 보조기와 함께 버스에 탑승하는 노인(오른쪽 위)과 버스에 탑승한 후(오른쪽 아래)
© 염광희

　　2002년부터 한국에도 저상버스가 도입되었다. 노약자나 장애인 등의 교
통약자가 더욱 편안하게 대중교통을 이용할 수 있는 길이 열린 것이다. 행
정안전부는 2009년 관련 계획을 보고하면서 2013년까지 전국 시내버스의
절반인 1만 4,500대를 이 새로운 저상버스로 바꾸겠다고 밝혔다. 서울시도
2012년까지 시내버스의 50%를 저상버스로 교체하겠다는 계획이다.

　　독일에 와서 적잖이 놀란 것 중 하나가 시내버스다. 덩치 큰 유모차가 두
세 대씩 한 버스를 타고 다니는가 하면, 휠체어뿐 아니라 노인을 위한 보행
보조기까지 자유자재로 버스를 타고 내린다. 바퀴 달린 기구들이 버스에 문
제없이 승차할 수 있도록 버스 기사는 인도에 바짝 붙여 정차한다. 그러자

면 차바퀴가 인도에 부딪히기 일쑤다. 버스기사는 아랑곳 않고, 유모차가 되었든 휠체어가 되었든 모든 승객이 버스에 탑승해 안전하게 자리 잡을 때까지 느긋하게 기다렸다 출발한다.

독일은 대도시뿐 아니라 시골 어디를 가도 차체가 낮고 실내 공간이 넓은 저상버스를 어렵지 않게 볼 수 있다. 근거리를 운행하는 거의 모든 대중교통 버스는 바로 이 저상버스로 운행되고 있다. 교통약자로 불리는 장애인, 유모차, 실버세대는 더는 교통약자가 아니다. 어느 누가 대중교통의 대명사인 버스를 '신체 건강한' 두 다리로 가파른 계단을 오르내릴 수 있는 사람들만이 향유할 수 있다고 정의했단 말인가?

교통약자를 배려하기 위해 야심 차게 시작했던 한국의 저상버스 보급 계획은 막상 현실에서는 교통약자에게 그 혜택이 돌아가지 않고 있다. 국회예산정책처는 '2010 회계연도 결산 분석'에서 국토해양부의 저상버스 도입 보조 예산이 서울·경기에 집중되는 반면, 교통약자가 많은 지방에는 그 지원이 미약하다고 지적했다. 2010년 시·도별 저상버스 보급을 위한 중앙정부의 지원액을 살펴보면 서울과 경기도가 전체의 50% 이상을 차지하는 데 반해, 교통약자의 비율이 31.32%로 전국에서 가장 높은 전라남도는 경상북도에 이어 두 번째로 낮은 보조금이 지원되었다는 것이다. 수도권에는 지하철과 같은 대체 수단이 잘 보급되어 있다는 사실에 비추어보면, 지방의 교통약자는 계속해서 역차별을 받고 있는 실정이다. 농어촌 지역으로 내려갈수록 교통약자의 비중이 극심하다는 것은 초등학생도 다 아는 사실인데 말이다. 허리 굽은 할머니들이 힘겹게 버스에 오르는 안쓰러운 모습, 대중교통 이용을 원천적으로 포기할 수밖에 없는 장애인들의 어려움이 바로 저상버스로 해결해야 할 숙제 아니겠는가.

차로를 따라 힘겹게 언덕을 오른 자전거.
자동차와 나란히 달리고 있다.
© 염광희

자전거 면허시험

유럽 어느 도시를 가든 자전거를 타고 다니는 사람들을 흔히 볼 수 있다. 이것이 가능한 이유는 무엇일까? 그간 우리는 하드웨어만 유심히 살펴보았다. 자전거를 타기 위해 자전거 도로가 필요하고, 자전거 주차장이 필요하고, 자전거 정비소가 필요하고 등등. 지난 2007년 11월 행정안전부가 내놓은 '자전거 이용 활성화 종합대책'을 살펴봐도 온통 인프라 확충에 관한 얘기뿐이다. 물론 하드웨어를 잘 갖추는 것은 이용 확대를 꾀한다는 측면에서 중요한 요소일 것이다. 그러나 '안전'이 확보되지 않은 자전거 인프라의 확장은 속 빈 강정이라고 할 수 있다. 자전거 도로까지 자전거를 '모시고 가는 것' 자체가 두려움이고 위험천만한 일이기 때문이다. 독일의 재미난 제도가 이 문제를 푸는 열쇠가 될 수 있을 것이다.

독일에 사는 한국 소년 종휴는 자전거 타기를 즐긴다. 학교는 집 바로 뒤에 있어 굳이 등굣길에 자전거를 탈 필요가 없지만, 친구 집에 놀러 갈 때 또는 가끔씩 열리는 벼룩시장에 갈 때 아빠의 자동차를 타기보단 자신의 자전거를 즐겨 이용한다. 종휴가 사는 플렌스부르크Flensburg는 인구 8만 정도의 아주 작은 마을인데, 안타깝게도 자전거 타기의 최대 장애물이라 할 수 있는 언덕이 상당히 많다. 자전거 타기 불편하지 않느냐는 질문에 '힘들면 밀고 가면 되지요'라고 답한다. 자전거 도로가 없는 곳에서는 차도로 통행해야 하는데 이때 위험하지는 않은지 물었다 — 종휴는 겨우 14살이다 —. 전혀 위험하지 않다고, 가끔은 차량 운전자에게 미안하다고 한다. 자신이 차도로 달리는데 속도를 못 낼 경우 뒤에 오는 차량은 그저 자전거를 천천히 뒤따를 수밖에 없기 때문이란다. 한국에선 상상할 수 없는 상황이어서 뒤 차량이 경적을 울리거나 전조등을 켜서 위협을 주지 않는지 다시 물었다. 아주 난폭한 극소수를 제외하고는 조용히 자전거 뒤를 따른다고 한다. 자전거에 피해를 주지 않고 추월할 수 있을 때까지…….

종휴는 아버지를 따라 2004년에 독일로 이사 왔다. 그리고 얼마 지나지 않아 아주 낯선 경험을 했다고 한다. 그것은 바로 '자전거 운전면허 시험'으로, 독일 전역의 그룬트슐레Grundschule(초등학교) 학생은 3~4학년이 되면 의무적으로 이 면허 시험을 치러야만 한다. 이것, 절대로 만만하게 볼 수 없다.

일단 이 시험은 성인 자동차 운전면허 시험과 마찬가지로 필기와 실기로 구성된다. 우선 필기시험의 경우 자동차 운전면허 시험에 등장하는 모든 종류의 교통표지판과 운전수칙(예를 들어 교통표지 없는 네거리에서는 어떤 차량이 우선인지, 추월하는 방법, 안전거리 등등)을 다룬다. 자동차 운전면허 시험에서 다루는 차량 부품이나 기능을 대신해 이 필기시험에서는 자전거 부품의 명칭과 기능을 묻는다. 해당 점수 이상을 못 얻으면 실기 시험을 치를 수 없다.

종휴가 공부했던 자전거면허
필기시험 준비자료
© 염광희

이를 위해 모든 학생들은『자전거 운전면허 필기시험 1주일 만에 합격하기』
같은 시험 준비 서적을 숙지해야만 한다.

필기시험에서 합격하면 며칠 후 실기시험을 치른다. 실기시험에 앞서 거
치는 것이 바로 '자전거 검사'. 시험을 치를 모든 학생은 자기 자전거를 학교
로 가져와야 한다. 경찰 입회하에 자전거 검사가 진행된다. 자전거 필수부
품은 모두 갖추어져 있는지, 이 부품은 제 기능을 다 하는지, 타이어의 공기
압력은 적당한지를 살펴본다. 이 검사에서 떨어지면? 당연히 실기시험에 임
할 수 없다.

그 후 학생들은 시험 감독관인 경찰과 함께 도로로 나간다. '도로 주행시
험'을 위해 실제 '필드'로 나가는 것이다. 시험에 앞서 경찰은 도로를 막는다.
시험 중 발생할 사고를 예방하기 위해 차량의 무분별한 진입을 제한하는 것
이다(아무리 도로 주행시험이라 하더라도 지금 시험을 치르는 학생들은 겨우 만 10
살이다). 도로에서 학생들은 차량과 안전거리 유지하는 법, 좌회전 우회전을
위한 수신호 하는 법, 정차선 앞에서 멈추는 요령, 추월하는 요령 등을 종합
적으로 테스트 받는다. 문제없이 통과하면 드디어 '자전거 운전면허증'을 받
게 된다.

형광색 안전 조끼를 입고 자전거를 모는 독일 신사(왼쪽)
자전거 도로가 없는 곳에서 자전거는 차로로 다녀야만 한다. 신호를 기다리는 자전거(오른쪽)
ⓒ 염광희

　운이 좋게 종휴는 한 번에 면허증을 발급받았지만, 동생인 채린은 시험
볼 당시 두발자전거를 익숙하게 타지 못했기 때문에 시험조차 보지 못했다
고 한다.

　자전거 운전면허 시험 제도는 독일 시민들이 자전거와 익숙해지는 데 큰
기여를 했다고 할 수 있다. 어려서부터 자전거 타기가 생활화되어 있고, 또
자전거 운전면허 시험이라는 과정을 통해 자전거 또한 보행자나 차량과 마
찬가지로 고유한 권리와 책임을 가지고 있음을 배운다. 종휴가 아무리 천천
히 자전거를 운전한다 할지라도 그것은 종휴가 누릴 수 있는 권리이기 때문
에 속도가 느리다는 이유로 종휴를 탓할 수 없는 것이다.

　독일 어느 곳을 가든 잘 갖춰진 자전거 도로를 만날 수 있다. 가끔씩은 차
량과 함께 나란히 차도를 달리는 자전거를 만나기도 한다. 우리에게는 우스
꽝스러운 풍경이지만, 자전거를 타는 운전자가 한 손을 활짝 펴 뒤따르는 차
에게 우회전 신호를 보내는 장면도 자주 목격할 수 있다. 양복을 입은 백발
의 신사가 번쩍대는 형광색 조끼와 안전모까지 갖추고 수신호를 하는 이색

적인 장면을 상상해보라.

이처럼 자전거가 하나의 교통수단으로 자리 잡은 데는 여러 가지 이유가 있겠으나, 가장 큰 것은 사회적 관심과 배려 때문이 아닐까 한다. 그도 그럴 것이 50여 년의 역사를 자랑하는 자전거 면허시험을 거의 모든 독일인이 경험했으니, 자기의 경험을 떠올리며 아이들을 위해 그리고 자전거를 타는 이들을 위해 공간과 시간을 배려해줄 수 있지 않을까. 이러한 시민들과 사회적 관심에 더해 안전하게 자전거를 탈 수 있는 자전거 전용 도로의 확장 등이 유럽을 자전거 천국으로 만들어낸 마술인 것이다.

종휴와 채린에게 마지막으로 물었다. 얼마나 많은 친구들이 등굣길에 자전거를 이용하느냐고. 아주 먼 곳에서 등교하는 친구들과 자기처럼 가까운 곳에서 오는 친구들을 빼고는 거의 다 자전거로 통학한단다. 혹시 친구들이 학교 오면서 교통사고 당했다는 이야기를 들은 적이 있는지 물었다. "아직까지 한 번도 못 들어봤는데요."

재생가능에너지가 만능일까?

독일로 유학을 오기 전, 2007년 말까지 에너지대안센터와 환경운동연합에서 활동했을 때 필자의 일감 중 하나는 이른바 무한동력을 발명했다는 사람들을 응대하는 것이었다. 평균 한 달에 한 번꼴로 사무실로 찾아오는 그들은 자신이 '발명'한, 인류를 구원할 수 있는 영원히 마르지 않는 무한동력 에너지 샘물을 목청껏 소개하곤 했다. 기득권을 가진 주류 과학자들이 자기의 혁명적인 연구결과를 본체만체한다고, 이것이 상용화되면 인류는 에너지 걱정에서 해방될 수 있다는 등……

한국 정부는 국제핵융합실험로International Thermonuclear Experimental Reactor: ITER 프로젝트에 참여하고 있다. 핵융합을 현실화시키기 위한 국제 프로젝트다. 핵융합은 두 원자핵이 결합할 때 일어나는 질량결손에 의해 방출되는 엄청난 양의 에너지를 이용하겠다는 것이다. 태양이 핵융합에너지의 대표적인 예다. 원리는 간단하나 이러한 반응이 일어나기 위해서는 1억°C 이상의 온도 등 매우 까다로운 조건이 필요하다. 쉽게 얘기하면 또 다른 태양을 지구 위에 만들겠다는 것이다. ITER 홈페이지에 따르면 이 핵융합을 실용화할 수 있다면 '인류가 걱정하는 에너지 문제는 거의 영원히 해결된다고 말할 수 있을 것'이란다. 성공한다면 말이다. 실패하든 성공하든 이 국제 프로젝트에 참여하는 대가로 한국 정부는 약 1조 6,000억 원을 분담해야 한다.

한국 정부는 지난 2005년에 '수소경제'를 선언했다. 에너지 변환 과정의 하나인, 에너지 저장 수단에 불과한 수소일 뿐인데 수소를 활용할 수 있는 기술이 개발되기만 하면 에너지 문제를 극복할 수 있을 듯 호들갑이다. 이후 정부의 신재생에너지 예산의 많은 부분이 수소연료전지 개발에 투입되었다.

이런 에너지 고갈 위기에 대해 많은 환경론자가 주장하는 대안이 바로 재생가능에너지다. 햇빛, 바람, 물, 지열 등 영원히 바닥나지 않고 또 환경적으로 부담을 덜 주는 재생가능에너지가 더욱더 현실적이고 지속가능한 대안이라는 것이다. 그렇다고 해서 재생가능에너지를 이용하기만 하면 우리의 에너지 문제는 완전히 해결될까? 에너지에 의존하는 우리의 삶은 정말로 지속가능해질 수 있을까?

재생가능에너지에 얽힌 다섯 가지 작은 이야기

#1 2008년 4월, 플렌스부르크 대학에서 바이오에너지 원료에 관한 EU 차원의 세미나가 열렸다. 이 세미나에서 발제를 맡은 한 네덜란드 과학자는 안정적인 바이오연료의 확보를 위해 하루빨리 유전자조작농산물GMO을 개발해야 한다고 주장했다.

#2 2008년 7월, 국내 굴지의 한 대기업은 인도네시아 수마트라 섬에 서울시 전체 면적의 40%에 해당하는 240km²의 팜유 플랜테이션을 매입해 운영한다고 발표했다. 여기서 재배되는 팜 열매는 바이오디젤의 원료가

된다. 대부분의 팜유는 EU가 제시한 계획, 즉 2020년까지 수송연료 10%를 바이오연료로 공급한다는 목표를 달성하는 데 이용될 것이다.

#3 한국에서 햇살 좋기로 둘째가라면 서러워할 전라남도 지역에 몇 해 전부터 태양광발전소 설치 붐이 일었다. 갯벌이나 폐염전, 심지어 농지도 상관없이 그저 태양광발전소 건설이 가능한 곳이라면, 행정 절차에서 하자가 없는 한 태양광발전소를 건설할 수 있었다. 몇몇 태양광발전소는 멀쩡한 산을 깎아 그 자리에 건설되었다.

공사 당시의 중국 싼샤 댐
© 환경운동연합

#4 중국의 그 유명한 싼샤三峽 댐은 재생가능한 에너지원인 물을 이용하기 위해 가로 2,300m, 높이 185m에 이르는 세계 최대 규모의 댐을 쌓아 전력을 만들어내고 있다.

#5 시화호를 시작으로 조력발전 붐이 불었다. 울돌목, 가로림만, 강화도 등 전력을 생산할 수 있는 모든 바닷가가 대상이 된다.

필자가 얘기하고 싶은 것은 이런 것이다. 재생가능에너지가 에너지 위기를 극복할 수 있는 가장 지속가능한 대안이 될 수는 있지만, 그것을 위한 무분별한 개발은 또 다른 파괴를 불러올 수 있다는 것이다. GMO 개발이 어떠한 결과를 불러올지는 아무도 모른다. 미래에 어떤 생태계 교란이 일어날지, 직접적으로 우리 몸에 어떤 영향을 미칠지 그 누구도 확실히 알지 못한다.

말 그대로 농업판 판도라의 상자라 할 수 있다.

서울시의 40%에 해당하는 그 너른 열대우림에 오로지 팜 나무 한 종만 심는다. 왜? 돈이 되기 때문이다. 더불어 재배 목적이 재생가능에너지를 만들어내기 위함이 아닌가. 그러나 그 이면에서 어떤 일이 벌어지는지는 잘 알려지지 않았다. 팜 나무를 심기 위해 기존에 있던 열대우림은 모두 불타 없어졌고, 그곳에서 수백 년간 살아오던 원주민은 한국의 철거민처럼 한순간에 고향을 떠나야만 하는 신세가 되었다. 오죽했으면 UN조차도 팜유 플랜테이션이 여러 문제를 일으킨다고 우려를 표하고 있겠는가.

농지가 부족해 새만금 갯벌을 매립해 새로운 농지를 만들어야 한다는 정부가 기존 농지에 태양광발전소를 짓는 것에는 매우 관대하다. 농지의 형질을 변경해야 발전소를 지을 수 있는데, 지방자치단체에서는 세금 감면 혜택까지 주었다. 헐값에 농지를 매입한 후 햇빛 전기를 만드는 것이다.

싼샤 댐 건설로 얼마나 많은 주민들이 '소거'되었는지 알고 있는가? 급격하게 파괴되는 생태계 문제에 대해서는 관심 밖이다. 그저 세계 최대라는 타이틀에 방점이 찍힐 뿐이다. 조력발전이 하나의 대안이 될 수 있지만, 그곳의 환경에 어떠한 영향을 주는지에 대한 깊이 있는 연구도 없이 무작정 건설부터 한다는 것은 위험한 도박이 아닐 수 없다.

외부비용과 정부 정책

경제학에서 다루는 개념으로 외부비용external cost이라는 것이 있다. '가격'이라는 것은 시장에서 결정된다. 수요곡선과 공급곡선의 교차점에서 가격이 결정된다. 그렇다고 해서 이 가격이 모든 것을 말해주지는 않는다. 시장에서 형성되는 '가격'의 맹점 중 하나가 바로 이 외부비용이 간과된다는 것이다. 대표적인 외부비용은 환경과 관련한 것이다. 환경 영향은 눈에 보이지도 않고, 또 언제, 누구에게 그 피해가 나타날지 정확히 예측하기가 사실상 불가능하기 때문에 가격을 결정하는 주체는 가능하면 이 환경 영향에 따른 외부비용을 고려하지 않으려고 한다. 계산 자체도 어렵거니와 그 잣대가 주관적일 수 있기 때문이다. 예를 들어 세제를 만들어 시장에서 판매한다고 할 때, 세제가 오염시킨 물이 인간과 자연에 미치는 영향을 값으로 환산해 가격에 반영하는 것은 쉬운 일이 아니다.

여기서 강조하고 싶은 것은 이런 단점이 있어도 이 외부비용을 어떻게든 가격에 반영해야만, 그것이 쉽지 않다면 정부 정책의 영역으로 끌어들여야만 환경적인 파국을 어느 정도 예방할 수 있다는 것이다. 원자력산업계는 원자력 전기가 가장 싸다고 주장하지만, 사고 위험이나 핵폐기물 등 현재와 미래 세대에게 던져주는 환경적인 영향까지 고려한다면 그 가격은 당연히 달라져야 할 것이다. 이것은 재생가능에너지 또한 마찬가지다. 이를 잘 설명해주는 것이 독일 정부의 태양광발전소 전력 구입과 관련한 제도다.

독일의 「재생가능에너지법」에서 우리가 배워야 하는 것

우리가 2011년까지 시행했던 재생가능에너지 전력 기준가격매입제도의 효시는 독일이다. 우리의 제도가 독일에서 건너오긴 했지만, 실제 독일의 제도는 우리와 다른 것이 참 많다. 특히 태양광 전기의 매입 가격의 차이를 유심히 살펴볼 필요가 있다.

〈표 3〉에서 보는 바와 같이, 맨땅에 태양광발전기를 설치할 경우 발전기 운영자가 얻을 수 있는 수익은 가장 낮다. 만약 내가 발전소를 내 집 지붕에 설치할 경우 내 집 마당에 설치하는 것보다 조금 더 비싸게 전기를 팔 수 있다. 이런 차이가 발생하는 것은 크게는 설치비용과 효율의 차이 때문이다. 집 마당에 설치하는 것보다 지붕에 설치하는 것이 더욱더 까다롭기 때문에

표 3 2009년 새롭게 개정된 독일 정부의 태양광 전력 매입 단가

(단위: 유로센트/kWh)

구분		2011년	2012년
건축물 지붕 활용 또는 방음벽	30kW 이하	28.74	25.29
	30kW~100kW	27.33	24.05
	100kW 이상	25.86	22.76
	1,000kW 이상	21.56	18.97
나대지		21.11	18.58

*나대지(맨땅)에 설치할 경우 kWh당 21.11유로센트를 주는 데 반해, 지붕 위에 설치할 경우 그보다 훨씬 많은 수익을 기대할 수 있다.

설치비용에 차이가 날 것이다. 또한 다른 집 그림자에 가려 전력 생산량이 줄어들 수도 있다.

한편 태양광을 투자하는 내 입장에선 마당에 설치하든 지붕에 설치하든 심지어 벽면에 설치하든 안정적인 수익을 얻고 싶어 할 것이다. 그렇기 때문에 독일 정부는 가격을 달리 책정해 재생가능에너지 발전 투자자들의 안정적인 수익 확보를 유도하고 있다.

또 다른 고려는 바로 외부비용에 관한 것이다. 사실 정부 입장에서는 태양광발전기를 어디에 설치하든 생산된 전력에 똑같은 가격을 지불하는 것이 형평성 차원에서 옳은 것이라 생각할 수 있다. 마당에 설치하든 농지에 설치하든 산을 깎아 설치하든, 100이라는 전력이 만들어진다면 100에 해당하는 금액만 지불하면 그만이다. 그러나 시간이 지나면 문제가 나타난다.

똑같이 100이라는 전기를 얻었지만, 논이나 산을 깎아 얻은 전기와 주변 환경에 아무런 피해를 주지 않고 내 집 지붕에서 얻은 전기는 환경적인 '질'이 다를 수밖에 없다. 독일 정부는 이 점을 고려해 자칫 형평성을 훼손하는 것처럼 보일지 몰라도 값을 달리해 전력을 매입하는 것이다. 동시에 사업자에게는 환경을 덜 훼손하는 것이 더욱 많은 수익을 가져다준다는 중요한 메

부안성당 건물 지붕에 설치된
시민 태양광발전소
ⓒ 염광희

시지를 전해준다. 맨땅 100m²에 태양광발전소를 건설하는 것보다 공장 지붕 100m²에 태양광발전소를 설치해 전력을 얻는 것이 환경적인 고려를 할 경우 더 나은 방법이기 때문이다. 외부비용을 고려한 것이다.

그러나 우리의 제도에는 이런 고려가 없다. 집 지붕에 설치하느니 값싼 농지를 매입해 땅을 갈아엎은 후 대규모 발전소를 짓는 것이 더 많은 수익을 낼 수 있도록 제도가 만들어져 있다. 그러니 독일처럼 대규모 물류창고 지붕이 태양광발전기로 덮였다는 것이 아니라, 시골 마을에 논이나 밭, 심지어 산을 깎아내서 세계 최대 규모의 발전소를 만들었다는 것이 화젯거리가 된다.

재생가능에너지는 우리가 에너지를 얻는 다양한 방법 중 하나일 뿐이다. 재생가능에너지라고 해서 100% 무공해, 100% 환경친화적인 것은 아니라는 것이다. 결국 재생가능에너지 또한 조금 더 환경친화적이고 지속가능한 에너지원이 되기 위해서는 적절한 규칙 또는 규제를 통해 환경을 덜 파괴하는 방향으로 유도해야 한다. 깨끗한 에너지를 얻기 위해 멀쩡한 산을 깎는다든지, 온실가스를 배출하지 않는 자동차 연료를 얻기 위해 열대우림을 불태우고 팜 나무 한 가지만 심는다든지, 눈에 보이지 않는다고 바닷속 생태계 파

삼성 에버랜드가 김천에 설치한
태양광발전소
ⓒ 에너지데일리

괴가 예상되는 조력발전소를 무분별하게 지어서는 곤란하다. 정부가 이러한 파괴행위에 대해 '재생가능에너지니까 무조건 좋다'라는 생각만 갖고 정책을 추진한다면 미래에는, 아니 몇 년 후에는 또 다른 환경파괴에 직면할 것이다.

이제 첫발을 딛는 한국의 재생가능에너지 시장이 지속가능해지기 위해서는 앞서 재생가능에너지 정책을 추진한 여러 나라의 정책을 깊이 있게 살펴봐야 할 것이다. 정부의 정책은 시장을 좌지우지 할 수 있는 가장 영향력 있는 신호 중 하나이기 때문이다. 독일의 예처럼 각기 다른 적정한 가격을 책정해 제시하는 것도 좋은 방법이 될 수 있다. 환경을 파괴하면서 얻는 재생가능에너지의 매입 가격을 낮춰 경제성을 떨어뜨리는 등의 방법도 참고할 만하다.

지금 당장 무언가를 보여주기 위해 세계 최대, 세계 최고에만 관심을 갖고 규모만 중시하는 정책을 펼 경우 환경파괴는 불 보듯 뻔하며, 종국에는 시민들의 반대에 부딪쳐 어렵게 얻은 재생가능에너지 확대라는 기회를 놓칠 것이다.

속도전, 시대착오적 발상

2007년 함부르크 대학에서 건축학을 가르치는 교수가 제자들과 함께 한국을 방문했다. 이들은 '서울의 랜드마크' 청계천도 방문해, 계획에서부터 청계천 고가의 철거, 그리고 개발과정 전반에 대해 소개받았다. 이들이 가장 놀란 것은 청계천의 위용보다는 이 모든 과정이 이명박 전 서울시장이 재임하던 단 4년 내에 모두 이뤄졌다는 사실이었다. 그 교수는 독일에서 이렇게 밀어붙이는 것은 불가능하다고 말했다.

청계천의 그럴싸한 외관이 이명박 전 서울시장의 청와대 입성을 도왔을지는 모르겠다. 그러나 이명박표 청계천 개발의 이면에는 문화재일 가능성이 있는 유물을 그저 하나의 돌덩어리일 뿐이라고 해석하는 천박함과, 한강의 물을 펌프질해서 다시 흘려보내는 거대한 인공 구조물이라는 허위가 자리하고 있다.

이명박 정권은 4대강 사업을 진행하면서 '속도전'이라는 표현을 사용했다. '좌고우면'할 시간이 없다고도 했다. 쉽게 풀어 쓰면 시간이 없으니 빨리 밀어붙이자 뭐 이런 뜻 아니겠는가(속도전이란 단어를 접하는 순간 초등학교 때 생각이 났다. 선생님은 북괴 공산당이 자신들의 체제유지를 위해 어떤 전략과 전술을 펼치는지 가르치셨다. 5호담당제, 새벽별 보기 운동, 그리고 속도전).

독일의 한 지독한 제도

독일의 건설과 개발에 관련한 여러 제도 중에 '계획확정절차Planfest-stellungsverfahren'라는 것이 있다. 대단위 개발이나 건설 행위에 앞서 관련법에 따라 반드시 거쳐야만 하는 이 절차는, 새로운 개발계획이 기존에 있는 지역개발 계획과 어떻게 연관되는지 살펴보고 평가하는 것이다. 물론 이 건설 또는 개발 행위가 초래할 다양한 문제점에 대해서도 다룬다.

예를 들어 새로운 도로를 하나 건설한다고 가정해보자. 개발 사업자는 이 구상을 시청에 제출할 것이다. 시청에서는 이 접수한 새로운 건설 제안을 기존에 있던 지역개발 계획과 비교 검토한다. 또 새 도로 건설과 관련해서 영향을 받을 법한 모든 이해당사자들을 불러 모은다. 그들의 의견을 결정에 반영하기 위해서다. 만약 새로운 도로 건설로 인해 녹지가 훼손된다면 시청에서는 이 건설업자에게 훼손하는 만큼의 녹지를 인근 지역에 만들라고 명령할 수도 있다. 만약 이해당사자들의 의견 차가 너무 커서 어떠한 결론에도 도달하지 못할 경우 최종 결정은 법원의 몫이 된다. 그렇다고 법원이 곧바로 가부를 결정하는 것은 아니다. 법원에서는 이해당사자들에게 충분한 논의를 더 거치라고 제안한다. 이견이 발생하는 지점에 대해 과학적인 근거를 제시하라는 것도 법원이 결정을 내리기에 앞서 요청하는 사항 중 하나다.

대단위 건설사업은 관련 법령도 많고 또 이해당사자도 많은 터라 끝도 없는 토론을 벌여야만 한다. 예를 들어 공항을 확장한다고 가정해보자. 관련된 이해당사자가 어디 한둘이겠는가. 우선 쉽게는 소음과 관련한 피해가 있을 것이고, 교통 문제나 녹지훼손 문제 등 여러 가지 논란거리가 있을 것이다. 그렇다면 '계획확정절차'에 어느 정도 시간이 소요될까? 한 독일 교수에게 이를 묻자 독일인 특유의 손사래를 치며 10년 정도의 토론은 기본이라고 답한다. 실제로 어느 지역을 막론하고 독일 전역에서 이 절차에 따라 해당 개발계획이 진행될지 말지를 다투는 논쟁이 한창이다. 한 예로 독일 최남단 작은 마을인 콘스탄츠Konstanz와 징겐Singen을 이어주는 40km 지방도로 건설을 둘러싸고 찬성 측과 반대 측이 10년 이상 치열한 논쟁을 벌이고 있다.

속도전을 강조하는 '다이내믹 코리아'에서는 상상도 할 수 없는 상황이다. 한국 정부는 이러한 과정을 아마도 시간 낭비, 에너지 낭비, 비용 낭비라고 생각할지도 모르겠다. 그러나 천만에, 계획 과정에서 그만큼의 공을 들여 충분한 논의와 토론을 거치고 각종 과학적인 연구 결과가 근거로 제시되기 때문에, 이 절차를 거친 후 결정되는 사업 시행 여부에 대해서는 어느 누구도 반대할 수 없을 뿐만 아니라 사업에 따른 각종 피해를 최소화할 수도 있다. '계획확정절차'는 결과적으로 사회적 갈등, 사회적 비용을 줄이는 효과를 보게 된다.

속도전의 폐해

우리의 '빨리빨리' 문화는 대규모 개발 사업 이후의 엄청난 피해를 유발하고 있다. 새만금 개발은 지난 1987년 대통령 선거 공약으로 등장해 충분한 사회적 논의 없이 일단 사업 착수에 들어갔다. 환경단체뿐 아니라 많은 국민이 우려를 표했어도 공약을 지키려는 정권은 일단 공사를 강행했다. 그 후 본격적인 사회적 갈등이 시작된다. 이미 삽질은 시작되어 멈출 수 없다는 정부와 지금이라도 사업을 멈추는 것이 더 큰 피해를 막는 길이라는 환경단체와의 다툼이 표면화된다. 정부는 '사업 전에 미리 문제제기하고 토론하지 왜 사업이 시작된 후에 난리'냐고, 환경단체는 평소엔 가만히 있다가 사

방조제 건설로 거북 등껍질처럼 갈라진
새만금 갯벌
© 환경운동연합

업이 시작되면 항상 뒷북만 친다고 쉽게 말한다. 사실 충분한 토론 기회를
박탈한 것은 바로 정부의 일방적인 밀어붙이기 사업 방식이었는데도 말이
다. 4대강 사업은 그 결정판이다.

　환경단체와의 갈등으로 빚어지는 사회적 비용은 사실 빙산의 일각이다.
더 큰 사회적 비용은 바로 정부가 계획한 대로 사업이 진행되지 않는다는 데
있다. 시화호 개발에서 보듯, 초기 정부의 계획은 장밋빛이었다. 둑을 막아
도 물은 절대 썩지 않는다는 것이다. 사업 완료 후 시화호 물은 당연히 썩었
다. 일부에서 우려했던 문제점에 대해 안일한 태도로 일관하더니 결국 누구
나 예상했던, 그러나 정부만 예상치 못했던 문제가 현실로 나타난 것이다.
이 좁은 땅덩어리에 약 18조 원을 들여 경부고속철도를 짓겠다고 했을 때,
환경·생태 문제는 차치하고라도 과연 수익을 낼 수 있을지에 대해 우려한
사람이 많았다. 아직까지도 코레일이 경부고속철도로 인한 적자의 늪에서
빠져나오지 못하고 있음을 보라.

　속도전 문화는 재생가능에너지 분야라고 해서 예외가 아니다. 지난 2006
년 초 제주도 한 마을에 풍력발전기 설치가 계획되었다. 정부로부터 발전사
업 허가까지 받은 이 사업은 결국 한 공동체의 극렬한 반대에 부딪혀 착공

후 사업이 중단되었다. 외국에서 풍력발전기를 수입한 이 사업체는 풍력발전으로 돈을 벌기는커녕, 항구에 이 거대한 발전 설비를 보관하는 대가로 보관료를 지불해야 하는 신세가 되었다. 허가를 내주는 과정에서 지역 주민과 충분히 논의했다면 이런 최악의 상황은 피할 수 있었을 터인데 말이다.

'계획확정절차'의 효과

독일의 '계획확정절차'는 앞서 언급한 바와 마찬가지로 사전에 충분한 논의와 토론을 통해 사회적 갈등, 사회적 비용을 최소화하는 데 크게 이바지하고 있다. 말로 떠들며 논쟁하는 것과 이미 시작된 삽질을 되돌리는 것은 그 비용이나 시간 면에서 비교할 수 없다. 시간이 걸리더라도 충분한 논의가 훨씬 경제적이라는 얘기다.

이 절차의 시행은 재미난 부수적 현상을 만들어냈다. 그중 하나가 오너십 ownership과 관련한 것이다. '계획확정절차'를 통과하기 위해서는 특히나 지역 주민의 동의가 필수적이다. 풍력발전기 설치를 예로 들어보자. 외지인이 내 땅에 들어와 풍력발전기를 설치해 돈을 벌어 간다면 그것을 좋게 바라볼 사람은 많지 않을 것이다. 그러나 만약 지역 주민인 내가 이 풍력발전소에 투자할 수 있다면 얘기가 달라진다. 단순히 빌려준 땅에 대한 임대료만 받

독일 북부 디르크스호프(Dirkshof)
시민풍력발전단지
© 염광희

고 마는 것이 아니라 내가 주인 중 한 사람으로서 이 사업에 참여하게 된다면 풍력발전소를 바라보는 시각 자체가 완전히 바뀔 것이다. 이 풍력발전기는 내 것이기 때문에, 날개가 돌면서 내는 윙윙거리는 소리는 더는 소음이 아니라 돈을 벌어주는 행복한 음악처럼 들릴 수 있을 것이다. '계획확정절차' 제도의 원래 취지는 아니지만, 이 엄격한 절차를 거쳐야 하는 독일인들은 시민 오너십이라는 묘안을 찾아내 지역 활성화에도 크게 기여하고 있다.

주민을 설득하는 것도 필요하지만, 주민에게 사업에 함께 참여할 수 있는 기회를 제공하고 또 그들의 투자를 바탕으로 사업을 진행하는 것이다. 독일 어느 지역을 가도 지역 주민이 참여하는 풍력발전단지, 태양광발전단지를 쉽게 발견할 수 있는 이유 중 하나는 이 제도가 가져다준 부수적인 효과다.

아울러 이 제도는 관련 산업과 기술의 발달을 도모할 수 있다. 예를 들어 쓰레기 자원화 시설을 건설할 경우 악취가 큰 걸림돌이 되리라는 것은 누구나 예상할 수 있다. 사업자는 이 악취를 최소화하기 위해 최신기술로 시설을 보강해야 한다. 독일 북부 작은 마을 노이뮌스터Neumünster의 한 쓰레기 자

노이뮌스터 쓰레기자원화 시설 안내도(위)와
처리 모습(아래)
©염광희

원화 시설의 책임자는 '악취에 대한 시민의 민원을 사전에 차단하기 위해 정부의 규제치가 100이라면 우리는 20이라는 강화된 수치를 적용'했다고 자랑한다. 악취 제거 기술의 개발이라는 또 다른 효과를 얻는 것이다. 더불어 관련 산업의 발전도 도모하게 된다.

4대강 사업의 속도전

이명박 정부는 2008년 말 한반도 대운하 건설 공약의 이름만 바꿔 4대강 정비사업이라는 것을 시작했다. 엄연히 거쳐야 하는 절차로 명시된 '사전환경성검토'도 무시한 채, 법을 만든 정부 스스로 불법을 저지르고 있다. 국회에서 예산을 심의 확정하기도 전에 착공을 강행했다. 이 속도전의 피해는 누가 보게 될까? 경부고속철도나 새만금 개발에 따른 피해는 이를 결정했던 정치인, 행정가에게 돌아가는 것이 아니라, 바로 이 시대를 살아가는 우리들, 그리고 우리 후손들의 몫이 된다.

지금 우리에게 필요한 것은 충분하지 않은 계획이나 정보에 의존해 지금 당장 결정하고 삽질을 시작하는 것이 아니라 이 삽질로 인해 어떤 일이 벌어질지 다 함께 예상해보고 그 득과 실을 진지하게 모색하는 것이라는 사실을 독일의 한 절차가 잘 설명해주고 있다.

한마디 덧붙이자면, 절차라는 것은 일련의 과정 중 하나에 지나지 않는다. 특정 절차가 있다고 해서 문제가 완전하게 해결되는 것은 아니다. 무엇보다 중요한 것은 철학과 자세인데, 법이 있어도 이를 지키지 않고 안하무인 격으로 밀어붙이는 정부 앞에서 어떤 제도나 절차라 한들 제 기능을 다할 수 있겠는가.

거꾸로 가는 한국의 에너지 정책

　한국 정부의 '녹색성장'. 이명박 대통령은 2008년 8·15 경축사에서 '녹색성장'을 들고 나왔다. 같은 해 8월 국가에너지위원회를 통과한 「국가에너지기본계획」이나, 그로부터 넉 달 뒤인 12월에 확정된 「제4차전력수급기본계획」을 살펴보면, 정부가 말하는 녹색이 무엇인지 확인할 수 있다. 원자력발전을 '녹색'의 범주에 넣을 수 있는 그 무모한 용기가 놀라울 뿐이다. 우리의 미래세대는 넘쳐나는 핵폐기물을 보면서 우리를 어떻게 평가할 것인가?

　에너지의 대부분을 수입에 의존해야 하는 한국은 세계 경제위기 같은 외부 자극에 민감할 수밖에 없다. 환율이 바뀔 때마다, 국제 유가가 오르내릴 때마다 정부는 정부대로, 에너지를 수입하는 기업은 기업대로, 또 소비자인 국민은 국민대로 신경을 곤두세워야 하는 피곤한 나날의 연속이다. 여기에다 기후변화 얘기까지 더해지면 할 말이 없어진다. 2007년 노벨평화상을 수상한 '기후변화에 관한 정부 간 협의체IPCC'의 제4차 보고서에 따르면, 2050년까지 2000년 온실가스의 15~50%를 줄이지 않을 경우 이 지구라는 별이 안정을 찾지 못할 것이라 경고하고 있다.

독일 프라이부르크의 플러스에너지 주택단지
© 염광희

유럽은 이러한 다양한 에너지 문제를 극복하기 위해 여러 정책을 추진하고 있다. 몇 나라를 제외하고는 석유나 천연가스 자원이 빈약한 대부분의 유럽 국가는 몇 년 전부터 '에너지안보'라는 개념에 집중하고 있다. 2006년, 러시아와 우크라이나 간의 가스 분쟁으로 3일간 러시아산 가스 공급이 중단된 적이 있었다. 이로 인해 독일을 비롯한 몇몇 나라는 한겨울 한파에 떨며 지내야 하는 상황을 맞이할 뻔했다. 이후 유럽 국가 대부분의 정책 우선순위 중 에너지안보는 늘 빠지지 않는다.

급상승하는 에너지 가격과 교토의정서는 유럽 국가가 에너지 절약과 에너지의 효율적인 이용에 자연스레 관심을 두도록 유도하고 있다. 건축물을 사고팔 때 에너지 이력 정보에 관한 서류가 반드시 포함되어야 하며, 이것은 건축물의 가격을 결정하는 또 다른 척도로 활용된다. 도심으로 들어오는 차량을 제한하기 위해 스톡홀름과 런던에서는 시내로 들어오는 전 차량에 대해 통행료를 징수하고 있다. 그리고 또 하나, 재생가능에너지를 통한 에너

덴마크 삼쇠 섬의 해상
풍력단지
ⓒ 염광희

지 자립이 있다.

재생가능에너지는 자연에서 에너지를 얻기 때문에 그 자원이 무한하다. 또한 화석연료와 같이 에너지원을 태워 없애는 것이 아니기 때문에 온실가스 배출 또한 거의 없다고 할 수 있다. 반면 초기 투자비 또는 에너지 단가가 화석연료에 비싸 보인다는 단점이 있다. 결국 재생가능에너지 정책이란 이 비싼 단가를 어떻게 현실화할 것인가, 투자자나 재생가능에너지 발전업자에게 투자에 상응하는 수익을 낼 수 있도록 어떻게 유도할 것인가에 달려 있다.

지금까지 재생가능에너지 확대 정책은 계속 진화하고 있지만, 크게 독일식 기준가격매입제도와 미국식 의무할당제로 대별된다고 볼 수 있다. 한국의 경우 2002년부터 기준가격매입제도가 시행되고 있었으나, 지난 2008년 정부의 발표와 2010년 관련 법 개정을 통해 이 매입제도를 폐기하는 대신 2012년부터 의무할당제를 재생가능에너지 정책의 근간으로 시행 중이다.

기준가격매입제도는 발전원별 특성을 살려 각 기술별로 각기 다른 값을 매기고 또한 재생가능에너지 시설의 수명을 감안해 전력을 매입하는 기간까지 법으로 정해놓은 것이다. 예를 들어 대관령에 설치된 풍력발전기에서

독일 농가 지붕에 설치된
태양광발전기
© 염광희

생산된 전기는 kWh당 107.66원에 15년간 정부(실제로는 한국전력거래소)에
서 의무적으로 구입해야만 한다. 이를 통해 사업자나 투자자는 수익률을 예
측할 수 있어 장기적인 안목으로 발전소를 건설하고 운영할 수 있게 된다.
반면 의무할당제는 정부가 기존의 발전회사에 재생가능에너지 의무 비율을
할당하는 개념이다. 예를 들어 A 발전회사에 2015년까지 전체 생산 전력의
10%를 재생가능에너지로 만들라는 의무를 줄 수 있다. 이 회사는 목표 달성
을 위해 자체 재생가능에너지 발전소를 짓거나 다른 곳에서 만들어진 재생
가능에너지를 구입하면 된다. 만약 이를 지키지 못하면 정부가 정해놓은 규
정에 따라 범칙금을 내야 한다.

독일은 재생가능에너지법으로 명명된 기준가격매입제도를 2000년부터
시행하고 있다. 그 결과는 매우 놀랍다. 2000년 6.4%뿐이었던 재생가능에
너지 전력 비율이 2010년 말 현재 17.0%까지 급성장한 것이다(BMU, 2011c).
EU는 2020년까지 20%의 전력을 재생가능에너지로 만들자는 목표를 세웠
는데, 독일은 이보다 높은 35% 달성이 가능하다고 정부 공식 계획에서 밝히
고 있다(BMU, 2010). 교토의정서상에 2012년까지 1990년 대비 21%의 온실

그림 12 영국 중 잉글랜드와 웨일스의 RO 실행 실적

Renewables Obligation: Annual Report 2009-10   February 2011

Table 2: How suppliers complied with their obligations in Scotland (2009-10).

	2006-07	2007-08	2008-09	2009-10
Total obligation (MWh)	2,022,791	2,456,391	2,774,881	2,835,827
Total ROCs presented	1,725,781	1,864,676	2,094,125	2,406,063
Of which GB ROCs	1,721,685	1,832,964	2,045,785	2,336,392
Of which NI ROCs	4,096	31,712	48,340	69,671
Percentage met by ROCs	85%	76%	75%	85%
Total buy-out paid	£9,613,938	£19,976,934	£23,935,455	£15,952,316
Total late payments paid	£258,978	£47,451	£82,546	£30,875
Shortfall in buy-out and late payment fund	£0	£276,335	£329,021	£0
Buy-out fund for redistribution	£9,662,865	£20,072,617	£23,943,338	£15,841,285
Late payments fund for redistribution	£259,815	£47,737	£82,587	£30,883
Redistribution per ROC presented	£16.04	£18.65	£18.61	£15.17
'Worth' of a ROC to a supplier	£49.28	£52.95	£54.37	£52.36

*최근 들어 많은 성과를 거두었다고 자평하는 것이 목표치의 85% 수준이다.
자료: Ofgem(2011: 10).

가스를 줄여야 한다고 명시되어 있지만, 이미 지난 2007년 22.4%를 감축하
는 데 성공했다. 여기에 더해 이 새로운 재생가능에너지 산업은 2010년 말
현재 36만 7,400개 이상의 일자리를 만들어냈다(BMU, 2011c). 이 성과의 대
부분은 바로 독일식 기준가격매입제도 때문이라는 것이 독일 정부당국의
평가다.

반면 의무할당제를 시행하고 있는 미국이나 영국은 상황이 많이 다르다.
성공한 케이스로 평가받는 미국 텍사스의 경우 특정 에너지원의 편중이 심
각한데, 값싼 재생가능에너지인 풍력이 97% 이상을 차지하는 대신 태양광
을 비롯한 다른 에너지원이 비집고 들어갈 여지는 거의 없다. 또한 의무를

다하지 못했을 경우 기본 가격의 다섯 배에 달하는 범칙금을 내야 하는 탓에 발전회사들은 의무 비율을 채우기 위해 노력하고 있다. 높은 범칙금이 효과를 거두고 있는 것이다. 반면 영국은 훌륭한 풍력자원을 갖고 있음에도 이 의무할당제가 실패한 대표적인 사례로 꼽힌다. 2002년 RO Renewables Obligation라는 이름으로 이 제도가 시행된 이래, 단 한 차례도 목표가 달성되지 못했다. 발전회사의 눈치를 살피던 정부에서 범칙금 수준을 매우 낮게 정한 탓에 있으나 마나 한 제도로 전락한 것이다.

지난 2008년 10월 덴마크의 올보르Alborg 대학을 방문할 기회가 있었다. 이곳에서 에너지 정책을 가르치는 프레데 벨플룬드Frede Hvelplund 교수는 한국 입장에서 의미심장하게 들어야 할 재미있는 얘기를 전해주었다. 사실 덴마크 하면 떠오르는 단어 중 하나는 풍력에너지다. 그도 그럴 것이 세계 시장점유율 1위를 달리는 베스타스Vestas라는 회사가 바로 덴마크 기업이기 때문이다. 이 교수는 2001년까지 덴마크는 재생가능에너지에 관해서 전 세계에서 가장 앞선 나라였다고 말한다. 그런데 그해, 보수적인 정권이 들어서면서 에너지 정책도 일대 변화가 있었단다. 새로 등장한 정권이 2001년까지 매우 잘 시행되던 기준가격매입제도를 '죽이기' 시작했다는 것이다. 시장주의자인 집권 내각은 재생가능에너지 또한 시장에 맡겨야 한다며 이전 정부와는 다른 접근을 택했다. 정부는 결국 기준가격매입제도를 포기하게 되었고, 이후 잘나가던 덴마크의 풍력발전기 보급은 멈추었다.

반면 2001년부터 2009년 4월까지 3선을 연임한 라스무센Anders Fogh Rasmussen 정부는 화석연료에 대한 지원을 숨기지 않았다. 예를 들어 덴마크의 대표적인 화석연료에너지 기업인 동에너지DONG Energy, Dansk Olie og Naturgas A/S는 라스무센 정권이 출범한 이후 활동 범위가 훨씬 넓어졌다는 것이 많은 덴마크 에너지 전문가의 공통된 의견이다. 2006년 이 기업은

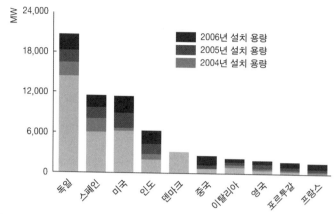

그림 13 2007년 풍력발전기 설치 용량 TOP10 국가

- 2006년 설치 용량
- 2005년 설치 용량
- 2004년 설치 용량

독일 / 스페인 / 미국 / 인도 / 덴마크 / 중국 / 이탈리아 / 영국 / 포르투갈 / 프랑스

자료: REN21(2008: 11).

엘잠Elsam, 에네르기 이투ENERGI E2와 같은 다섯 개의 에너지 기업을 인수했다.

EU의 압박 때문이었을까? 아니면 2009년 기후변화협약 당사국총회를 유치한 국가로서의 자구책이었을까? 라스무센 총리는 어느 순간 돌연 재생가능에너지를 강조하기 시작했다. 그간 재생가능에너지 시장을 '죽이는' 데 앞장섰던 바로 그 사람이 어느 순간부터 재생가능에너지가 덴마크의 미래라고, 성장 동력이라고 주장하는 것이다. 2001년까지 가장 앞선 나라였던 덴마크가 이제는 거의 숨죽인, 그러나 '말만 많은' 나라가 되었다는 것이 이 노교수의 뼈아픈 지적이다.

각 나라마다 처한 조건과 상황이 다르기 때문에 특정한 정책이 최선이라고 단정하는 것은 옳지 않다. 그럼에도 여러 나라의 경험과 성과를 통해 어느 방향이 좀 더 나은지는 판단할 수 있다. 기준가격매입제도가 의무할당제보다 효과적이라는 것은 독일과 덴마크, 영국과 일본의 사례에서 쉽게 배울 수 있는 교훈이다. 심지어 국제에너지기구IEA조차 지난 2008년 가을 기준가

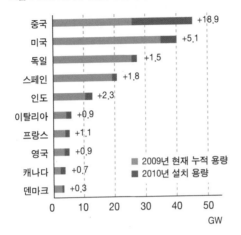

그림 14 2010년 풍력발전기 설치 용량 TOP10 국가

중국 +18.9
미국 +5.1
독일 +1.5
스페인 +1.8
인도 +2.3
이탈리아 +0.9
프랑스 +1.1
영국 +0.9
캐나다 +0.7
덴마크 +0.3

■ 2009년 현재 누적 용량
■ 2010년 설치 용량

0 10 20 30 40 50
GW

2007년(〈그림 13〉)과 비교해볼 때 덴마크 풍력발전의 영향력은 낮아지고 있다. 자료: REN21(2011: 20).

격매입제도가 의무할당제에 비해 효과적이며 비용이 덜 든다고 인정한 바 있다. 그러나 우리의 에너지 정책은 원자력 확대뿐 아니라 기준가격매입제도 대신 의무할당제를 선택하는 등, 시대의 흐름과 다른 나라의 추세를 따르지 않고 반대 방향으로 역행하고 있다.

| 제3부 |

에너지 정책 연구 보고서, 독일과 한국

독일의 에너지 정책

　독일은 기후변화와 에너지 분야에서 세계를 선도하고 있다. 특히 재생가능에너지 분야는 독보적인 위치에 있다고 할 수 있다. 독일의 이러한 성과는 안정적인 독일 정부의 에너지 기후변화 정책 때문이라는 데 모든 전문가가 동의한다. 한국과 마찬가지로, 화석에너지에 기반을 둔 대부분의 1차 에너지를 수입에 의존하는 독일은 에너지·기후 문제를 해결하기 위해 에너지 효율정책을 통한 에너지 수요 감소와 재생가능에너지를 중심으로 친환경적 에너지 공급을 추진하고 있다. 현재 시행 중인 독일 에너지 정책의 전반적인 내용을 살펴보자.

1. 독일 에너지 정책의 배경

　지난 2007년 3월 EU는 기후보호를 위한 EU 차원의 목표를 만들면서 각 나라의 실정에 맞는 목표 설정을 요구했다. 이에 독일 연방정부는 '통합에너지기후보호프로그램Integrierten Energie- und Klimaschutzprogramm'을 마련해 운영하고 있다. 독일 정부가 세운 에너지 정책에서 가장 크게 고려하는 부분은 역시 지구온난화와 기후변화에 대한 대처라고 할 수 있다(BMU, 2009c: 30). '기후변화에 관한 정부 간 협의체IPCC'가 경고한 대기 중 온실가스 농도를 450ppm으로 유지하기 위해서, 그리고 산업화 이전보다 2℃ 이상 기온이 상승하는 것을 막기 위해서 모든 선진국은 2050년까지 각국의 온실가스 배출을 절반가량 줄여야만 하는데, 독일은 이보다 더 나아가 80%가량을 줄이는

그림 15 유가 및 유로화 상승 추이

미국 WTI 원유의 배럴(159리터)당 가격(미국 달러)

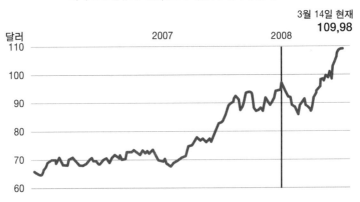

유로 대 달러 환율

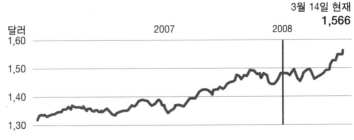

자료: BMU(2008: 9).

그림 16 독일 1차 에너지 구성(2010년)

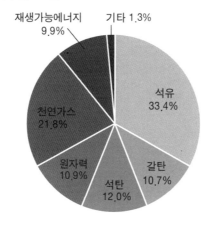

재생가능에너지
9.9%

기타 1.3%

석유
33.4%

천연가스
21.8%

원자력
10.9%

석탄
12.0%

갈탄
10.7%

자료: AGEB(2012: 1.1).

목표를 설정했다.

다른 고려는 에너지 수입 의존도를 낮추는 것이다. 독일은 화석연료의 70%를 수입에 의존하는, 해외에너지 의존도가 매우 높은 나라이다(BMU, 2009b: 8). 석유를 비롯한 화석연료 가격의 상승과 달러화 대비 유로화의 강세는 고스란히 독일 경제에 부담을 주고 있다.

지속적인 경제성장도 간과할 수 없는 부분이다. 세계적 문제인 실업률 해소 또한 에너지 정책이 고려해야 할 과제임이 분명하다(BMU, 2009a: 10). 위험한 에너지원인 원자력발전소를 폐쇄하는 것은 이미 사회적인 합의를 거쳐 법으로 명시한 만큼 반드시 달성해야 할 원칙이다(BMU, 2009b: 6).

위와 같은 사항을 모두 고려할 때 에너지 문제는 하나의 독립된 사안이라기보다는 정치의 전 영역에서 주의 깊게 다루어야 할 우선 과제라고 독일 정부는 인정하고 있다(BMU, 2009b: 6).

2. 독일의 에너지 절약 정책

1) 에너지 효율화를 위한 독일의 전략

독일 정부는 에너지 효율화를 정부가 적극 추진해야 할 국정 우선 과제의 하나로 설정했다. 이를 추진하기 위해 독일 정부는 다음과 같은 세 중심축을 주요 전략으로 설정했다(Kwapich, 2008: 10).

① 규제전략: 에너지절약조례EnEV와 같은 규제 장치를 통해 법적·정책적 환경을 조성한다.
② 지원프로그램: 건축물 온실가스 저감 리노베이션 프로그램과 같은 육성·지원 프로그램을 통해 저에너지 건축 또는 리노베이션에 강력한 인센티브를 제공한다. 건축주는 리노베이션에 따른 직접적인 비용 부담을 줄일 수 있을 뿐 아니라 은행 융자 등으로 자금의 유동성 확보도 기대할 수 있다.
③ 시장 활성화 전략: 건축물 에너지성능인증제와 같은 제도를 통해 새로운 시장을 만들어낸다. 시장 활성화 전략은 시장의 투명성을 강화하고 불확실성을 보완해주는 기능을 한다.

건물 분야의 에너지 효율화를 위해 독일에너지청Deutsche Energie-Agentur: DENA 주관 아래 미래주택Zukunfthaus 프로젝트가 진행 중이다. 이 프로젝트는 특히 에너지 효율화 기술의 새로운 시장 창출을 목적으로 하고, 관련 기술의 빠른 안착을 기대하고 있다.[*]

그림 17 DENA의 미래주택 프로젝트 개념도

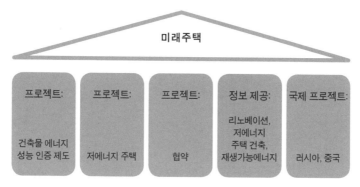

2) 건축물 에너지성능인증 제도

(1) 개요

2003년 1월 4일, EU는 건축물의 에너지 효율을 높이기 위해 '건축물 에너지효율Total Efficiency of Buildings'에 관한 가이드라인을 만들었다. 이 가이드라인은 EU 회원국에 건축물의 에너지 소비 감소를 위한 구체적인 실행 계획을 요구했으며, 핵심 내용은 건축물 에너지성능인증 제도Energy Performance Certificates의 도입이었다. 이 인증 제도는 부동산 시장에서 에너지에 관한 정보를 더욱 투명하게 만들어 건축주에게 에너지 성능 개선에 대한 동기를 부여하려는 것이다.

독일은 지난 2007년 개정된 '에너지절약조례EnEV 2007'를 통해 이 인증 제도를 포함한 EU 차원의 에너지 효율화 가이드라인을 시행하고 있다. 단계

▪ http://www.zukunft-haus.info/ 참조.

그림 18 독일 건축물 에너지 소비 증명서 예시

자료: DENA, http://www.zukunft-haus.info/fileadmin/zukunft-haus/energieausweis/Muster_EA_WG.pdf.

적인 시행을 거쳐 현재는 모든 건축물이 에너지 효율을 평가받은 후 그 증명서를 건물 입구에 부착해야 한다.

(2) 주요 내용

에너지성능인증 제도는 건축물의 에너지 소비에 관한 구체적인 정보를 비롯해 에너지 절약 잠재량과 최신기술을 포함한 개선 제안사항을 제공한다.

에너지성능인증은 부하 인증requirement certificate과 소비 인증consumption certificate의 두 가지로 나뉜다. 부하 인증은 건축물의 기술 분석을 기반으로 하는 데 반해, 소비 인증은 지난 3년 동안 해당 건물의 온수와 난방의 실제 소비를 기준으로 작성된다. 2007년 개정된 에너지절약조례는 건축주가 이들 두 가지 성능 인증 중 어느 것이든 자유롭게 선택할 수 있도록 허용하고 있으나, 독일에너지청은 주거 건축물의 경우 부하 인증을 권하고 있다.

이 인증 제도는 건축물의 에너지 수요를 증명하는 것으로, 건축물의 일반적인 정보를 표시하고 에너지 소비와 관련한 분석 결과를 4장의 A4 용지에 담아 보여준다. 개선을 위한 권장사항modernization recommendations은 별도의 페이지에 첨부된다.

이 인증서의 핵심은 다양한 색으로 구분된 인증 수준 표시에 있다. 이것은 다른 건물과 비교해 어느 정도의 에너지가 해당 건물에 필요한지를 보여준다. 건축물의 외관(창, 지붕, 외관, 벽 등), 난방시스템과 에너지 종류(전기, 천연가스, 기름 난방 등)에 따른 차이가 이 인증 수준의 결과로 나타난다. 인증서의 색깔이 녹색에 위치해 있다면 건축물의 에너지 수준이 매우 좋다는 것을 의미한다. 노란색은 개선 권장사항을 적용해야 함을 뜻하고, 빨간색은 에너지 절약 잠재량이 매우 많음을, 즉 에너지를 낭비하고 있다는 표시다.

이 인증서는 환기 또는 통풍에 관한 정보와 온실가스 배출에 관한 정보도 제공하며, 어떻게 에너지 소비를 줄일 수 있는지에 대한 실질적인 정보를 제공해준다. 개선작업이 필요할 경우, 예를 들면 단열 보강, 단열창의 시공, 새로운 난방시스템의 설치, 태양열 온수기의 설치 등과 같은 구체적인 정보를 함께 제공해준다. 즉, 이 인증서는 건물주에게 리노베이션을 위한 필요성과 동기를 제공해주는 기능을 한다.

독일에너지청은 건축물 에너지성능인증 제도를 주관하는 기관으로, 건축주, 세입자, 기술 전문가와 관련 시장에 구체적인 정보를 제공하는 역할을 한다. 에너지청은 인증 제도의 신뢰도를 향상시키기 위해 에너지 성능이 매우 높은 주거 건축물에 대해서 '에너지효율주택 인장'을 추가로 발급한다.

에너지효율주택 인장을
부착하는 모습
자료: DENA.

3) 에너지절약조례

(1) 개요

기존에 있던 난방에너지절약조례Wärmeschutzverordnung와 난방설비조례Heizungsanlagenverordnung를 하나로 통합한 에너지절약조례Energieeinsparverordnung: EnEV가 2001년 11월 제정되어 2002년 2월 1일부터 시행에 들어갔다. 모태가 되었던 두 조례 내용에 바탕을 둔 이 조례는 건축물과 관련한 에너지의 생산과 분배, 저장, 교환 등을 통합적으로 다룬다. 또한 기존 건물과 새로이 지어

그림 19 독일의 건축물 에너지 효율화를 위한 전략 개념도

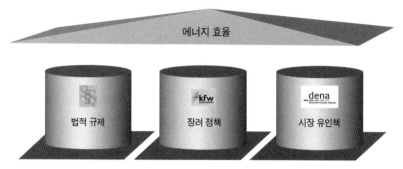

자료: Kwapich(2008: 10).

지는 건물의 에너지 소비를 규제한다.

독일 정부는 2020년 최종 에너지 소비를 2003년 수준 이하로 낮추는 것을 목표로 설정했다. 독일의 건축물은 최종 에너지 소비의 40%가량을 차지한다. 그러므로 건축물의 에너지 소비를 줄이는 것이 매우 중요한 과제다 (BMWi, 2008: 22).

(2) 주요 내용

독일 건축물은 75% 이상이 1978년 이전에 지어진 것으로, 향후 20년 내에 절반 이상의 건물이 개보수를 해야 하는 상황이다. 문제는 개보수를 통해 에너지 절약 잠재량만큼을 완벽하게 줄일 수 없고, 또한 개보수율도 2% 정도로 매우 낮다는 것이다. 건축물의 에너지 효율화를 위해 독일 정부는 법적 규제, 장려 정책, 시장 유인책 등 세 가지 전략으로 정책을 집행하고 있는데, 이 조례는 그 첫 번째인 법적 규제에 해당한다(Kwapich, 2008: 8).

이 에너지절약조례는 신축 및 개보수 건축물을 대상으로 최소 기준 minimum standard 준수를 요구한다. 2007년 기준으로 신축 건물의 경우 1차

그림 20 독일 건축물의 각기 다른 열에너지 소비 기준

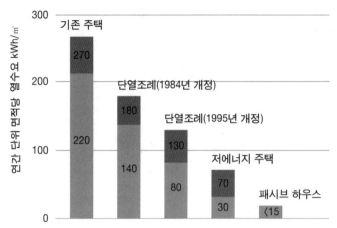

자료: BMWi(2008: 30).

에너지 수요인 Q(p) 값은 84~130kWh/m^2a, 열손실계수인 H(t) 값은 0.44~
1.05W/m^2K을 제시하고 있으며, 개보수 건축물의 경우 신축 건물의 1.4배
에 해당하는 수준으로 Q(p) 값은 118~180kWh/m^2a, 열손실계수인 H(t) 값
은 0.62~1.47W/m^2K 충족을 의무화한다(Kwapich, 2008: 12).

3. 독일의 재생가능에너지 정책

1) 전력에 관한 정책 ―「재생가능에너지법」

(1) 개요

2000년 4월 1일부터 「재생가능에너지법EEG」이 독일연방 전역에 걸쳐 시
행되고 있다. 이 법은 재생가능에너지를 이용한 시설에서 생산된 전력을 고

정된 가격으로 정해진 기간 동안 의무적으로 거래할 수 있도록 명시한 법이다. 이 제도를 통해 발전사업자는 예측 가능한 안정적인 수익을 보장받을 수 있으며, 정부는 재생가능에너지 확대를 통한 온실가스 저감을 꾀할 수 있다(BMU, 2007: 4).

2000년 4월 최초의 법률이 시행된 이후 2004년 8월과 2009년 1월 각각 개정된 법이 시행되었고, 현재 시행 중인 내용은 2011년 8월 4일 세 번째 개정된 것으로 2012년 1월 1일부터 시행에 들어갔다.

현재 시행 중인「재생가능에너지법」은 2020년까지 최종소비전력의 35% 이상을 재생가능에너지에서 공급하겠다는 목표를 설정했다(Dreher, 2011: 3).

(2) 주요 내용

이 법에 따라 전력망 운영자(송배전 사업자)들은 모든 재생가능에너지 시설에서 생산된 전력을 법이 정한 고정 가격에 매입해야 할 의무가 있다. 여기서 말하는 재생가능에너지 시설이란 수력, LFGlandfill gas, 하수슬러지 가스, 바이오매스, 지열, 풍력과 태양에너지 이용 시설을 말한다. 이 전력은 고정된 가격(고정매입가격)으로 법에서 정한 기간 동안 거래되는데, 이것은 재생가능에너지 시설 운영자에게 비용 효과적인 운전을 보장하기 위함이다. 전력을 매입하는 고정매입가격은 매년 특정 비율만큼 낮아지는데, 역설적으로 이러한 고정매입가격의 인하는 재생가능에너지 시설의 설치 단가를 낮추기 위한 목적으로 도입되었다(BMU, 2007: 6).

이 법은 환경보호가 가장 큰 목적이며, 더불어 석유·천연가스·석탄 등 화석에너지 의존도를 줄임과 동시에 EU 이외의 지역에서 수입되는 에너지 의존도를 줄이는 데에도 그 목적이 있다. 독일 연방환경부의 통계에 따르면, 현재 독일과 같은「재생가능에너지법」을 시행하는 국가는 총 50개국으로 알려져 있다(BMU, 2009b: 12).

(3) 효과

이 법의 시행에 힘입어 독일의 재생가능에너지 전력 생산은 지난 20년간 여섯 배 이상 급성장했는데, 1990년 17TWh에서 2010년 103.5TWh로, 전체 전력에서의 비중은 3.1%에서 17.0%로 수직 상승했다(BMU, 2011c: 3).

풍력발전은 1991년 시행된 「전력매입법」과 1997년 개정된 「건축법」의 도움으로 급격하게 성장했다. 여기에 더해 기술 발전 또한 풍력발전의 성장을 뒷받침했다. 1990년대의 경우 풍력발전기 1기의 평균 설비용량은 200kW 미만에 지나지 않았으나, 이후 250kW와 500kW가 표준 모델로 설치되곤 했다. 2010년 현재 독일 전체에 설치된 풍력발전기 전체 평균은 1기당 1.26MW에 달한다(BMU, 2011c: 18). 최근 새로이 건설되는 풍력발전소는 2MW 풍력발전기가 표준 모델로 시공되고 있으며, 6MW 풍력발전기까지 개발에 성공했다.

태양광발전의 경우 2004년 개정된 「재생가능에너지법」을 통해 폭발적으로 보급이 증가했다. 2002년까지 설치된 태양광발전기의 규모는 250MW에도 못 미쳤으나, 2008년 전체 규모는 20배 이상 증가한 6GW를 넘어섰고, 2010년 한 해에만 독일은 전 세계 모든 나라가 새로이 설치한 태양광발전기 규모보다 더 많은 7.4GW를 설치했다. 2010년 현재 누적 설치 용량은 17.3GW로 원자력발전소 12기 이상에 해당하는 양이다(BMU, 2011c: 24).

바이오매스 또한 지속적으로 성장하고 있는 분야다. 2010년 현재 4.96GW 규모의 발전 시설에서 전체 재생가능에너지 전력의 32%에 해당하는 33.3TWh의 전력을 생산했다(BMU, 2011c: 15). 지열발전의 경우 아직까지 독일 내에서 큰 비중을 차지하지는 못하고 있다. 2007년과 2009년 두 개의

그림 21 독일의 전력 중 재생가능에너지 보급량 추이

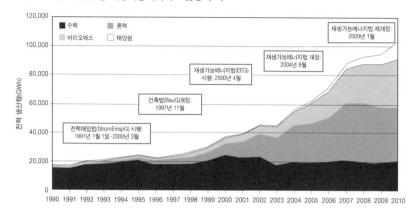

자료: BMU(2011c: 13).

그림 22 독일 풍력발전 설치 용량과 전력생산 현황

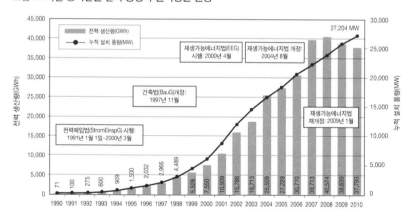

자료: BMU(2011c: 16).

지열발전소가 건설되어 현재 7.5MW 용량뿐이지만, 무한한 지열 잠재량만큼이나 미래 발전 가능성이 큰 분야라 할 수 있다(BMU, 2011c: 11).

재생가능에너지 보급은 경제적·환경적으로 큰 기여를 하고 있다. 우선 경

그림 23 독일 태양광발전 설치 용량과 전력생산 현황

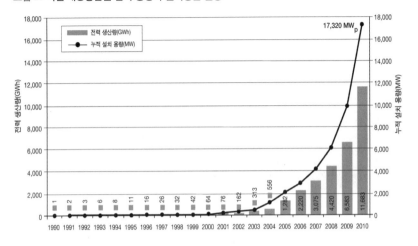

자료: BMU(2011c: 24).

제적으로 화석연료 의존도를 낮춰 수입을 줄일 수 있으며, 화석연료의 에너
지가격 상승에 따른 경제적 충격을 줄일 수 있다. 재생가능에너지를 통해
화석연료를 대체한 경제적 효과는 2006년 9억 유로(BMU, 날짜 없음b: 39),
2007년 13억 유로(IfnE, 2008: 13)에 달한 것으로 알려졌다. 현재의 화석연료
가격 상승 추세로 봤을 때 2020에는 49억~62억 유로를 절약할 수 있을 것으
로 독일 정부는 예상하고 있다.

2010년 독일은 재생가능에너지, 에너지 효율, 교통의 개선 등을 통해 총 1
억 1,800만 톤의 온실가스 배출을 줄였다. 전력 분야에서는 7,490만 톤을 줄
였는데, 이 중 5,700만 톤은 바로 이「재생가능에너지법」의 직접적인 효과
때문이라고 독일 정부는 밝히고 있다(BMU, 2011c: 42). 재생가능에너지가 없
었다면 교토의정서에 명시된 독일의 온실가스 감축 목표 달성은 불가능했
을 것이다. 독일의 기후보호를 위한 다양한 정책 중 에너지 효율화와 더불

어 재생가능에너지 확대가 온실가스 감축에 중요한 역할을 한다는 것을 보여준다.

온실가스 감축은 경제적 이득으로도 나타난다. 독일 연방환경청은 외부 비용을 포함해 CO_2 1톤의 가격을 70유로로 적용할 것을 권장하고 있는데 (UBA, 2007: 49), 이 수치를 대입할 경우 독일은 「재생가능에너지법」의 시행으로 2010년 약 40억 유로의 비용을 절약한 셈이 된다.

세계적인 경제난을 겪고 있는 지금도 독일에서의 재생가능에너지 투자는 계속되고 있는데, 그 이유는 「재생가능에너지법」이 안정적이고 예측 가능한 수익 창출을 보증하기 때문이다. 독일에서만 2010년 한 해에 266억 유로가 새로운 재생가능에너지 시설 건설에 투자되었고, 이 중 237억 유로는 바로 「재생가능에너지법」에 기반을 둔 전력 시설 건설에 쓰였다. 지금까지의 재생가능에너지 시설 투자규모 중 가장 큰 규모였다. 이 추세는 경제난 속에서도 계속 이어지고 있다(BMU, 2011c: 45).

일자리 창출도 빼놓을 수 없는 중요한 성과다. 재생가능에너지 분야는 2010년 말 현재 총 36만 7,400개의 일자리를 만들어냈는데, 대부분 전력 분야인 바이오매스(12만 2,000명), 태양에너지(12만 명), 풍력(9만 6,000명)에서 발생했다. 2004년 16만 개였던 일자리는 6년 사이 두 배 이상 폭발적으로 증가했다. 이 성장추세 역시 계속 이어질 전망이다(BMU, 2011c: 47).

2) 열에 관한 정책 ―「재생가능에너지열법」

(1) 개요

2008년 6월 제정되고 2009년 1월 1일부터 시행된 「재생가능에너지열법 Erneuerbare Energien Wärme Gesetz」은 2020년까지 현재의 두 배인 최소 14%의 열에너지를 재생가능에너지로 공급하겠다는 목표를 갖고 있다. 이 법에서 말하는 재생가능에너지는 태양열, 바이오매스, 지열과 대기열을 말한다. 바이오매스는 나무와 같은 고체 바이오매스, 바이오가스, 식물성 바이오연료 등 모든 것을 포함한다. 이 법은 새로이 건설되는 주거단지, 상업시설과 공공건물 등 모든 건축물을 그 대상으로 하고 있다(BMU, 2008: 8~11).

(2) 주요 내용

2009년부터 새로이 건설되는 모든 건축물은 다음의 세 가지 중 하나 이상을 만족해야 한다.

- ✓ 태양열을 이용할 경우 전체 난방에너지의 최소 15%는 태양에너지로부터 공급받는다(단독주택의 경우 건물 면적 m^2당 $0.04m^2$의 태양열온수기, 2가구 이상의 집단주거 시설의 경우 건물 면적 m^2당 $0.03m^2$의 태양열온수기 설치).
- ✓ 바이오가스를 이용할 경우, 전체 난방에너지의 최소 30%는 바이오가스를 통해 얻어야 한다.
- ✓ 나무와 같은 고체 바이오매스나 바이오연료, 지열, 대기열을 이용할 경우 이러한 설비로부터 전체 난방에너지의 50% 이상을 공급받아야만 한다. 단, 폐기물에서 나오는 열은 이 법에서 규정하는 재생가능에너지 열에 해당하지 않는다.

위의 사항을 원치 않는 건축주는 ① 에너지절약조례에 기초해 건축물의 에너지 효율을 15% 이상 높이거나 ② 폐열 또는 열병합발전의 열을 전체 난방에너지의 50% 이상 사용, 또는 ③ 지역난방을 이용해야 한다. 지역난방을

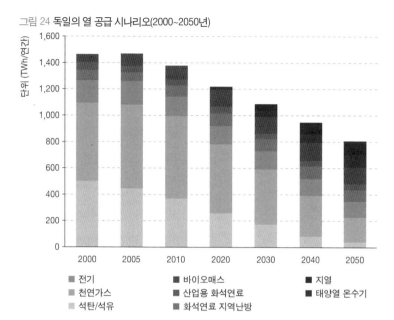

그림 24 **독일의 열 공급 시나리오(2000~2050년)**

단위 (TWh/연간)

- 전기
- 천연가스
- 석탄/석유
- 바이오매스
- 산업용 화석연료
- 화석연료 지역난방
- 지열
- 태양열 온수기

자료: BMU(2008: 7).

이용할 경우 대부분의 에너지는 재생가능에너지, 폐열 또는 열병합발전으로부터 공급되는 열을 이용해야만 한다.

역사적인 보존가치가 있는 문화재와 같이 다른 법령에서 규제를 하는 경우 또는 재생가능에너지 이용이 불가능하다는 것을 증명하는 경우를 제외하고 모든 건축주는 위의 내용을 따라야만 한다(BMU, 2008: 11~19).

(3) 기대효과

독일은 지리적인 특성으로 난방에너지에 대한 수요가 매우 크다. 열 생산을 위해 독일 전체 에너지의 절반 이상이 사용되고 있다. 그러나 2010년 현재 소비되는 전체 열 중 9.5%만이 재생가능에너지에서 공급되고 있다. 그

외에는 화석연료에 의존하는데, 특히 천연가스와 석유에서 독일 전체 열 수요의 4분의 3을 충당하고 있다. 이 법이 목표한 2020년까지 재생가능에너지로부터 14%의 열 공급이 달성될 경우, 8,600만 톤의 CO_2 배출을 줄일 수 있을 것으로 전망하고 있다.

독일 정부는 이 법의 시행으로 신규 건축물에 대한 규제뿐 아니라 관련 시장의 활성화 또한 유인한다는 계획이다. 이를 위해 2012년까지 매년 5억 유로 규모의 인센티브 프로그램을 시행하고 있다. 이 프로그램은 인센티브 제공으로 건축주나 투자자가 좀 더 예측 가능하고 견고한 계획 수립을 가능케 하며, 기존 건축물에도 적용되어 재생가능에너지 이용 확대를 꾀하고 있다(BMU, 2008: 10).

독일은 이 법을 통해 세계 최고 수준의 자국 기술을 바탕으로 한 새로운 시장을 만들어 경제성장 및 일자리 창출이라는 효과도 기대하고 있다.

4. 시사점

독일 에너지 정책의 특징은 ① 우선적으로 정부가 확실한 목표와 비전을 제시하고, ② 이를 바탕으로 한 개별 규제 또는 지원 정책을 통해 수요 창출과 시장 활성화를 꾀하며, ③ 세부 정책의 개별적인 모니터링을 통해 관련 정책의 부족한 부분을 보완해 세부 정책이 현장에서 제 기능을 다 할 수 있도록 노력한다는 것이다.

이를 분명하게 보여주는 것이 「재생가능에너지법」의 발전 과정이다. 2000년 처음 시행된 이후 지속적인 모니터링과 분석을 통해 2004년과 2009년 두 번 개정되었고, 2012년부터 3차 개정 법률이 시행되고 있다. 개정의 방향은 ① 정부가 제시한 목표를 달성하기 위해, ② 시장이 신뢰를 갖고 반응할 수 있도록 경제적·제도적 안정성을 확대하는 것이다.

즉, 정부 정책이 시장 상황과 동향을 유심히 관찰한 후 고정매입가격을 조정함으로써 시장에 활력을 불어넣고 있다. 태양광발전설비의 가격 인하를 기준가격에 반영한 것, 축분의 활용과 열병합발전의 보급을 촉진하기 위해 보너스 제도를 신설한 것, 감소 추세인 매립지 가스의 적극 활용을 위해 기준가격을 인상한 것 등이 좋은 예가 될 것이다.

민간 차원의 기술개발과 투자는 정부의 장기적이며 구체적인 비전 제시와 이와 유기적으로 연결된 세부 정책을 통해 활성화된다는 것을 독일의 에너지 정책에서 확인할 수 있다. 정부 차원에서는 각종 보조금과 인센티브를 제공해 기업의 기술 연구 개발에 동기를 부여하고 있다. 앞선 기술로 무장한 독일의 에너지 기업이 세계를 선도하는 이유는 이와 같은 정부의 에너지 정책 추진 전략의 결과라고 할 수 있다.

집권 정당이 바뀌는 정치적인 변화가 있었음에도 기후변화 및 에너지와 관련한 정책은 과거 녹색당 집권 당시 토대를 닦은 정책 방향이 현재까지 그대로 유지되고 있다. 기후변화, 에너지 효율화, 재생가능에너지 분야 시장은 초기 투자의 비중이 크기 때문에 장기적이며 안정적인 정책 추진이 선행되어야만 기능한다는 특성 때문이다. 독일의 안정적이며 장기적인 에너지 정책은 독일의 에너지 기술과 시장이 활성화되는 데 결정적 역할을 하고 있다.

독일 정부의 에너지 콘셉트 2050 *

독일 정부는 자국이 생산성이 가장 뛰어나고 경제적으로도 성공한 국가라고 자평한다. 그러나 이와 같은 성공은 안정적인 에너지 공급 없이는 불가능한 일이다. 독일 정부는 경제 기초를 강화하고, 기술 혁신과 진보를 견인하며, 자연과 기후보호에 도움을 주는 에너지시스템을 마련하고자 노력하고 있다. 또한, 전력을 외국에서 수입하는 대신 필요한 에너지를 자국에서 직접 생산할 수 있기를 바라고 있다.

이러한 인식하에 독일 정부는 재생가능에너지로부터 미래 에너지 수요를 공급받는 내용의 근본적인 전략을 만들었다. 2010년 가을, 메르켈 총리가 이끄는 독일 정부는 1970년 이래 처음으로 에너지 관련한 여러 정책을 포괄적으로 모은 '에너지 콘셉트'를 발표했다. "환경친화적이고 신뢰할 수 있는, 그리고 경제적으로 알맞은 에너지 공급을 위하여"라는 부제가 붙은 이것은 장기적인 독일의 에너지 기후정책의 중요한 전략적 목표를 제시하고 있다.

---

* BMU(2010), BMU(2011a), BMU(2011b)를 참조해 작성한 글이다.

2010년 가을 이 전략이 등장했을 때에는 원자력발전소 수명 연장이 반영되어 있었다. 2010년 8월, 메르켈 정부는 2022년 이전 폐쇄하기로 한 기존의 「원자력법」을 개정, 총 17기의 독일 원자력발전소 수명을 평균 12년 연장했다. 그러나 2011년 3월 후쿠시마 원자력발전소 사고가 일어났다. 예측할 수 없는 재앙과 그 영향은 독일 정부가 자국 원자력에너지의 위험에 대해 다시 살펴보도록 만들었다. 메르켈 총리는 매우 신속하게 노후한 7기의 원자력발전소와 몇 년 전부터 사고로 운전 정지된 크뤼멜 원자력발전소의 가동을 전면 중단시켰다. 곧이어 원자로안전위원회는 독일의 원자력발전소에 일어날 수 있는 위험에 대한 종합적인 분석을 수행했다. 추가로 메르켈 총리는 이 위원회와는 독립적인 '안전한 에너지 공급을 위한 윤리위원회'를 구성해 미래 에너지 공급과 관련한 모든 사안에 대해 다루도록 지시했다. 이 두 위원회의 연구 결과를 바탕으로 2011년 5월 30일, 독일은 2022년 원자력발전소 폐기 결정을 내렸다.

2011년 7월, 독일 정부는 기존 에너지 콘셉트에 후쿠시마 사고 이후 결정된 원자력폐기 결정을 반영한 에너지 콘셉트를 다시 마련했다.

독일의 에너지 기후정책 목표

✓ 온실가스 배출(1990년 기준): 2020년 40%, 2030년 55%, 2040년 70%, 2050년 80~95% 저감

✓ 1차 에너지 소비(2008년 기준): 2020년 20%, 2050년 50% 감소

✓ 에너지 생산성: 최종 에너지 소비와 비교해 매년 2.1% 증가

✓ 전력 소비(2008년 기준): 2020년 10%, 2050년 25% 감소

✓ 건축물 열에너지 수요(2008년 기준): 2020년 20% 감소

✓ 최종 에너지 소비 중 재생가능에너지 비중: 2020년 18%, 2030년 30%,
  2040년 45%, 2050년 60%

✓ 전력 중 재생가능에너지 비중: 2020년 35%, 2030년 50%, 2040년 65%,
  2050년 80%

재생가능에너지의 빠른 확대

독일 정부가 미래 에너지 공급의 핵심 요소로 꼽은 것은 재생가능에너지
다. 독일 정부는 이 에너지 콘셉트는 '재생가능에너지 시대the age of renewable
energies를 향한 길을 닦은 작업'이라고 밝히고 있다.

우선적으로 「재생가능에너지법」을 개정해 더욱더 활발하게 민간 주도의
재생가능에너지 보급이 이뤄질 수 있도록 기반을 만든다는 계획이다. 이를
통해 재생가능에너지 생산 비용을 낮추고, 시장과 시스템 통합을 개선시킨
다는 것이다. 「재생가능에너지법」의 기본 개념은 그대로 유지해 계획과 투
자의 안정성을 높이고, 해상풍력, 수력, 지열에너지와 같이 기준가격이 충분
치 못해 민간의 참여가 부진한 분야에 대해서는 기준가격을 현실화할 예정
이다. 이와 동시에 초과되는 지원 또는 불로소득에 대해서는 엄격히 규제한
다는 방침이다. 새로운 「재생가능에너지법」은 태양광발전에 대해 반년마다
기준가격 감소 여부를 결정할 수 있는 조건을 포함하며, 바이오매스의 가격
시스템을 단순화하고, 혹시라도 녹색전력에 대한 특권으로 얻는 불로소득
이 있다면 이를 엄격히 규제한다는 것이다.

재생가능에너지 확대 목표를 달성하기 위해 역점을 두고 있는 사안으로
는 ① 육상·해상 풍력발전기 확대, ② 바이오에너지, ③ 냉난방에서의 재생
가능에너지 이용, ④ 비용 효과적인 확대, ⑤ 수요에 대응하는 재생가능에
너지 공급, ⑥ 타 에너지원과의 조화, ⑦ 전력망의 확대, ⑧ 저장 기술, ⑨

유럽전력시장 강화 등이다.

풍력발전은 독일의 재생가능에너지 자원 중에서도 개발 잠재량이 가장 큰 분야다. 해상풍력발전을 개발하기 위해 국영은행인 KfW가 '해상풍력발전 Offshore Wind Power' 프로그램을 만들어 총 50억 유로를 들여 최초 열 개의 해상 풍력단지 건설을 지원하기 시작했다. 해상풍력발전조례 Seeanlagenverordnung의 개정으로 독일의 배타적경제수역EEZ 내의 해상풍력발전 설치를 위한 허가 과정을 간소화하고 촉진할 것이다.

육상풍력을 확대하기 위해 리파워링을 위한 각종 규제를 개선하고, 더욱 정밀한 풍력자원지도를 개발할 예정이다. 건축물 위에 태양광 시스템을 설치하는 절차도 간소화될 것이다. 바이오에너지는 다양한 응용이 가능하고 또 저장이 용이하기 때문에 미래의 에너지 공급에 매우 중요한 역할을 할 것이다. 특히 열, 전력, 연료로 활용하는 것에 주목하고 있다. 환경에 부담을 덜 주며 에너지 공급을 원활히 할 수 있도록 정책을 마련할 예정이다.

송전선 확대, 시스템 통합, 전력 저장시설 확대

독일은 현재 전력 생산의 20%를 차지하는 재생가능에너지 비중을 2020년까지 35%로 높인다는 계획이다. 송전선 확장의 가속화, 시장과 시스템 통합의 개선과 전력 저장 시설 이용의 증진을 통해 점차적으로 재생가능에너지 생산을 전력 수요에 맞추어 늘려갈 것이다. 특히 재생가능에너지의 단점으로 거론되는 것이 전력 생산의 간헐성이다. 바람과 햇빛 같은 자연 조건에 의존하기 때문이다. 이와 같은 단점을 보완하고 전력 생산을 더욱 안정화하기 위해 저장 설비와 스마트 그리드, 기존 발전소와 탄력적으로 연계 운영하는 방안을 마련할 것이다.

에너지 효율화

독일은 여전히 에너지 절약과 효율화를 꾀할 수 있는 부분이 많다. 정부는 규제와 병행해 기업이나 시민의 자발적인 노력이 필요하다고 보는데, 이를 위해 경제적인 인센티브, 다양한 정보 제공, 에너지 효율 진단 등을 시행하고 있다.

에너지 서비스 시장의 확대를 위해 정부가 나설 것이며, 특히 연방에너지효율국Bundesstelle für Energieeffizienz은 관련 시장을 조사하고 발전할 수 있는 계획을 내놓을 것이다.

독일 정부는 에너지 가격의 상승을 소비자가 에너지를 절약하는 매우 중요한 동기라고 본다. 소비자가 더 쉽게 에너지 절약에 동참할 수 있도록 다양한 관련 정보, 자동차나 가전제품뿐 아니라 건물의 에너지 효율 표시제 등을 더욱 강력하게 추진할 예정이다.

미래에는 기업과 제품의 에너지 효율화가 국제 경쟁에서 중요한 잣대가 될 것이라고 독일 정부는 예측하고 있다. 연구에 따르면 독일 기업들은 에너지 절약을 통해 연간 약 100억 유로의 비용을 절감할 수 있다는 것이다. 이에 독일 정부는 독일상공회의소와 함께 개별 기업들과 '기후보호와 에너지효율화 파트너십Climate Protection and Energy Efficiency Partnership'을 맺어 자발적 에너지 절약을 독려할 계획이다.

독일 정부는 2011년부터 '에너지효율 펀드'를 집행하고 있는데, 에너지 절약에 필요한 정보 제공, 기기의 개발과 보급 등에 활용하고 있다.

건축물의 에너지 효율화를 위해 에너지절약조례EnEV를 통한 규제와 재정적인 인센티브를 통한 지원 정책을 병행하는 전략을 유지할 것이다. 건축물 효율화를 앞당기기 위해 정부는 야심 찬 기준을 제시할 예정이다. 에너지절약조례는 새로이 지어질 건축물의 에너지 소비 기준으로 제로에 가까운 수치를 제시할 것이다. 이와 같은 규제를 정부 먼저 지키기 위해 2012년부터 신축될 모든 정부 건축물에 위의 기준을 적용시킬 방침이다.

건축물의 에너지 효율화 리모델링은 온실가스와 에너지 소비를 줄인다. 2011년 9억 3,600만 유로였던 'CO$_2$ 건축물 개선 프로그램'을 위해 2012년부터 2014년까지 연간 15억 유로로 증액 지원할 것이다.

원자력에너지

2010년 가을 원자력발전소 수명 연장을 포함한 최초의 에너지 콘셉트가 발표되었을 당시 원자력에너지는 '재생가능에너지 시대로의 전환을 위한 브리징 테크놀로지bridging technology(가교 역할의 기술)'로서 언급되었다. 그러나 후쿠시마 사고 이후 원자력에너지는 독일의 장기 에너지 전략에서 어떠한 주목도 받지 못하고 있다. 순차적 접근법step-by-step approach에 따라, 늦어도 2022년까지 독일 내 원자력발전소 가동을 멈춘다는 시간표만 나와 있다.

후쿠시마 사고 직후 노후한 7기의 원자력발전소는 폐쇄 절차에 들어갔으며, 고장으로 문제를 일으킨 크뤼멜 발전소 또한 폐쇄되었다. 그 외 발전소는 2015년부터 순차적으로 폐쇄에 들어가, 가장 최근에 지어진 발전소 세 개의 2022년 폐쇄를 마지막으로 독일의 원자력발전은 종료된다. 독일 원자력발전소를 소유한 민간 기업의 운영권을 보장하기 위해 설계 수명인 32년을 채우지 못하고 폐쇄된 7기의 잔여 운전 시간을 같은 운영자 소유의 다른 발전소로 이전할 수 있다.

화력발전단지의 재건설

독일 정부가 원자력발전소 폐쇄를 결정하면서 이를 대신해 새로이 에너지 콘셉트에 추가된 것이 바로 화력발전소의 신규 건설이다.˚

현재 공사 중인 화력발전소는 2013년까지 완공한다는 계획이다. 만에 하나 발생할 원자력발전소 폐쇄에 따른 전력 부족을 예방하기 위해, 현재 건설 중인 가스, 화력발전소에 더해 추가로 최대 10GW 용량의 새로운 발전소가 건설될 예정이다. 「계획절차촉진법Planungsbeschleunigungsgesetz」을 통해 필요한 설비의 빠른 개발을 이끌어 낸다는 계획이다.

독일 정부는 고효율이며 신축적인flexible 발전소의 건설을 위한 지원 프로그램을 마련할 예정이다. 이것은 공급 안정성을 개선하고 기후보호 목표를 달성하는데 도움을 줄 것이다. 지방자치단체 에너지공사와 같은 소규모 공급자의 경쟁력을 강화하기 위해 이 지원 프로그램의 대상은 독일 전체 발전 설비의 5% 미만을 소유한 발전소 운영자로 제한될 것이다.

독일 정부는 또한 열병합발전시설 지원금을 더욱 효율적으로 사용하며, 관련 법 개정을 통해 열병합발전시설 확대에도 노력한다는 계획이다.

투명성과 수용성

'에너지 콘셉트'를 완성하기 위해서는 무엇보다 지역 주민의 이해가 가장 중요한 관건임을 정부 스스로 밝히고 있다. 지역 주민의 반대가 있다면, 재생가능에너지 시설이나 스마트 그리드의 건설은 불가능하기 때문이다.[**]

■ 미란다 슈로이어 교수를 비롯한 많은 전문가와 대부분의 환경단체는 독일 정부의 화력발전단지 건설 계획에 명확한 반대 입장을 밝히고 있다. 원자력발전소 폐쇄에 따른 전력 부족을 메우기 위해서는 화력발전 대신 이용 효율이 두 배 이상 높은, 그래서 온실가스 배출이 훨씬 적은 천연가스 열병합발전시설이 더 적합하다는 이유 때문이다.

■■ 최근 쟁점이 되는 사안은 송전선 건설에 관한 것이다. 북해 인근에 대규모 풍력단지 건설을 계획하고 있는데, 이곳에서 생산된 대규모 전력을 독일 다른 지역으로 보내기 위해서는 현재의 송전 규모로는 불가능하다. 결국 새로운 송전선이 필요한데, 송전선이 지나갈 예정지 지역 주민은 벌써부터 강력한 반대 활동을 펼치고 있다. Deutsche

지역 주민의 다양한 반대 활동을 예방하고 이해를 증진시키기 위해서는 무엇보다 지역 주민과의 소통이 중요함을 독일 정부는 인식하고 있다. 정보의 투명성 강화와 시민의 수용성 확대로 요약되는 지역 주민과의 소통 전략은 오프라인을 비롯해 온라인 정보 공개와 온라인 대화 포럼 운영 등을 통해 구체화될 것이다.

에너지 효율적인 입찰

공공입찰을 위한 핵심 기준으로 강력한 에너지 효율화를 포함했다. 고효율 제품과 서비스, 최고 에너지 효율 상품만이 입찰 대상이 될 수 있다.

에너지 효율화를 위한 EU 차원의 이니셔티브

독일 정부는 EU 차원에서 에너지 효율을 높일 수 있도록 적극 활동하고 있다. 유럽 제품의 각종 기준과 에너지 효율등급 표시제가 개선될 수 있도록 개입하고 있다. 에너지 품질 기준이 톱러너 어프로치top runner approach에 따라 주기적으로 업데이트되도록 권고하고 있다.

모니터링

에너지 콘셉트는 에너지 공급 시스템을 재구성하는 발판을 마련했다. 원자력 폐기 결정에 영향을 받지 않고, 독일의 에너지 시스템이 공급 안정화, 경제적 효율화, 환경적 경쟁력을 강화할 수 있도록 독일 정부 주도로 지속적인 모니터링을 진행할 계획이다.

심화 모니터링을 통해 매년 대책과 프로그램의 실행을 평가한다는 방침

Umwelthilfe(2010) 참조.

이다. 또한 매년 핵심 에너지 이슈에 관한 전문가 의견을 제출하도록 관련 정부 기관을 지도할 것이다.

연방 경제부는 송전망, 발전소 확장, 투자와 에너지 효율화에 관한 보고서를 발행할 것이고, 연방 환경부는 재생가능에너지 확대에 관한 보고서를 작성할 것이다. 독일 정부는 이 보고서를 연방의회에 보고하고, 또한 이에 필요한 조치를 보완할 방침이다.

한국과 독일의 에너지 목표 비교

1. 에너지 시나리오

독일 정부는 2050년까지의 에너지 관련한 장기 계획을 종합한 '에너지 콘셉트'를 2010년 9월 발표했다. 이 장기 계획은 2050년까지 1990년 온실가스 배출의 20% 수준만 배출한다는 목표를 제시하고 있다(BMU, 2010: 4). '기후변화에 관한 정부 간 협의체IPCC'가 경고한 바에 따르면 인류는 파국을 막기 위해서 대기 중 이산화탄소CO_2 농도를 450ppm으로 유지해야 한다. 이를 위해서는 모든 선진국이 각국의 온실가스 배출을 절반가량 줄여야만 하는데, 독일은 이보다 더 나아가 80% 이상을 줄이겠다는 매우 공격적인 목표를 세운 것이다.

'에너지 콘셉트'는 온실가스 감축을 중심으로 세부 에너지 계획을 설명하고 있다. 1차 에너지의 경우 2050년까지 2008년의 3억 2,680만 TOE를 절반으로 줄이겠다고 밝혔으며, 최종 에너지 소비 중 60%를 재생가능에너지[*]를 통해 공급하겠다는 목표를 세웠다.[**]

우리 정부는 2008년 8월 '제1차 국가에너지기본계획(이하 기본계획)'을 확정, 발표했다. 건국 이래 최초의 20년 단위 장기 에너지전략으로 만든 기본계획은 2030년까지 에너지효율 46% 개선, 신재생에너지* 비중 4.6배 확대라는 큰 특징을 갖고 있다. 기본계획의 정책 목표로는 ① 2030년까지 에너지원단위 개선(2006년 대비 47%), ② 총에너지의 석유 비중 감소(33.0%), ③ 총에너지의 신재생에너지 비중 증대(11.0%), ④ 원자력 설비 비중 증대(41%) 등이다(국무총리실 외, 2008: 45).**

- ■ '에너지 콘셉트'에 등장하는 재생가능에너지erneuerbare Energien는 우리 정부의 '국가에너지 기본계획'에 등장하는 신재생에너지와는 다른 개념이다. 독일의 재생가능에너지는 한국과 달리 연료전지나 새로운 석탄 기술과 같은 신에너지를 포함하지 않는다. 독일「재생가능에너지법」제3조 정의에 따르면, "재생가능에너지는 파력을 포함한 수력, 농도차 발전, 풍력에너지, 태양에너지, 지열에너지, 바이오가스와 LFG를 포함한 바이오매스, 생활폐기물 또는 산업폐기물에서 얻는 에너지"를 말한다.
- ■■ 독일 '에너지 콘셉트'의 연도별 목표치는 「독일 정부의 에너지 콘셉트 2050」의 〈독일의 에너지 기후정책 목표〉 참조
- ■ 「신에너지 및 재생에너지 개발·이용·보급 촉진법」(시행 2009.11.22) 제2조 (정의) 1항에서 "'신에너지 및 재생에너지(이하 신·재생에너지)'라 함은 기존의 화석연료를 변환시켜 이용하거나 햇빛·물·지열·강수·생물유기체 등을 포함하는 재생가능한 에너지를 변환시켜 이용하는 에너지"로 정의하고 있다. 한국 정부의 신재생에너지는 국제에너지기구에서 정의하는 'new renewable energy'와는 다른 개념이다.
- ■■ 시민단체는 이 기본계획이 에너지 수요를 과다 예측했고, 온실가스를 감축하려는 노력이 부족하며, 안정적인 공급을 이유로 원자력만 지나치게 고려했다고 평가한다. 시민단체는 구체적으로 ① 안이한 유가전망에 따른 에너지 수요 과다 예측, ② 이에 따른 온실가스 배출의 증가, ③ 효율화는 뒤로한 채 수요를 맞추기 위한 공급 위주의 정책, ④ 에너지의 효율적 이용에 역행하는 전력 비중 상향 조정, ⑤ 원자력발전소 확대 정책, ⑥ 정책의지와 전망 부족한 재생가능에너지 확대 정책 등을 지적한다(에너지시민회의, 2008). 특히 원자력발전소 확대 계획에 대해 시민단체는 "국가적 갈등·혼란 유발하는 원자력 중심 에너지 정책 기조"에 대한 재고가 필요하다고 지적한다. 기본계획이 발표된 2008년 당시 한국은 20기의 원자력발전소를 운영, 설비 규모 세계 6위, 단위면적당

정부 기본계획의 주요 지표

✓ 총에너지수요 연평균 1.1% 증가:

  2006년 2억 3,340만 TOE → 2030년 3억 40만 TOE

✓ 1인당 에너지수요 28.0% 증가: 2006년 4.83TOE → 2030년 6.18TOE

✓ 에너지원단위 47% 개선:

  2006년 0.347TOE/1,000$ → 2030년 0.185TOE/1,000$

✓ 화석 대 비화석(원자력, 신재생에너지) 비중(%):

  2006년 82:18 → 2030년 61:39

✓ 원자력 연평균 3.4% 증가, 에너지비중(%): 2006년 15.9 → 2030년 27.8

✓ 전력에서의 원자력 비중(%): 2007년 35.5 → 2030년 59.0[*]

✓ 신재생에너지 연평균 8.7% 증가, 에너지비중(%):

  2006년 1.9 → 2030년 10.7

✓ 석유 연평균 0.1% 감소, 에너지비중(%): 2006년 43.6 → 2030년 33.0

✓ 천연가스 연평균 0.5% 증가, 에너지비중(%):

  2006년 13.7 → 2030년 12.0

✓ 석탄 연평균 0.8% 감소

자료: 국무총리실 외(2008: 61, 63) 요약.

이 글에서는 독일과 한국의 미래 에너지 목표치 비교를 통해 두 나라의 에너지 계획과 전망에 어떤 차이가 있는지를 살펴보려고 한다. 비교를 위해

원자력발전소 밀집도와 핵폐기물 밀집도에서 세계 최고 수준을 기록했었다.

■ 국무총리실(2008)에서 인용.

한국 자료로는 2008년 확정된 '제1차 국가에너지기본계획'과 2010년 12월 공표된 '제5차 전력수급기본계획'을, 독일 정부 자료로는 2010년 9월 발표된 '에너지 콘셉트'와 2008년 독일 환경부가 발표한 미래 에너지 시나리오 '선행연구 2008 Leitstudie 2008(Nitsch, 2008)'을 분석했다.

2. 독일과 한국의 에너지 목표 비교

독일 또한 한국과 마찬가지로 에너지안보와 관련한 많은 위협에 직면해 있다. 특히 러시아에 전적으로 의존하는 천연가스와 관련한 문제는 매우 심각하다. 이를 극복하기 위해 독일 정부는 지난 2006년 4월 정부 내각과 에너지 회사들이 참여하는 정부 차원의 회의를 소집했다. 또한 독일이 EU 의장국을 맡았던 지난 2007년 상반기, 유럽의회는 '에너지 액션 플랜Energy Action Plan'과 통합에너지기후보호프로그램 등을 시행했다(Umbach, 2008: 1). 재생가능에너지를 중심으로 에너지 정책이 추진되는데, 독일 연방환경부가 발행한 공식 자료에 따르면 일자리 창출과 새로운 사업, 그리고 효과적인 기후보호를 위해 재생가능에너지를 육성한다고 밝히고 있다(BMU, 2007: 14~19).

한국 정부도 기본계획을 통해 에너지안보, 에너지효율, 에너지환경을 3대 기본 방향으로 설정했다. 신재생에너지 등 신기술 개발을 통한 녹색 일자리 창출까지 염두에 두고 있으므로 독일 정부가 우선 과제로 선정한 것과 일치한다고 할 수 있다.

그러나 제시된 비전이 이렇게 유사하더라도 구체적인 에너지 시나리오의 내용에서는 현격한 차이를 발견하게 된다.

그림 25 제1차 국가에너지기본계획의 3대 기본 방향

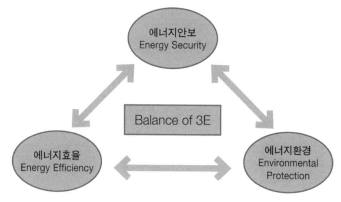

자료: 에너지경제연구원(2008: 10).

1) 원자력발전

먼저 알 수 있는 확연한 차이는 원자력발전 이용에 관한 것이다. 독일 정부는 후쿠시마 사고 후인 2011년 5월 30일, 자국 내 원자력발전소 전체를 2022년까지 폐기하겠다고 밝힌 데 반해, 한국 정부는 2030년까지 전체 에너지의 27.8%, 전력의 59%를 원자력발전에서 얻겠다는 기본계획의 구상을 그대로 유지하고 있다. 한국의 시민단체는 원자력발전소의 추가 건설로 인해 '사회갈등 유발'과 '사회적 비용 증가'가 예상된다고 지적하고 있다[에너지시민회의(준), 2008: 5].

2) 에너지 수요

또 다른 하나는 전체 에너지 규모에 대한 전망이다. 한국 정부는 연평균

그림 26 독일과 한국의 원자력에너지 전망

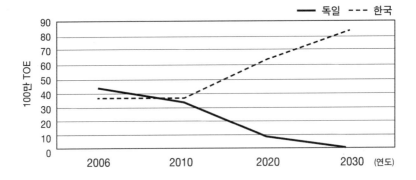

(단위: 100만 TOE)

	2006	2010	2020	2030
독일	42.5	33.38	8.6	0
한국	37.2	36.93	63.6	83.4

*독일의 기준연도는 2005년. 후쿠시마 사고 이전의 시나리오 비교로, 한국의 기본계획과 독일 정부의 'Leitstudie 2008' 시나리오를 비교.

그림 27 독일과 한국의 원자력발전 설치 용량 전망

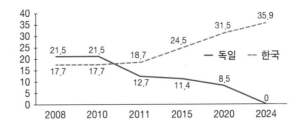

(단위: GW)

	2008	2010	2011	2015	2020	2024
독일	21.5	21.5	12.7	11.4	8.5	0
한국	17.7	17.7	18.7	24.5	31.5	35.9

*제5차 전력수급기본계획과 후쿠시마 사고 후 확정된 독일 「원자력법」(2011년 7월 31일 개정)에 따른 세부 계획 비교.

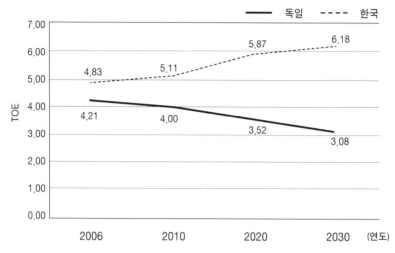

그림 28 **독일과 한국의 1인당 에너지 전망 비교**

| 독일 ──── 한국 |

*독일의 기준연도는 2005년. 후쿠시마 사고 이전의 시나리오 비교로, 한국의 기본계획과 독일 정부의 'Leitstudie 2008' 시나리오를 비교.

1.1%의 에너지 소비 증가를 전제로 기본계획을 마련한 반면, 독일 정부는 이와는 반대로 2050년까지 2008년 대비 절반의 에너지 소비 감소를 목표로 하고 있다. 두 나라의 에너지 소비 차이는 해가 갈수록 점점 더 벌어져서 2030년이 되면 한국의 1인당 에너지 소비는 6.18TOE로 독일의 1인당 에너지 소비 3.08TOE의 두 배가 넘을 전망이다.

　총에너지 소비에서도 완전히 다른 접근을 볼 수 있다. 2006년 한국의 전체 인구는 4,830만 명, 독일은 8,240만 명이며, 2030년 한국은 4,860만 명(에너지경제연구원, 2008: 18), 독일은 7,930만 명(Nitsch, 2008: 45)으로 예상된다. 독일의 인구가 한국의 1.7배임에도 독일은 매년 에너지 소비가 감소해 결국 2020년을 기점으로 한국보다 국가 전체의 에너지 소비가 적어진다. 그 추세는 계속 이어져 2030년 독일의 총에너지 소비는 2억 2,880만 TOE로 한국의 3억 40만 TOE에 비해 24% 낮은 수치를 기록한다.

그림 29 독일과 한국의 1차 에너지 전망 비교

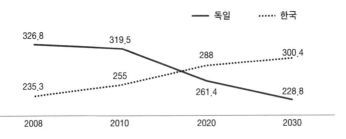

(단위: 100만 TOE)

	2008	2010	2020	2030
독일	326.8	319.5	261.4	228.8
한국	235.3	255.0	288.0	300.4

*2008년, 2010년 데이터는 BP(2011)에서 인용. 독일 '에너지 콘셉트'와 한국의 기본계획 전망 비교.

표 4 독일과 한국의 전력소비량 전망 비교

(단위: TWh)

	2008	2010	2020	2024	2050
독일	544.5	-	490.0	-	408.4
한국	402.0	425.4	598.2	653.5	-

*2008년 전력소비 현황은 EIA(날짜 없음)에서 인용, 한국의 전력수급기본계획과 독일의 '에너지 콘셉트' 비교.

기본계획에서는 전력이 연평균 1.6%의 증가율로 매년 증가하는 모습을 보여주는 것에 반해, 독일은 '편리한 에너지'인 전력의 소비도 끝내 줄게 된다. 2008년 현재 544.5TWh(EIA, 날짜 없음)를 소비한 독일은 2050년까지 25%를 줄여 408.4TWh로 낮추는 것을 목표로 정했다. 반면 2010년 발표된 '제5차 전력수급기본계획'에 따르면 한국의 전력소비량은 2010년부터 2024년까지 연평균 3.1% 증가, 425.4TWh에서 653.5TWh로 늘어날 전망이다. 독일의 인구가 한국에 비해 1.7배 많은 것을 고려할 경우, 한국의 1인당 전력소비는 2020년대 초부터 독일의 두 배를 뛰어넘게 된다.

그림 30 독일과 한국의 재생가능에너지 보급 계획 비교

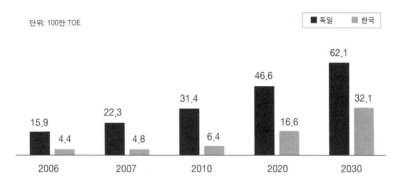

단위: 100만 TOE

■ 독일　　■ 한국

*독일의 기준연도는 2005년. 한국의 기본계획과 독일 정부의 'Leitstudie 2008' 시나리오를 비교.

3) 재생가능에너지

　재생가능에너지와 관련해서도 미래 목표의 차이는 매우 크다. 한국 정부는 "에너지 자립 사회의 구현"과 "탈석유사회로의 전환", "녹색기술과 그린 에너지로 신성장 동력과 일자리를 창출"을 위해 2030년까지 전체 에너지의 11%를 신재생에너지로 공급하겠다고 밝히고 있지만, 독일 정부는 최종 에너지 소비 중 재생가능에너지 비율을 2020년 18%, 2030년 30%, 2040년 45%, 2050년 60%로 높이는 것을 목표로 하고 있다.

　비율뿐 아니라 실질적인 생산량에서도 그 격차는 해가 갈수록 증가한다. 2006년 독일과 한국의 재생가능에너지 보급 격차는 1,150만 TOE뿐이었으나, 2010년 2,500만 TOE, 2020년 3,000만 TOE, 그리고 2030년에는 3,000만 TOE로 그 차이는 계속해서 커지고 있다.

표 5 한국 정부의 온실가스 감축 시나리오

	2020년 BAU 대비	2005년 온실가스 배출량 대비
시나리오1	21% 감소	8% 증가
시나리오2	27% 감소	동결
시나리오3	30% 감소	4% 감소

*BAU: business as usual의 약자로, 현재와 같은 추세가 이어질 경우의 시나리오를 말한다.
자료: 국무총리실 외(2009: 1) 재구성.

그림 31 한국 정부의 온실가스 배출 전망과 감축 시나리오 비교

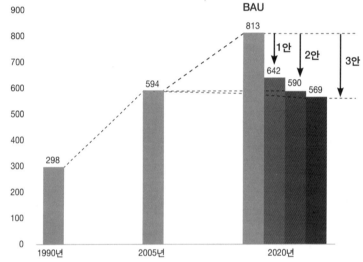

자료: 국무총리실 외(2009: 14).

4) 온실가스 감축

에너지 소비 예측과 재생가능에너지의 보급, 이 두 변수의 차이는 온실가스 배출에서도 한국과 독일의 서로 다른 방향성을 보여준다.

이명박 대통령은 2008년 7월 G8 확대정상회의에서 2050년까지 온실가스의 50%를 감축하자는 범지구적 장기목표에 지지를 보내고 중기 감축목표

그림 32 독일과 한국의 온실가스 감축 목표 비교

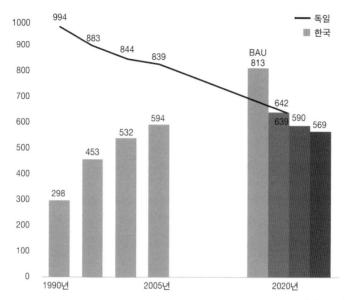

(단위: 100만 톤 CO₂)

		1990	1995	2000	2005	2020
독일		994	883	844	839	639
한국	시나리오1	298.1	453.2	531	594.4	642
	시나리오2					590
	시나리오3					569

*한국의 온실가스 감축 시나리오와 독일 정부의 'Leitstudie 2008' 시나리오를 비교한 그래프.

표 6 한국과 독일의 1990년 대비 온실가스 배출 비교

(단위: %)

		1990	1995	2000	2005	2020
독일 목표		100	88.8	84.9	84.4	64.3
한국	시나리오1	100	152.0	178.1	199.4	215.4
	시나리오2					197.9
	시나리오3					190.9

*한국의 온실가스 감축 시나리오와 독일 정부의 'Leitstudie 2008' 시나리오를 비교.

발표 계획을 천명했었다. 지난 2009년 8월, 한국 정부는 '국가 온실가스 중기(2020년) 감축 목표 설정을 위한 세 가지 시나리오'를 제시했는데, 이 시나리오는 1년 전 대통령이 언급한 것을 전혀 구현하지 못하고 있다. 가장 야심 찬 목표는 2005년 배출량에 비해 고작 4%를 줄이는 수준이기 때문이다. 독일 계획과 비교해 한국의 온실가스 감축 목표는 무시할 만한 수준이다.

한국 정부의 이 온실가스 감축 목표에서 우리가 주의해야 할 것은 기준년도가 독일의 1990년이 아니라 2005년이라는 사실이다. 〈그림 31〉에서 보듯, 기준연도를 1990년도로 조정할 경우, 가장 야심 찬 목표인 '시나리오 3' 조차도 1990년에 비해 1.9배 많은 온실가스를 배출하는 목표라는 것을 확인할 수 있다.

한국의 온실가스 배출 추이와 감축 목표를 독일과 비교한 그림은 〈그림 32〉와 같다. 현재까지의 추이를 살펴보면, 독일은 1990년 이래 계속해서 온실가스 배출이 줄어드는 데 반해, 한국은 2005년까지 지속적으로 증가했다. 미래계획에서 보이는 2020년 한국의 총 온실가스 배출량은 인구가 1.7배 많은 독일과 비슷한 수준이 될 전망이다.

이를 1990년 온실가스 배출과 비교한 수치가 〈표 6〉에 나와 있다. 독일의 경우 1990년 대비 2020년 35.7%의 온실가스 배출 저감을 목표로 하는 반면, 한국은 여전히 두 배가량의 온실가스 증가가 예상된다.

3. 결론

독일은 지구 온난화와 기후변화에 대한 국제적인 책임을 다하기 위해 IPCC의 권고보다 더 강력한 온실가스 줄이기를 계획하고 또 실행에 옮기고 있다. 반면 한국은 경제 선진국이지만 여전히 온실가스 줄이기보다는 에너지 소비 증가를 기본 골격으로 장기 에너지 계획을 마련했다.

2012년 이후 교토의정서와 같은 강력한 구속력을 바탕으로 한 국제 규제가 다시금 만들어질지는 장담하기 어렵다. 그렇다고 해서 기후변화 자체가 일어나지 않는 것은 아니다. 온실가스를 많이 배출하는 지금과 같은 에너지 소비 중심의 사회에서 벗어나지 않는다면, 한국은 기후변화의 원인 국가로 지목되어 국제적인 비난을 피하기 어려울 것이다.

한국의 에너지 소비 확대 시나리오는 미래 한국 경제에도 치명적인 충격을 가하는 결과를 초래할 것이다. 세계 유가는 계속해서 상승하고 있고 화석 연료 자원고갈은 새로운 자원민족주의를 낳고 있다. 에너지원 자체가 한 국가의 힘을 나타내는 시대가 온 것이다. 이런 대내외적 환경임에도 우리 영토 내에서 얻을 수 있는 재생가능에너지 개발에 소홀한다면 에너지원 수입을 위해 지금보다 더 엄청난 경제적 부담을 짊어져야 할 것이다. 경우에 따라서는 외교에서 지금보다 더 굴욕적인 상황이 벌어질 수도 있을 것이다.

〈표 7〉은 국책연구기관인 한국에너지기술연구소에서 한국의 재생가능에너지 잠재량을 분석한 자료다. 이에 따르면 현재 한국에서 공급 가능한 재생가능에너지는 총 9,000만 TOE에 달한다. 이는 2006년 한국이 소비한 1차 에너지 2억 3,340만 TOE의 38.8%에 해당하는 양이다. 기본계획에 따르면 2030년 한국의 1차 에너지는 3억 40만 TOE로 전망되는데, 이 수치를 그대로 적용한다 하더라도 30.2%의 1차 에너지를 재생가능에너지로 공급할 수 있다는 뜻이 된다.

더욱이 기술적 잠재량은 17억 TOE로 2006년 1차 에너지의 7.5배에 달한다. 한국이 재생가능에너지를 미래의 에너지원으로, 즉 한국의 에너지 문제를 해결할 에너지원으로 선정해 육성할 정책적 의지만 있다면 한국은 에너

표 7 신재생에너지 잠재량 분석

(단위: 1,000TOE)

구분	부존 잠재량	가용 잠재량	기술적 잠재량	공급 가능 잠재량	비율	비고
태양열	11,159,495	3,483,910	870,977	20,903	23.08%	
태양광			585,315	9,365	10.34%	
풍력	246,750(육상)	24,675	12,338	810(3.6GW)	0.89%	육상: 2MW 국산기기
	220,206(해상)	44,041	22,021	1727(8.8GW)	1.91%	해상: 3MW 국산기기
수력	126,273	65,210	20,867	20,867	23.04%	
바이오매스	141,855	11,656	6,171	6,171	6.81%	임산농업부산물·축산도시폐기물·바이오매스
지열	2,352,800,000	160,131,880	233,793	27,896	30.80%	
해양				2,551(조력)	2.82%	발전 후보지 조사
				288(조류)	0.32%	
계	2,364,568,306	163,761,372	1,751,482	90,578	100.0%	

자료: 강용혁(2009: 29).

지 자립뿐 아니라 잉여 에너지를 북한이나 중국, 일본에 수출할 수도 있다고 말할 수 있다.

미래 전망은 어디까지나 전망이다. 그 전망이 암시하는 문제점을 발견하고 방향을 전환한다면 문제를 피할 수 있다. 그러나 반대로 어떠한 문제점도 찾지 못하고 계속해서 잘못된 방향으로 나아간다면 결국 파국을 맞이할 것이다.

어떤 미래를 선택할지 주사위가 다시 우리 손 위에 놓여 있다. 이명박 대통령이 제시한 에너지 다소비 사회로 갈 것인가 아니면 독일이 보여주는, 기후변화도 막으면서 사회를 더욱 건강하게 만드는 에너지 저소비 사회, 에너지 자립사회로 나아갈 것인가.

재생가능에너지와 사회적 갈등, 그리고 참여 거버넌스*

1. 도입

우리는 에너지원 고갈과 기후변화로 대표되는 에너지 위기에 직면해 있다. 혹자는 원자력발전이 해법이라고 주장하지만 체르노빌과 후쿠시마 사고에서 보듯이, 그리고 수백 수천 년간 자연으로부터 격리해야 하는 핵폐기물 처리 문제에서 보듯이 이를 에너지 대안이라고 얘기할 수는 없다.

실질적인 대안으로 떠오르는 것은 태양광, 풍력, 바이오매스와 같은 재생가능에너지다. 재생가능에너지는 어느 지역이든 고르게 에너지원이 분포되어 있으며, 에너지원이 고갈되지 않는다는 장점이 있다. 또한 탄소를 발생시키지 않거나, 발생시키더라도 온실가스의 총량은 변함이 없는 탄소 중립

---

* 이 글은 필자가 2011년 9월 16일 독일 프라이부르크 대학에서 열린 재생가능에너지 컨퍼런스Renewable Energy Self-Sufficiency Conference에서 발표한 논문 "Social Conflicts resulting from Renewable Energy Promotion and Strategy to minimize conflicts – focusing on the concept of participatory governance"을 요약·보완한 것이다.

적인 에너지원으로서 환경을 악화시키지 않는다.

재생가능에너지원이 환경친화적이라는 장점이 있는 데 반해, 시설을 설치하는 과정에서 땅 이용 갈등, 소음 문제, 경관 문제 등 다양한 환경적 갈등과 주민 수용성 문제로 대표되는 사회적 갈등이 발생해 재생가능에너지 확대에 장애가 되고 있다. 재생가능에너지가 환경친화적인 에너지원으로서 에너지 문제 해결을 위해 확대되어야 할 필요가 있더라도 지역 주민은 사회적·환경적 갈등 요소를 내포한, 다른 여타 개발 사업과 다를 바 없는 또 하나의 개발 사업으로 받아들이고 있다. 환경적·사회적·긍정적인 의미가 있음에도 재생가능에너지 시설이 설치되는 현장에서는 반환경적·반사회적 갈등이 일어나고 있는 것이 현실이다.

이러한 반대 여론은 개별적인 프로젝트를 실행할 수 없게 할 뿐만 아니라 사회 전반에 재생가능에너지에 대한 부정적인 여론을 만들어낼 수 있다. 한 지역의 반대·부정적인 여론은 미래의 어딘지 모를 다른 지역의 반대를 의미한다(Heiskanen et al., 2006: 12). 그렇기 때문에 사례 연구를 통해 어떠한 갈등이 있고, 대체로 누가 갈등을 제기하고 있으며, 해결책은 무엇인지를 알리는 것이 필요하다. 이는 갈등 예방에 필요한 정책 방안을 찾음과 더불어 재생가능에너지의 지속적인 보급과 에너지 자립에 기여할 수 있을 것이다.

재생가능에너지를 둘러싼 갈등을 연구한 총 5개의 논문과 보고서에서 15개의 사례를 추출해 갈등의 원인과 해결책을 살펴봤다. 대상 논문은 헤이스카넨 외(Heiskanen et al., 2006)의 "Cultural Influences on Renewable Energy Acceptance and Tools for the development of communication strategies to promote ACCEPTANCE among key actor groups", 에너지전환(2006)의 「풍력발전단지 보급 확대를 위한 지역 수용성 제고방안 연구」, 이희선 외(2009)의 「재생에너지의 환경성 평가 및 환경친화적 개발 1 - 태양광 및 풍력에너지를 중심으로」, 김동주(2007)의 「난산풍력발전단지를 둘러싼 갈등과 지역 에너지 전환의 과제」, 염미경(2008)의 「풍력발전단지 건설과 지역 수용성」이다. 총 15개의 사례를 지역별로 분류하면 독일 6개, 스페인 2개, 덴마크 1개, 폴란드 1개, 일본 1개, 한국 4개이며, 프로젝트에 동원된 재생가능에너지 기술은 태양광 1개, 풍력 14개, 바이오가스 플랜트 1개 사례 등이다. 이 중 총 10건은 프로젝트의 애초 계획대로 시행되거나, 준비 과정에서 크고 작은 변화를 거친 후에 결과적으로 프로젝트 시행으로 연결되었으며, 총 5건은 끝내 계획 포기로 이어졌거나 아직까지 실행되지 못하고 있다.

이 글은 재생가능에너지 프로젝트와 관련한 이해당사자actors/stakeholders 중에서도 특히 소수자인 마이너리티minority에 주목하고 있다. 마이너리티는 특정 재생가능에너지 시설을 유치하거나 거부할 만큼의 정치적 힘이 충분치 못한 이들을 이르는 표현이다(Fegin, 1984; Barzilai, 2003 참조). 이 글에서는 재생가능에너지 시설에 직간접적 영향을 받거나 재생가능에너지 프로젝트에 비판적인 지역 주민 또는 환경단체를 지칭한다. 그들은 재생가능에너지 확대라는 규범적 대의에 대해 비판적인 입장을 갖고 있는 상대적 소수이며, 또한 상대적으로 프로젝트 계획이나 의사 결정 과정에 배제되어 있기 때문에 이 표현을 차용했다.

2. 재생가능에너지 보급 과정에서 나타나는 문제점

1) 갈등

재생가능에너지 관련 기술의 발달로 보급 프로젝트 준비에 들어가는 시간과 비용이 줄고 있다. 프로젝트를 진행하기에 매우 좋은 조건이다. 예를 들어 풍력발전의 경우, 적합한 부지를 찾기 위해 과거에는 측정 장치를 차량에 싣고 몇 시간을 직접 달려 현장에 도착해 바람의 질을 측정했지만, 요즘에는 프로젝트 제안자들이 더욱 정확하고 다양한 정보를 GIS와 같은 컴퓨터 툴을 통해 현장이 아닌 사무실에서 확인할 수 있다(Lowenstein, 2011). 더불어 세계 많은 나라의 정부에서는 자국의 재생가능에너지 보급 목표 제시와 세부 지원 정책을 수립해 재생가능에너지 보급 프로젝트를 장려하고 있다.

좋은 조건이 갖추어져 있음에도 재생가능에너지 시설이 보급됨에 따라 이와 관련한 다양한 환경적·사회적 갈등이 발생하고 있다. 태양광발전소를 건설하기 위해 나무를 베거나 심지어는 산마저 깎아내고 있으며, 지역 주민의 의사와는 무관하게 풍력발전소 건설이 강행되고 있다. 한국에서는 다양한 환경단체가 몇몇 재생가능에너지 프로젝트에 반대하는 토론회를 개최하고 있으며, 언론은 재생가능에너지 시설에 따른 문제점을 지적하고 있다. 환경정책평가연구원은 2009년 관련 연구 보고서를 통해 현재의 정부 정책이 "보급의 경제성과 기술 개발에 대한 정책에 모든 초점이 맞추어졌으며 환경적·사회적 이슈 등에 대해서는 거의 간과"하고 있다고 지적한다(이희선 외, 2009).

재생가능에너지는 일반적으로 환경친화적이고 분산적인 에너지원으로 알려져 있으나, 지역 주민과 지역공동체로부터는 매우 비판 받는 상황에 놓여 있다. 소음, 교통, 경관, 동물에 대한 피해 등이 그 원인이다. EU 차원에서 수행된 한 연구는 재생가능에너지에 따른 편익은 전 지구적이며 국가적 차원에서 발생하는 반면, 지역 주민은 교통 불편이나 경관 훼손과 같은 직접적인 피해를 당하고 있다고 지적한다(Heiskanen et al., 2006). 국가 차원에서는 재생가능에너지 시설이 분산적인 기술일지는 모르지만, 재생가능에너지 시설의 규모가 매우 크다면 지역 주민은 이 '분산적인' 재생가능에너지 시설을 거대한 하나의 에너지 시설로 바라보게 될 것이다. 재생가능에너지 보급 프로젝트는 경관 변화, 새로운 권력 관계, 경제적인 손실 가능성 등 여러 변화의 요소를 내포하고 있다. 그렇기 때문에 발전소가 건설되는 현장에서는 "왜 여기인가?"라는 질문이 지역 주민으로부터 제기되고 있다(Heiskanen et al., 2006).

2) 환경적 갈등

재생가능에너지 시설과 관련해 발생하는 문제는 크게 환경적인 문제와 사회적인 갈등으로 요약할 수 있다.

환경적 갈등과 관련한 대표적인 연구는 EU 차원에서 수행된 에너지 외부비용 연구인 '에너지의 외부성 연구ExternE Study'가 대표적이다. 모든 에너지 시설의 외부비용을 분석한 이 연구는 재생가능에너지가 환경에 미치는 영향도 측정했다. 태양광발전소의 땅 이용 문제, 풍력발전기의 소음, 경관 훼손, 야생동물에 대한 영향, 전자기파 문제, 바이오매스 시설의 교통 소음, 식량 생산의 손실, 시설에서 발생하는 분진으로 인한 노동자의 보건 문제 등을 다루었다(Krewitt et al., 1997; Krewitt and Schlomann, 2006). 영국에서는 재생가능에너지 시설이 환경, 특히 땅 이용 문제, 경관 훼손, 야생동물에 직접적인 영향이 있다고 보고 있다(Tucker et al., 2008: 133). 내륙 풍력발전을 연구한 한 보고서는 부실한 풍력발전단지 부지 선정이 생태계에 큰 피해를 유발한다고 지적한다(Bowyer et al., 2009: 9~21).

최근 들어 재생가능에너지 시설의 대형화가 진행되는 추세다. 이는 규모의 경제economy of scale 논리에 따른 것이다. 재생가능에너지 시설에 따른 환경문제 또한 규모에 비례해 대형화되고 있다. 대표적인 사례로 바이오 연료 생산을 목적으로 동남아시아와 아프리카 국가에 대규모로 진행되는 팜유 플랜테이션을 들 수 있다. 지구의 벗, 그린피스, WWF 등의 환경단체뿐 아니라, 심지어 UN조차도 무분별한 바이오디젤 원료인 팜유 플랜테이션을 경계하고 있다. 지난 2007년 발행된 UN「인간개발보고서Human Development Report」는 동남아시아의 팜 나무 단일 경작 확대가 대규모의 벌목과 원주민의 인권에 심각한 폭력을 가하고 있다고 지적한다(UNDP, 2007: 143). 때문에 그린피스와 같은 국제적인 환경단체는 이러한 갈등을 일으키는 팜유 바이오디젤을 재생가능에너지 목록에서 제외할 것을 요구하고 있다.

'규모의 경제' 논리로 지어지는 대규모 태양광발전기는 나무를 비롯해 심지어 산까지 깎아내는 결과를 빚고 있다. 환경정책평가연구원은 온실가스 감축 목적으로 건설하는 태양광발전기가 벌목으로 인해 더 많은 온실가스를 배출하고 있다고 지적한다(이희선 외, 2009).

3) 사회적 갈등

환경적 갈등은 주민들의 저항을 불러일으킨다. 재생가능에너지가 확대되는 동시에, 재생가능에너지에 반대하는 단체, 조직 등이 생겨나고 그들이 주장을 펼치기 시작했다. 이미 독일에는 많은 수의 풍력발전을 반대하는 시민조직이 만들어졌다.[■] 독일의 큰 환경단체 중 하나인 독일자연보호연맹NABU은 "대규모 태양광발전기가 설치된 지역에서 앞으로 어떤 일이 벌어질지는 어느 누구도 모른다"며 대규모 태양광발전 시설의 보급을 비판하고 있

■ http://windkraftgegner.de 참조

다(≪Spiegel≫, 2009).[■]

　그뿐 아니라 프로젝트의 계획과 실행 과정에서 지역 주민과 종종 마찰을 빚곤 한다. 지역 주민의 동의 없이 발전소가 계획되고 건설이 진행되기 때문이다. 지역 주민은 앞에서 거론한 재생가능에너지 시설의 환경 문제에 직접적으로 영향을 받는다. 그럼에도 이들은 프로젝트 준비 과정에서 배제되기 때문에, 자신들의 피해에 대해 문제를 제기할 기회를 차단당하게 된다. 또한 재생가능에너지 시설에서 얻는 금전적인 수익이 환경 영향이 발생하는 지역에 머무는 것이 아니라 외부에 존재하는 프로젝트 개발자에게 돌아가기 때문에 지역 주민은 이에 대해서도 문제를 제기하고 있다.

　지역 주민이 느끼는 불만은 수용성acceptance으로 요약 정리될 수 있다. 주민들의 재생가능에너지 건설 프로젝트에 대한 전반적인 느낌이나 입장이 바로 이 수용성에 반영된다고 할 수 있다. EU 차원에서 진행한 재생가능에너지 수용성 연구인 '크리에이티브 억셉턴스Creative Acceptance'는 지역 주민은 자신들이 원치 않는 '새로운 시설'의 건설에 거부감을 나타낸다고 지적한다. 이 시설에 적용되는 기술이 '새로운 기술'이라면 거부감은 불안감으로 발전하기도 한다. 또 계획이 준비되는 과정에서 자신들의 입장이 반영되지 않았음에 불만을 품기도 한다. 결국 다른 이들(정부가 되었든, 다른 지역 소재의 기업이든)의 수익이나 이득을 위해 해당 지역 주민이 희생을 해야 한다고 생각한다. 이는 종종 님비NIMBY 현상으로 나타나기도 한다.

■ 2009년 현재 독일 태양광 전력의 10%는 나대지에서 생산되고 있다(Bruns et al., 2009: 255, 274).

3. 사례 연구 분석 결과

프로젝트 계획부터 건설에 이르는 과정 동안 등장한 환경적·사회적 갈등은 그 수를 헤아리기 어려울 정도로 많고 다양하며 정도 또한 천차만별이다. 이 글은 이러한 갈등들을 체계적으로 분석하고 갈등 해결에 필요한 대안을 내놓기 위해 큰 틀에서 갈등의 카테고리를 나누었다. 대상 프로젝트와 주요 갈등의 카테고리는 〈표 8〉과 같다.

표 8 15개 사례 분석 결과 목록

프로젝트 이름 (장소/ 기술과 규모)	(1) 지역 주민에게 프로젝트에 관한 정보가 제공되었는가 (2) 지역 주민이 프로젝트에 투자할 기회가 있었는가 (3) 계획 과정에 참여가 가능했는가 (4) 프로젝트 결과 (5) 기타 특이 사항
Baumberge 시민발전소 (Havixbeck, 독일/ 풍력)	(1) 뉴스 매체를 통해 초기 계획을 지역공동체에 제공 (2) 가능 (4) 성공 (5) 신뢰할 수 있는 사업 제안자와 그의 직접적인 투자
GeneralWind 풍력발전소 (Dardesheim, 독일/ 풍력)	(1) 지방자치단체와 지역공동체를 설득하기 위한 프로젝트 제안자의 노력 (2) 가능 (4) 성공 (5) 프로젝트 개발자가 지역 수용성의 중요성에 대해 이미 인지하고 있었음
Udenhausen-Mariendorf 풍력발전소 (Trendelburg, 독일/ 풍력)	(1) 모든 가정에 구체적인 정보 제공 (2) 가능 (3) 사업 초기 단계부터 계획과 부지 선정에 지역 주민 참여 가능 (4) 성공 (5) 풍력발전의 부정적인 정보 또한 공개
Butendiek 풍력단지 (Sylt, 독일/ 해상풍력)	(1) 20차례 이상의 공식적인 설명회와 주민 공청회 (2) 가능 (4) 아직 착수하지 못함 (5) 지역의 관광 수익 감소를 우려하는 지역 주민들이 풍력발전단지 반대 단체를 구성해 집단행동

Windfeld 풍력발전단지 (Buessow, 독일/ 풍력 22기)	(1) 정보 제공과 지역 주민 접촉 무시 (4) 실패 (5) 반대단체를 이끌고 있는 멩겔(Mengel) 교수는 풍력발 전 보급에는 찬성하나 특정 지역에 너무 많은 시설의 설 치는 반대
Jühnde 바이오에너지 마을 (Jühnde, 독일/ 바이오가스 700kW CHP gas engine)	(1) 기술을 학습하기 위한 주민 자치 포럼 조직 (2) 가능 (3) 가능 (4) 성공
Middelgrunden 해상 풍력단지 (Copenhagen, 덴마크/ 해상풍력 2MW 20기)	(1) 조합 차원에서 모든 정보를 참여자에게 제공 (2) 주민이 참여하는 조합이 전체 투자의 50% 지분 확보 (3) 조합과 코펜하겐 시의 매우 긴밀한 협력 프로세스 (4) 성공 (5) 지역 주민을 설득하고 주민 수용성을 높이기 위한 매우 적극적인 노력
La Muela 풍력발전단지 (La Muela, 스페인/ 풍력)	(1) 기술 정보, 마을 개발 비전, 경제적인 정보 모두 제공 (4) 성공, 계속해서 확대 중 (5) 주변 자연환경 변화와 경관 훼손에도 경제발전으로 인 해 주민수용성 계속해서 증대
Navarre 재생가능에너지 단지 (Navarre, 스페인/ 풍력, 태양광)	(1) 추진 기업의 적극적인 정보 제공, 주민을 위한 교육 프 로그램 운영 (3) 자문회의 (4) 성공 (5) 환경문제를 이유로 추진 기업이 자발적으로 몇몇 프로 젝트 취소
Suwalki 풍력발전소 (Suwalki, 폴란드/ 풍력)	(1) 환경영향평가 보고서 공개 (2) 가능 (3) 지역공동체가 자문회의 주관 (4) 성공 (5) 지역 주민과 사업자 사이의 갈등을 중재하기 위한 시도
Hokkaido 시민발전소 (Hokkaido, 일본/ 풍력)	(1) 시민조직 '홋카이도 그린 펀드'가 지역 주민에게 구체적 인 정보 제공 (2) 가능 (3) 가능 (4) 성공 (5) 시민발전소 방식의 성공으로 일본 내 다른 지방자치단 체에서도 관심 갖기 시작
한경풍력발전단지 (제주도/ 풍력)	(1) 주민대상 한 차례의 설명회 이후 소수의 지역 대표만 미 팅, 구체적인 정보 제공 없었음 (2) 불가 (3) 불가

	(4) 사업 일부는 주민 반대로 취소 (5) 주민 수용성 보다는 부지 수용성만 고려
제주해상풍력 실증단지 (제주도/ 해상풍력)	(1) 지역 주민 일부에게만 제공 (2) 불가 (3) 불가 (4) 실패 (5) 관련법에서 정한 지역 주민 동의 확보하는 데 실패
난산풍력발전단지 (제주도/ 풍력 14.7MW)	(1) 지역 주민 일부를 대상 두 차례 설명회 (2) 투자 불가, 부지 보상에 초점 (3) 프로젝트 개발자가 모든 내용 결정 (4) 착공했으나 지역 주민의 강력한 반대로 결국 건설 포기 (5) 착공 이후 주민들의 집단행동 조직, 관련 기관은 수수방 관
신안 풍력발전단지 (전남 신안/ 풍력 183MW)	(1) 지역 주민 대상 설명회 없었음 (2) 불가 (3) 불가 (4) 실패 (5) 부지 소유자만을 설득하려는 노력

1) 마이너리티의 갈등 제기

〈표 8〉의 사례 분석에서 알 수 있듯, 재생가능에너지 프로젝트의 성패를 결정짓는 역할은 프로젝트 계획자나 관청이 아니라 반대 의견을 개진하거나 저항하는 사람들, 즉 환경단체·지역 주민임을 알 수 있다. 이들은 사업 계획과 의사 결정 단계에서 배제되었던 마이너리티다. 이 마이너리티가 제기하는 갈등 요소는 크게 환경적 갈등과 지역 주민 수용성 문제로 요약할 수 있다.

홍미로운 것은 재생가능에너지 프로젝트에서 거론되는 갈등 요소 중 환경 파괴에 관한 것인데, 재생가능에너지가 환경친화적이라는 일반적인 장점과는 반대로 조류 피해, 소음, 경관 훼손 등 다양한 환경적 갈등이 야기되고 있다. 환경적 갈등은 지역 주민의 반대를 불러일으켜 결국 프로젝트가 취소되는 결과를 가져오기도 한다. 즉, 재생가능에너지가 환경친화적인 에너지원으로서 에너지 문제 해결을 위해 확대해야 할 필요가 있지만 지역 주민은 사회적·환경적 갈등 요소를 내포한, 다른 여타 개발 사업과 다를 바 없는 하나의 개발 사업으로 받아들이고 있다는 것이다.

2) 환경적 갈등을 예방하기 위한 방안

환경적 갈등을 예방하기 위한 가장 손쉬운 방법은 프로젝트 개발자가 갈등 요소를 제거해 사업에 착수하는 것이다. 에너지전환(2006)의 연구는 프로젝트 개발자가 ① 환경에 덜 유해한 풍력발전기종을 택하고, ② 갈등이 최소로 일어날 수 있는 부지를 택하라고 조언하며, ③ 지속적으로 부정적인 영향이 발생할 가능성이 있는 곳에는 풍력발전기를 건설하지 말라고 제안한다.

또 다른 방안은 기술 개발이다. 터커 외(Tucker et al., 2008)는 문제 예방을 위해 기술 개발이 필요하다고 주장한다. 실제로 소음을 줄이려는 기술 개발자의 노력으로 풍력발전기 소음이 줄어들었고, 풍력발전기 도장에 빛을 반사하지 않는 특수 도료를 사용하는 것 등이 좋은 예다(에너지전환, 2006: 449).

그러나 대부분의 연구는 정책적인 대책이 우선적으로 필요하다고 지적한다(Tucker et al., 2008; Bowyer et al., 2009). 예를 들어 프로젝트 사업 심사 과정을 통해 환경 피해를 예방하는 것이 가능하며, 또한 적절한 가이드라인 제시로 예상되는 갈등을 피할 수 있다. 독일 환경단체의 연합체인 DNR Deutscher Naturschutzring은 2005년 발행한 보고서를 통해 풍력발전기가 거주지로부터 최소 500m 이상 떨어질 경우 주요한 환경 문제는 피할 수 있다고 밝혔다.

표 9 풍력발전기의 부정적 영향이 미치는 거리

가능한 지속적 영향	풍력발전기(풍력단지)로부터의 거리		
	부정적 영향 예상	부정적 영향 가능	부정적 영향 예상되지 않음
소음	500미터 미만	500~1,000미터	1,000미터 이상
초저주파		100미터 미만	100미터 이상
그림자	400미터 미만	400~1,300미터	1,300미터 이상
얼음 떨어짐	180미터 미만	180~360미터	360미터 이상
기타 사고	180미터 미만	180~400미터	400미터 이상
전체	500미터 미만	500~1,300미터	1,300미터 이상

자료: DNR(2005: 86); 에너지전환(2006: 78)에서 재인용.

팜유 플랜테이션과 관련해서도 정책의 중요성이 언급되었다. UN의 「인간개발보고서」는 "EU는 에너지 정책을 결정할 때 EU 외부에 사는 사람들의 인권도 고려해야만 한다"고 지적하고 있다(UN, 2007). EU는 마치 이에 대한 답이라도 하듯, 다음과 같은 말로 관련 지침을 마련했다. "EU뿐 아니라 제3세계에서도 바이오연료를 생산하기 위한 원료가 적절한 환경기준을 충족하는 것이 필요하다. 특히 생물종다양성과 토지의 환경파괴, 특히 환경적으로 민감한 지역에서 바이오연료 작물 재배 문제가 심각히 대두되었다."[■]

영국의 풍력에너지 잠재량과 환경영향을 분석한 보고서는 재생가능에너지 분야에서 정책이 얼마나 중요한 역할을 하는지를 독일과 스페인의 정책 비교를 통해 보여주고 있다. 좋은 예로서 독일은 매우 잘 정비된 지역 개발 정책이 있어 환경적인 갈등을 성공적으로 예방하는 데 반해, 스페인의 '효율적인' 개발 계획은 자연 보호 구역의 파괴를 비롯해 풍력발전에 대한 평판까지 나쁘게 하고 있다는 것이다(Bowyer et al., 2009).

■ Commission of the European Communities(2006) 참조.

3) 시민 수용성 증진

〈표 8〉에서 보듯, 재생가능에너지 프로젝트의 성사 여부는 마이너리티의 프로젝트에 대한 입장에 달렸다고 할 수 있다. 그러므로 지역 수용성, 시민 수용성은 프로젝트의 성사를 결정하는 가장 큰 요소라고 할 수 있다. 한 연구는 재생가능에너지에 대한 사회 전반적인 지지가 있다 하더라도 시민 수용성의 결함으로 프로젝트가 중단될 수 있음을 보여주고 있다. 사회적 수용성이야말로 새로운 에너지 기술의 성공적인 도입을 위한 중요한 요소라는 것이다(Heiskanen et al., 2006).

우선 우리는 누가 프로젝트와 관련되어 있는지를 확인해야 한다. 이해당사자stakeholder라고 부를 수 있는데, 프리먼(Freeman, 1984)에 따르면, 조직의 목적 성취에 영향을 미치거나 또는 영향을 받는 개인이나 그룹이라고 정의하고 있으며, 헤이스카넨 외(Heiskanen et al., 2006)는 프로젝트에 영향을 받거나 또는 영향을 주는 개인이나 그룹이라고 정의하고 있다.

재생가능에너지 프로젝트에서 이 이해당사자는 그들 각자의 기대를 갖고 프로젝트와 관련을 맺고 있다. 이 기대가 실현되지 않거나 다른 이해당사자에 의해 침해를 받을 경우 갈등이 발생한다. 주요한 이유로는 ① 기술과 관련한 경험 부족 또는 절차에 대한 문제, ② 프로젝트 비전에 대한 소통 실패, ③ 소통 문제 - 프로젝트 개발자가 문제를 초기에 발견하지 못하거나 이해당사자의 경고를 듣지 못한 경우, ④ 다양한 이해당사자를 위한 적절한 절차가 갖추어지지 않은 경우, ⑤ 편익과 비용의 갈등 등이다(Heiskanen et al., 2006).

이번 사례 분석 결과, 마이너리티가 그들의 의사를 표현할 공간이 마련되어 있지 않을 경우 사업이 실패할 수 있음을 알 수 있다. 제주도의 난산 프로젝트와 독일의 빈트펠트Windfeld 프로젝트가 이를 잘 설명해주고 있다. 〈그림 33〉은 개략적인 재생가능에너지 프로젝트의 절차를 보여주는 그림이다. 마이너리티의 저항이나 반대를 피하기 위해서는 각 과정에서 등장하는 마이너리티가 자신들의 주장을 펼칠 수 있는 장을 마련해주어야 한다. 그렇지 않을 경우 이들은 강력하게 저항할 수도 있다. 지역 주민에게 각각의 절차에 참여할 기회를 부여함으로써 주민 수용성은 증진될 것이다(에너지전환, 2006).

그림 33 재생가능에너지 프로젝트의 절차

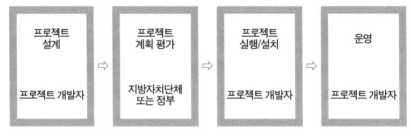

외국의 수용성 제고를 위한 방안을 검토한 연구에 따르면, 정보 공개와 주민참여 보장이라는 민주적인 절차가 중요하다는 것을 알 수 있다(김동주, 2007). 코펜하겐 해상풍력이 성공한 이유도 "저항이 없었던 이유는 재정적으로나 계획단계에서 모두 많은 주민들의 참여가 있었기에 가능"(에너지전환, 2006: 422)했다는 것이다. 기회가 늘어나면 시민들은 자발적으로 프로젝트를 수용하거나 참여할 의지가 생기고 긍정적으로 지원하게 된다. 더욱 원활한 참여를 이끌어내기 위해서 프로젝트 개발자는 ① 모든 이해당사자에게 관련된 구체적인 정보를 제공하고, ② 이해당사자의 의견을 모으고, ③ 모든 관련된 이해당사자에게 프로젝트를 개방하라고 제안해야 한다(Heiskanen et al. , 2006).

4) 커뮤니티 오너십 - 시민발전소

이해당사자의 기대는 프로젝트의 편익과 비용을 분배하는 과정에서 충돌하게 된다는 사실을 사례연구를 통해 알 수 있다. 재생가능에너지 이용의 이득 — 온실가스 저감, 에너지 자립도 증가 등 — 은 국가적이며 세계적인 데 반해, 지역 주민은 교통, 경관 훼손, 소음 등 재생가능에너지 시설로부터 직접적인 피해를 입는다. 국가 차원에서는 재생가능에너지 시설이 분산적인 기술일지 모르지만, 대규모 재생가능에너지 시설이 건설되는 지역 주민 입장에서는 단지 거대한 발전 시설에 지나지 않을 수 있다. 프로젝트로부터 직접적인 피해를 입는 지역 주민이 기대할 수 있는 것은 재생가능에너지 시설의 금전적인 수익 창출일 것이다. 그러므로 어떻게 하면 발전소가 설치되는 지역 내에 금전적인 이득을 줄 수 있을지 고민할 필요가 있다.

커뮤니티 오너십Community Ownership 또는 시민발전소는 가장 좋은 대책이라 할 수 있다. 에너지전환(2006)은 "주민의 동의를 더 확실하게 구하기 위해서 할 수 있는 일은 주민이 출자자로 참여할 것을 권유하는 것"이라고 조언한다. 독일의 한 시민풍력발전소를 기획하고 프로젝트를 진행했던 대학교수는, 지역에서 풍력발전을 반대하는 사람들의 주된 반대 이유는 풍력발전을 운영하는 사람은 돈을 벌지만 지역 주민은 단지 그것을 구경만 해야 한다고 생각하기 때문이라고 분석하며, "당연히 주민은 자기 지역에서 주민은 배제한 채 돈만 챙겨 가는 대형 풍력발전업자와 풍력발전 자체를 좋아하지 않게 되고, 따라서 반대운동에 참여하게 된다"라고 지적한다(에너지전환, 2006: 405~406).

그림 34 **지역 주민의 풍력발전 만족도 평가**

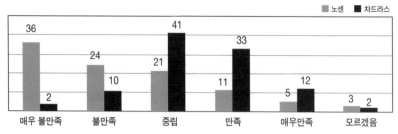

자료: Musall and Kuik(2011).

최근 발표된 연구는 시민발전소 모델이 지역 수용성에 얼마나 긍정적인 효과가 있는지를 잘 보여준다.

〈그림 34〉는 풍력발전기가 설치된 독일의 두 마을 주민들이 풍력발전에 대해 어떻게 생각하는지 물은 결과를 보여준다. 차드라스Zschadraβ 마을처럼 지역 주민이 풍력발전에 직접 투자한 경우 45%의 지역 주민이 만족한다는 답을 한 데 반해, 노센Nossen 마을처럼 투자가 차단된 경우 부정적인 답이 만족한다는 답보다 훨씬 높게 나타났다. 파르렐(Farrell, 2011)은 수용성에서 오너십은 매우 중요한 요소라고 지적한다.

5) 갈등을 해결하기 위한 접근

(1) 소외와 불신

우리는 마이너리티들이 재생가능에너지 프로젝트와 관련해 느끼는 감정을 읽을 수 있는데, 이는 바로 소외와 불신이다.

마이너리티는 프로젝트 계획 단계에서 배제되어 있다. 이들에게는 프로젝트와 관련한 정보가 충분히 제공되지 않는다. 환경영향평가 등 사전 검토

작업에서의 소외뿐 아니라, 프로젝트 실행 과정에서 나타나는 문제점을 지적할 수 있는 공간 자체가 이들에게 주어지지 않는다. 지역 주민은 자신들을 외지 개발업자와 투자자에게 공간만 제공하는 소외된 존재로 받아들인다. 환경파괴를 감시하는 환경단체는 환경적 갈등이 예상되는 프로젝트의 계획과 설치 과정에 참여할 기회를 제공받지 못한다. 프로젝트 수행자나 프로젝트의 빠른 성사를 기대하는 당국 입장에서는 이 마이너리티는 단지 '설득시켜야 할' 대상일 뿐이다.

이런 소외는 불신을 낳는다. 관련 정보가 제대로 전달되지 않는 것은 불신의 가장 큰 이유다. 같은 수준의 정보를 확보하지 못한 이 마이너리티는 프로젝트 개발자와 관계 당국의 주장 ― 예를 들어 프로젝트 후 환경피해는 없을 것이다, 공청회를 통해 여러분의 의견을 듣고 반영하겠다 ― 에 대해 신뢰하지 않는다. 과거 여러 차례의 다른 개발 사업을 통해 마이너리티가 체득한 것이 바로 프로젝트 개발자와 관계 당국에 대한 불신인 것이다.

(2) 소통과 참여

이러한 현상을 해결할 수 있는 방안은 소통과 참여다. 그러나 헤이스카넨 외(Heiskanen et al., 2006)는 관련법에 명시된 수준의 일반적인 자문 과정은 프로젝트의 소통을 촉진하는 데 별 도움이 안 된다고 지적한다. 더욱 적극적인 소통과 참여가 필요하다는 것이다.

성공적인 재생가능에너지 프로젝트를 위해 다음과 같은 소통과 참여 관련한 내용이 지적되었다. ① 프로젝트의 목적을 분명히 할 것, ② 각 과정에서 모든 이해당사자를 참여시킬 것, ③ 참여 프로세스와 관련한 기대치를 분명히 할 것, ④ 공동체 내에서 종합적인 소통을 유도할 것, ⑤ 지역 대표와 오피니언 리더들의 지원을 확보할 것, ⑥ 계획 변경을 대비해 유연성을 유지할 것, ⑦ 각 과정에서 신뢰도를 높이기 위해 독립적인 기관을 활용할 것 등이다(Heiskanen et al., 2006).

4. 결론 - 새로운 모델: 마을 축제

소외와 불신을 해소하기 위해서는 새로운 접근이 필요하다. 재생가능에 너지 프로젝트가 지역의 축제로서 기능하도록 조치하는 것이 그것이다.

최근 어느 도시, 어느 지방자치단체든 축제는 하나의 새로운 상품으로 자리매김했다. 축제의 성공을 평가하는 기준은 여러 가지일 것이나 경제적 수익, 방문객 수, 고용창출 효과, 마을의 공동체성 확인 등등이 성공과 실패를 나누는 기준이 될 수 있을 것이다.

만약 축제의 의미를 마을 공동체성 강화, 즉 마을 공동체가 함께 즐기는데 둔다고 했을 때 어떤 축제를 성공적이라고 평가할 수 있을까? 그것은 바로 지역 주민이 발의하고 지역 주민이 십시일반 역할을 갖고 참여하며, 또 축제의 이득이 모든 참여자에게 돌아가는 축제라야 할 것이다. 반면 외부 전문 사업자들이 마을에 놀이시설을 들여오는 하나의 거대 이벤트를 축제라 부를 수는 없을 것이다. 물론 축제를 준비하면서 외부 전문 인력을 고용할 수는 있겠으나, 이는 발의자와 준비하는 주민들의 필요에 따라야 한다.

사회적 수용성이 높은 재생가능에너지 프로젝트의 특징은 ① 지역적으로 녹아들어 가고, ② 지역에 이득을 가져오고, ③ 지역에 존재하는 물리적·사회적 역량을 바탕으로 지속적이어야 하며, ④ 좋은 소통과 참여 절차와 ⑤ 여러 문제가 발생했을 때 이를 해결할 수 있는 사회적 지원을 끌어들일 역량이 있는 사업이라는 것이다(Heiskanen et al., 2006).

재생가능에너지 프로젝트와 앞의 공동체성 강화를 위한 성공적인 축제를 참여의 입장에서 살펴보자면, 우선 지역 주민 중 누군가의 발의가 있어야 한다. 시장이어도 좋고 지역 내 사업가여도 상관없다. 반면 외부인이 지역 축제의 발의자가 될 경우 지역 주민은 의심의 눈초리로 이 축제를 대할 것이다. 설령 외부인이 프로젝트를 기획했다 할지라도 지역 시장, 지역 기업인 또는 지역 주민을 통해 재생가능에너지 프로젝트를 수행하는 것이 필요한 이유다.

또 다른 요인으로는 준비 과정에 지역 주민이 참여해 일정 부분 역할을 수행하는 것이다. 발의가 지역 주민에 의해 주도되었다 하더라도 예를 들어 시장이 외부 대행업체에 축제의 모든 기획과 진행을 맡긴다면 지역 주민은 축제의 수동적인 관객에 지나지 않을 뿐이다. 자신의 축제로 인식하고 주체적으로 참여하고 즐기려는 의지가 덜할 것이다. 지역 주민의 참여 없이, 예를 들어 놀이시설 대행업체가 마을의 너른 광장을 모두 점령하고 상업적인 놀이시설을 운영한다면 지역 주민은 적극적으로 참여하려 하지 않을 것이다. 재생가능에너지 프로젝트에서도 이러한 축제의 특성을 살릴 수 있다. 가장 적극적인 방법은 시민이 출자 또는 투자할 수 있는 가능성을 열어두는 것이다. 지역 주민은 이 투자라는 행위를 통해 재생가능에너지 프로젝트의 관찰자에서 주체로 급격하게 신분이 바뀌게 된다. '너의 프로젝트'가 아닌 '나의 프로젝트'가 되는 것이다. 프로젝트 건설을 위해 지역 기업과 지역 노동력을 적극 활용하는 것 또한 재생가능에너지 프로젝트 축제가 성공하는 요소 중 하나가 될 것이다.

재생가능에너지 프로젝트는 마을 공동체성 강화를 위한 축제의 기능을 수행할 수 있는 조건이 잘 갖추어져 있다. 우덴하우젠마리엔도르프Udenhausen-Mariendorf 풍력발전소의 성공 사례에서 보듯, 프로젝트 완공식을 마을 주민들과 함께 즐기는 잔치로 만들고, 또 매년 이를 기념하기 위한 홈커밍데이 행사를 갖는 것도 마을 주민의 관심과 참여를 증진시키는 매우 훌륭한 방법이 될 것이다.

재생가능에너지 프로젝트와 관련해서 이러한 축제 정신을 제도화하는 것도 하나의 방법이다. 대표적인 사례가 덴마크다. 덴마크에는 이른바 '주거기준'이라는 규제가 있는데, 풍력발전조합에 속해 있는 사람들은 같은 전력 공급권에 속해 있어야 하며 발전기로부터 3km 이내에 살아야만 한다. 이 규제는 지역에서 누군가가 불편을 감수한다면, 그들은 그 불편에서 발생하는 이득 또한 가져가야 한다는 원칙에 의거한다. 협동조합의 정신과도 부합하는 것이다(에너지전환, 2006: 420).

재생가능에너지 확대가 사회적으로 요구되는 현재의 에너지 위기 시대에, 재생가능에너지 보급의 걸림돌을 사전에 제거하는 것은 매우 중요한 과제다. 아무리 중앙정부나 지방정부에서 재생가능에너지를 통한 에너지 자립을 얘기한다 하더라도, 지역 주민이 반대하면 그 계획은 실행되는 데 큰 어려움에 부딪히게 된다. 앞선 수많은 프로젝트의 성공이나 실패 사례를 통해, 그리고 지금까지의 많은 연구를 통해 이러한 갈등은 사전에 인지하고 예방할 수 있다.

재생가능에너지 프로젝트 수행의 마지막 걸림돌은 바로 프로젝트가 시행될 현장에서의 지역 주민 또는 환경단체의 저항이다. 이들은 재생가능에너지 프로젝트를 시행하는 정부 또는 프로젝트 개발자를 불신하고 있으며, 이들로부터 정책적·경제적으로 소외당했다고 생각한다. 그러므로 이들이 느끼고 있는 불신과 소외를 해소하기 위한 방안 모색이 필요하다.

독일의 재생가능에너지
사회적 수용성 강화 전략

온실가스를 배출하지 않고 지역에 고루 분포된 태양이나 바람과 같은 자연 에너지원을 이용한다는 데 재생가능에너지의 장점이 있음은 분명한 사실이다. 그러나 이러한 재생가능에너지원을 개발하는 과정에서 뜻하지 않게 지역 주민의 반대에 부딪치거나 또 다른 환경파괴를 야기하는 경우가 종종 발생하고 있다. 이는 단지 재생가능에너지의 보급 측면뿐 아니라 장기적으로 에너지 자립 사회를 건설하는 데 에너지 공급을 어렵게 하는 장애요소가 될 수 있다.

독일은 기후변화와 재생가능에너지 보급에 선도적인 역할을 수행하고 있다. 독일의 이런 성공 스토리는 여러 형태의 시행착오를 거치면서 만들어졌다. 재생가능에너지 보급과 관련해 다양한 반대와 비판을 경험했고 그것은 지금도 이어지고 있다. 독일 정부는 재생가능에너지의 꾸준한 보급을 위해 현재에도 시민 수용성을 증진시키기 위한 다양한 정책 대안을 모색 중이다. 지방자치단체 차원에서는 주민 수용성을 바탕으로 새로운 재생가능에너지 보급 프로젝트가 실행되고 있다. 연방정부의 정책적인 노력과 지방자치단

2010년 5월 15일 독일 수도 베를린
브란덴부르크 문 앞에서 열린
풍력발전 반대 집회. 비 오는 궂은 날씨
속에도 300여 명이 참여했다.
© Jutta Reichardt & Marco Bernardi

체의 프로젝트 추진은 재생가능에너지 보급을 꾀하는 한국에 다양한 시사
점을 제공할 것이다.

1. 재생가능에너지 기술과 사회적 갈등

1) 독일의 재생가능에너지

2010년 현재 10.9%인 독일의 전체 에너지 중 재생가능에너지의 비중은 EU
의 정책에 따라 2020년 최소한 18% 이상이 되어야 한다. 전력의 경우 2011년
상반기 20%의 전력이 재생가능에너지로부터 생산되었는데, 이 수치 또한 독
일「재생가능에너지법」에 따라 2020년 최소 30% 이상이 될 전망이다. 이처
럼 재생가능에너지는 독일의 미래를 선도할 중심적인 에너지원이다.

재생가능에너지는 일자리 창출 효과도 매우 뛰어나다. 2004년 16만 개였던
일자리는 2008년 27만 8,000개에서 2009년 34만 개로 급성장했다. 2010년

■ 이하 Meyer(2010) 참조.

말 현재 36만 7,400여 개의 일자리가 재생가능에너지 분야에서 만들어졌다.

독일에서 재생가능에너지는 ① 환경과 기후보호, ② 에너지 수입으로부터의 독립, ③ 발전소 건설과 폐기물 문제로부터 상대적으로 갈등의 소지가 적으며, ④ 새로운 일자리 창출의 도구, ⑤ 관련 산업의 수출로 경제성장을 꾀할 수 있으며, ⑥ 특히 지역에서 주민 참여를 유도할 수 있는 장점이 있는 에너지원이다. 이러한 이유로 독일 전역에 걸친 여론조사에서 95%의 응답자가 재생가능에너지를 지지한다고 밝혔다.

그럼에도 독일 내에서도 여전히 재생가능에너지와 관련해 시민 수용성이 필요한 이유로는 ① 재생가능에너지 시설 개발에 따른 송전망 문제, ② 환경 갈등을 유발하는 특정 발전 시설의 증가, ③ 나대지freestanding에 건설 중인 대규모 발전시설, ④ 대규모 해상풍력발전 개발에 따른 환경·어업 피해 논란, ⑤ 지열발전과 이에 따른 갈등이 현재진행형이기 때문이다. 이러한 갈등은 향후 더욱더 확대될 전망이다.

2) 재생가능에너지 기술과 외부비용

재생가능에너지 시설은 공항, 쓰레기 처리장, 화력·원자력발전시설 등과 같은 전통적인 혐오시설로 분류되지는 않는다. 그럼에도 재생가능에너지 고유의 특성으로 환경적·사회적 갈등을 내포하고 있다.

태양광발전의 경우, 설비에 따른 환경피해는 크지 않으나(Wild-Scholten and Alsema, 2004), 부지 사용에 따른 부작용이 나타나고 있다. 현재 독일 태양광발전 전력의 10%가량은 건물 옥상과 같은 재활용 부지가 아닌 나대지에 설치된 대규모 태양광발전소에서 생산된다. 풍력발전과 관련해서는 다양한 갈등 요소가 거론되고 있다. 소음, 경관 방해, 조류와 같은 동물에 미치

표 10 EU 각국의 전력 생산 외부비용

(단위: 유로센트/kWh)

국가	석탄/갈탄	토탄	석유	가스	원자력	바이오매스	수력	태양광	풍력
오스트리아	-	-	-	1~3	-	2~3	0.1	-	-
벨기에	4~15	-	-	1~2	0.5	-	-	-	-
독일	3~6	-	5~8	1~2	0.2	3	-	0.6	0.05
덴마크	4~7	-	-	2~3	-	1	-	-	0.1
스페인	5~8	-	-	1~2	-	3~5	-	-	0.2
핀란드	2~4	2-5	-	-	-	1	-	-	-
프랑스	7~10	-	8~11	2~4	0.3	1	1	-	-
그리스	5~8	-	3~5	1	-	0~0.8	1	-	0.25
아일랜드	6~8	3-4	-	-	-	-	-	-	-
이탈리아	-	-	3~6	2~3	-	-	0.3	-	-
네덜란드	3~4	-	-	1~2	0.7	0.5	-	-	-
노르웨이	-	-	-	1~2	-	0.2	0.2	-	0~0.25
포르투갈	4~7	-	-	1~2	-	1~2	0.03	-	-
스웨덴	2~4	-	-	-	-	0.3	0~0.7	-	-
영국	4~7	-	3~5	1~2	0.25	1	-	-	0.15

자료: European Communities(2003).

는 영향, 간질 유발, 전자기장 피해 등을 들 수 있는데, 이를 외부비용으로 환산할 때 그 수준은 매우 미미한 것으로 나타났다(Krewitt and Friedrich, 1997). 그렇지만 풍력발전단지 인근 지역 주민들의 반대는 매우 극렬한데, 독일의 경우 2011년 현재 약 83개의 풍력발전반대 단체가 활동 중이며,[*] 이들은 주기적으로 연대해 대규모 풍력발전 반대 집회를 열기도 한다.

바이오매스 시설과 관련해서도 배출가스와 분진으로 인한 건강 피해, 경작, 이동에 따른 소음 등의 문제를 야기하며, 최근 들어 옥수수와 같은 바이

---

[*] http://windkraftgegner.de/ 참조.

그림 35 독일 북부 지역 풍력발전단지 건설 계획과 전력 흐름 예상도

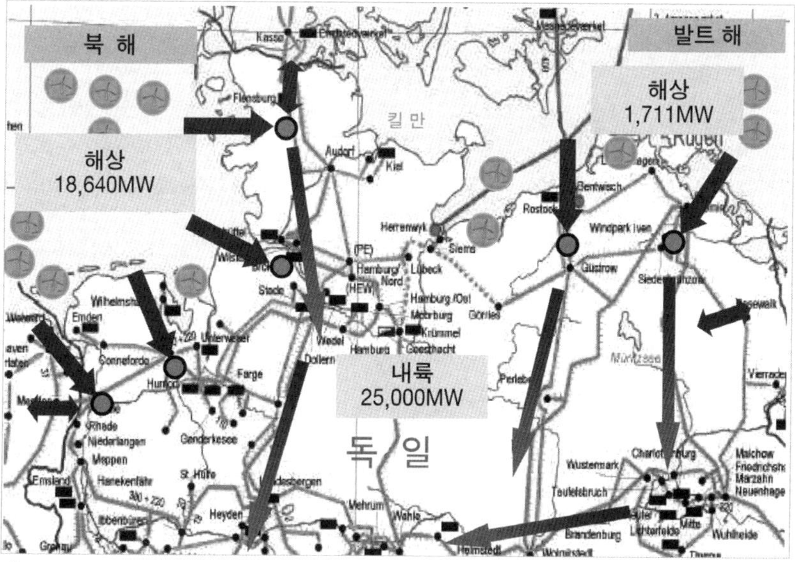

자료: Erlich(2010).

오매스 원료를 식량으로 이용할 수 있는지에 대한 윤리적 논쟁이 가세했다.

EU는 각종 에너지 생산 시설에 대한 환경 피해, 인체의 건강 피해, 재산권 피해 등을 화폐 가치로 표현하는 외부비용 연구를 수차례 진행했다. 2003년 진행된 연구에 따르면, 독일 재생가능에너지 시설의 외부비용은 각각 태양광발전 0.6유로센트/kWh, 풍력발전 0.05유로센트/kWh, 바이오매스 3유로센트/kWh로 조사되었다(European Communities, 2003).

3) 새로이 등장한 갈등 사례

독일은 최근 들어 재생가능에너지와 관련해 새로운 갈등을 경험하고 있다. 내륙과 해상에 대규모로 건설될 풍력발전단지를 위한 대용량 송전망 건

그림 36 **독일의 대용량 송전망**

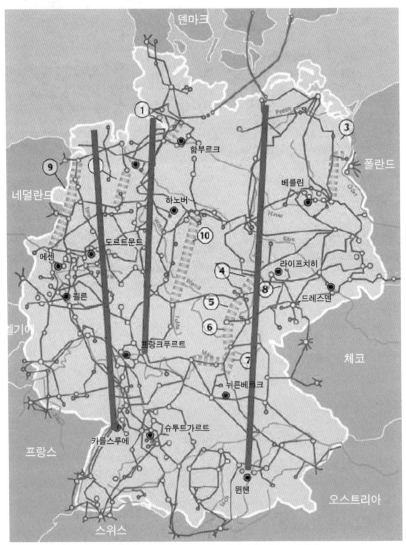

*굵은 직선으로 표시된 것이 향후 신·증설이 요구되는 대용량 송전망 구간이다.
자료: Erlich(2010).

고압 송전망의 지중화를 요구하는 선전물
© Bürgerinitiativen Pro Erdkabel NRW

설에 대한 지역 주민의 반대가 그것이다.

독일 에너지청에 따르면 2015년까지 딜레 - 니더라인Diele-Niederrhein 구간 200km, 발레 - 메클라르Wahle-Mecklar 구간 190km의 송전망 건설이 필요하다 (Schörshusen, 2010). 그러나 송전망 건설이 예정된 지역 주민의 반대가 매우 격렬한데, 이들은 가공 송전망을 대신해 경관이나 건강 피해가 상대적으로 적은 지중 송전망 건설을 대안으로 제시하고 있다.

2. 사회적 갈등 해결을 위한 사회적 수용성 확대 전략

1) 송전망 갈등을 위한 대안 모색

신규 대용량 송전망 건설을 둘러싼 갈등은 새로운 송전망 건설 계획 과정에서 시작되었다. 충분한 정보를 사전에 제공하지 않은 채 일방적으로 계획을 수립한 것이 지역 주민의 거센 반대를 불러일으킨 것이다. 독일의 한 환경연구소가 해당 지역 주민, 주민조직, 시장, 계획 담당 부서, 환경단체, 전력망 운영회사 등 총 450명을 전화인터뷰 방식으로 심층 인터뷰한 연구[*]에

그림 37 계획 단계에서 나타난 소통의 한계와 대안

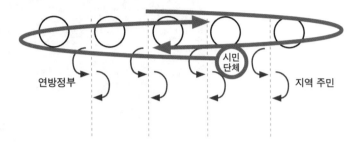

*연방정부(왼쪽)와 지역 주민(오른쪽) 사이에 여러 층의 장벽이 있다. 이 때문에 소통이 자유롭게 이뤄지지 않아 정책 결정 과정에서 투명성이 저해된다. 정부와 지역민, 그리고 사이에 존재하는 다양한 계층이 소통할 수 있는, 장벽을 제거한 체계를 대안으로 제시했다.
자료: Zoellner and Rau(2010).

따르면, 현재 갈등을 겪고 있는 지역의 약 20%에 해당하는 주민은 고압 송전망 건설 계획 자체를 몰랐던 것으로 나타났다. 또한 송전망 건설 주체들의 '장막전술'로 인해 지역 주민은 정치적 결정에 대해 신뢰하지 않는 것으로 나타났다. 계획 과정의 투명성을 증대시키기 위해서는 소통communication 이 필요함을 결론으로 밝히고 있다.

전반적인 지역 수용성을 높이기 위해 해당 지역에 경제적인 혜택이 돌아갈 수 있도록 지역에 기반을 둔 기업을 참여시키는 방안도 대안으로 제시되었다. 반면 계획 초기 단계에서 지원금을 통해 지역 주민을 설득하는 방법은 좋은 전략이 아니라고 권고한다. 조사에 참여한 지역 주민 86%는 현재 독일 정부가 법으로 정한 계획단계 이전에 지역 주민의 의사를 조사하는 것이 필요하다고 답하고 있다.

이 연구의 최종 결론은 ① 지속가능성(경제적, 환경적, 사회적)에 입각한 균

■ 연구 내용은 Zoellner and Rau(2010) 참조.

형 잡힌 계획 기준 필요, ② 자연, 환경, 보건과 관련한 기술적 검토, ③ 네트워크 구성을 통한 다양한 의견 교환, ④ 현재의 법적 규정의 미비점 보완을 들었다. 앞서 언급한 정책적인 대안과는 별개로 기술적인 측면에서 흥미로운 것은 스마트 그리드 도입이 제안되었다는 것이다. 즉, 현재의 기계적인 송배전 시스템에서는 새로운 대용량의 송전망이 필요하지만, 생산과 소비가 지능적으로 조절될 수 있는 스마트 그리드의 도입이 현재와 같은 갈등을 어느 정도 예방할 수 있다는 것이다.[*]

2) 재생가능에너지 시민 수용성 연구[**]

독일 환경부는 2008년 7월 1일부터 2010년 6월 30일까지 재생가능에너지의 시민 수용성 증진 방안에 대한 연구를 실시했다. 이 연구는 재생가능에너지의 장기적인 보급을 유도하기 위해서는 시민들의 적극적인 호응이 반드시 필요함을 인지하고, 어떻게 하면 시민의 수용성을 증진시킬 수 있는가에 초점이 맞추어져 있다. 흥미롭게도 재생가능에너지 보급의 선두 국가인 독일에서도 시민 참여에 관해서는 그리 다양한 전략이 개발되지 못했다는 것이 연구가 시작된 배경이다.

시민들이 재생가능에너지를 반대하는 이유는 크게는 ① 재생가능에너지 기술에 대한 불신, ② 설치 지역 주민들의 반발, ③ 설계 과정에서의 투명성

---

[*] http://www.duh.de/pressemitteilung.html?&tx_ttnews%5Btt_news%5D=2304 참조.

[**] 'Erneuerbare Energien −Akzeptanz durch Beteiligung? - Abschlussveranstaltung des Projekts 〈Aktivität und Teilhabe −Akzeptanz Erneuerbarer Energien durch Beteiligung steigern〉' Berlin, Germany. June 8, 2010. 발표자료 참조. http://www.fg-umwelt.de/akzeptanz/.

부족을 들 수 있다. 수용성을 높이기 위해서는 우선 참여자들(여기서는 지역 주민)에게 ① 경제적인 이득, ② 환경 또는 후세를 위한 의미, ③ 새로운 것을 배우는 재미, ④ 프로젝트에 스스로 참여해서 얻을 수 있는 결과에 대한 정보를 제공해야 하는데, 이를 위해 요구되는 것은 ① 투자자들과의 유기적 결합, ② 전망과 이해력 제고, ③ 경험의 교환·상호 교육, ④ 아이디어의 개발, ⑤ 효율적인 조직의 구축이 필요하다.

재생가능에너지 보급에서 해당 지역 주민들의 수용성을 높일 수 있는 가장 좋은 방법은 새로이 건설될 재생가능에너지 시설에서 발생하는 이익이 해당 지역으로 환원될 수 있도록 준비하는 것이다. 독일의 많은 지역에서 시행하고 있는 지역 주민이 발전 사업에 직접 투자하는 방식이 좋은 모델이다. 이를 강화하기 위해 ① 더욱 분명한 절차와 얼개를 개발하고, ② 기후변화 등 중요한 사회적 이슈를 결부시키며, ③ 해당 지역을 대상으로 더욱 구체적인 정보를 시민들에게 제공하고, ④ 강력한 지역 내 파트너를 발굴, 프로젝트에 결합시키며, ⑤ 지역사회의 복지에도 이득이 돌아갈 수 있도록 디자인하는 것이 필요하다고 연구 결과는 지적하고 있다.

3. 독일의 재생가능에너지 프로젝트와 시민 수용성 확대 사례

1) 슈타인푸르트 에너지자립 2050 프로젝트[■]

슈타인푸르트는 독일 서부 노르트라인베스트팔렌 주에 속한 지역으로 총

■ 이하 Rademacher(2010) 참조.

면적 1,792km²에 인구 44만 5,000명이 거주하는 24개의 중소도시 연합체다. 농지는 전체 면적의 58%인 1,040km²이고 숲은 14%인 250km²에 달한다. 이 지역의 의제21Agenda 21에서는 세 개의 중점영역(지속가능성, 네트워크를 활용한 협력, 참여와 혁신)과 총 여덟 개의 실행계획(기후보호와 기후변화, 재생가능에너지와 에너지 효율, 재생가능 자원, 기업 환경 보호, 농촌 개발, 인구 구조 변화, 지역 마케팅, 환경교육)을 설정, 이를 지역적, 분산적, 그리고 이산화탄소 중립적으로 시행하겠다고 밝히고 있다.

2009년부터 2012년까지 시행 중인 기후보호 프로젝트는 다양한 영역이 통합적으로 이루어진 콘셉트로, 기후보호와 경제, 바이오에너지, 수송, 행정 및 운영, 교육 등이 종합적으로 연계되어 있다. 에너지자립 2050 프로젝트 Zukunftskreis Steinfurt-Energieautark 2050는 이 프로젝트의 핵심 사업으로 기후보호와 경제 영역의 중심을 이룬다.

그림 38 **슈타인푸르트 통합적 기후보호 콘셉트**

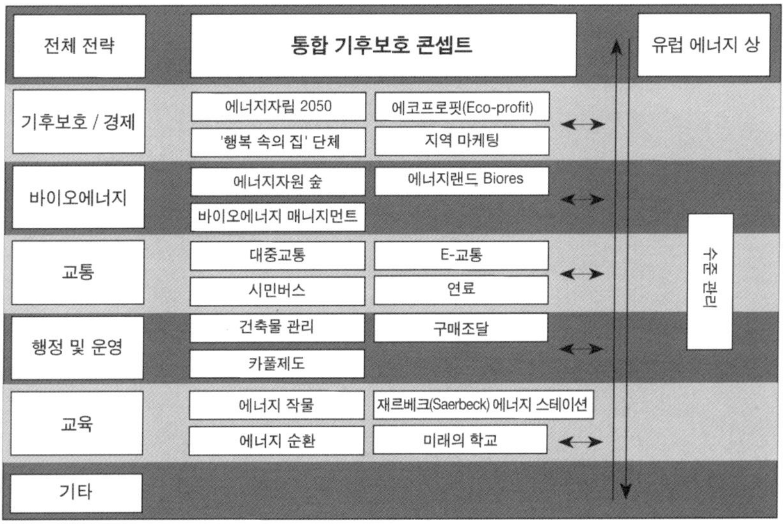

전체 전략	통합 기후보호 콘셉트		유럽 에너지 상
기후보호 / 경제	에너지자립 2050	에코프로핏(Eco-profit)	
	'행복 속의 집' 단체	지역 마케팅	
바이오에너지	에너지자원 숲	에너지랜드 Biores	
	바이오에너지 매니지먼트		
교통	대중교통	E-교통	수준 관리
	시민버스	연료	
행정 및 운영	건축물 관리	구매조달	
	카풀제도		
교육	에너지 작물	재르베크(Saerbeck) 에너지 스테이션	
	에너지 순환	미래의 학교	
기타			

에너지자립 2050 프로젝트는 노르트라인베스트팔렌 주에서 실시 중인 '에네르기.노르트라인베스트팔렌Energie.NRW' 프로그램의 일환으로 총 70만 유로의 예산이 투입되어 뮌스터 대학, 뮌스터 기술대학과 지역공동체가 공동 주체가 되어 진행하는 사업이다. 2010년 현재 이 지역은 연간 1조 4,000억 유로를 에너지 비용으로 지출하고 있다. 이 중 10%만이 이 지역에서 생산되는 에너지 비용이며, 나머지는 지역 외부로 빠져나가고 있다. 이 프로젝트의 최종 목표는 2050년까지 에너지 자립을 이루는 것으로, 과도기 목표로서 향후 10년 내에 지역 에너지 자립도를 10%에서 30%까지 끌어올린다는 것이다.

이 프로젝트의 목표는 에너지 자립이다. 이를 통해 자연스레 지역의 마케팅 효과를 증대시키고 지역의 부가가치를 상승시킬 것으로 전망하고 있다. 더불어 지역공동체 공통의 비전을 실현시키는 과정에서 개별적인 다양한 아이디어와 계획을 망라해 지역공동체의 경제적 이득으로 연결시킨다는 것이다. 지역 은행을 비롯해 에너지 기업, 다양한 영역의 기업이 이 프로젝트에 참여하고 있는데 현재까지 이들 기업으로부터 14만 1,000유로의 투자와 협력을 끌어냈다. 지역 에너지 관리를 위한 조직을 설립, 발전 중인데 이 조직은 ① 참여자의 네트워크를 구성·확장시키고, ② 소비자, 생산자, 서비스 등 시장 잠재력을 분석하며, ③ 시장의 장애요인을 제거하고 극복할 수 있는 툴을 개발하며, ④ 지식과 혁신을 전파하고, ⑤ 마케팅, 캠페인, 프로젝트 홍보 등을 진행하고, ⑥ 지역 에너지 관리를 촉진하도록 견인하는 역할을 담당한다.

또한 시장 개발을 위해 지역의 재생가능에너지 기업들과 함께 이들의 부가가치 신장을 위해 노력하고 있다. 참여하는 재생가능에너지 기업들은 에너지 효율, 전기에너지, 열에너지, 수송 부문으로 나뉘어서 연 3~4회의 정례

회의를 갖는다.

에너지 효율화와 관련해서 공공건물과 개인주택을 대상으로 에너지 소비 데이터 취합 및 분석, 데이터의 시각화를 추진하고 있는데, 이를 위해 비교 가능한 환경 리포트 작성, 건축물 에너지 기준 개발 등을 진행하고 있다.

또한 풍력에너지 활용을 장려하기 위해 풍력발전 우선지역 선정과 신규 대용량 발전기로 교체repowering, 풍력전력의 저장과 기상예측 등을 시행하고 있다. 발전기 교체는 시장 가능성이 충분하다는 것이 이 프로젝트를 진행 중인 시의 판단이다. 현재 이 지역에는 평균 1기당 1MW 풍력발전기 250 기가 설치되어 연간 2,000시간 가동으로 50만MWh의 전력을 생산하고 있다. 이 중 약 80%인 200기의 풍력발전기를 3MW로 교체할 경우 총 600MW 설비에서 연간 120만MWh의 전력을 생산할 수 있다. 이는 전체 수입이 두 배 또는 세 배가량 증가한다는 것을 의미한다.

2010년 4월부터 '클리마 굿브리프Klima Gutbrief'라는 사업을 추가로 시행 중인데, 지역 내 생태적으로 가치 있는 프로젝트에 누구나 참여할 수 있도록 문호를 개방한 일종의 투자 상품이다. 여기에 더해 풍력에너지나 태양에너지 프로젝트 개발을 위한 관리 투자 기업을 설립할 계획이다. 또한 지역 전력회사를 통해 공급되는 청정 전력에 지역 특유의 상표를 개발해 이를 활용할 계획이다.

지역에서 지역에 필요한 전체 에너지를 생산하는 에너지 자립 개념은 결코 쉬운 프로젝트가 아니다. 매우 다양하고 복잡한 장벽이 많지만 역설적으로 이는 엄청난 기회가 될 수 있다. 지역 에너지 자립을 위한 재생가능에너지 잠재량은 충분하다. 더불어 재생가능에너지의 이용과 활용은 지역 경제를 성장시키며, 이를 통해 슈타인푸르트 지역의 다양한 인적·물적 네트워크가 활발히 소통할 수 있을 것으로 예상된다. 또 이 프로젝트 진행을 통해 지

역 내 대학과 기업의 소통도 활발해질 것이다. 프로젝트의 개발과 혁신은
지역 경제와 지역공동체에도 매우 많은 이익을 가져다 줄 것이다.

2) 오버란트 에너지 전환 프로젝트[*]

그림 39 **오버란트 에너지전환 프로젝트
로고**

오버란트Oberland는 독일 남부 바이에
른 주 남단에 위치한 지역으로 오스트리
아와 접해 있으며 총면적이 약 2,000km²
다. 그중 52%가 산림이고 22만 명의 인
구가 거주하고 있다. 지리적 특성상 농
업은 거의 없고 축산업이 발달했으며,
독일 남단에 위치해 일사량이 우수하고
에너지 소비가 많은 산업이 없다. 관광
의 비중이 매우 높은 지역이다.

오버란트는 2035년까지 지역에서 필요한 모든 에너지를 지역의 재생가능
에너지원으로 공급받는다는 목표를 세웠다.

이 지역의 2004년 현재 연간 에너지 관련 총지출은 4억 6,700만 유로로,
교통 부문이 약 2억 유로로 가장 높고, 열(약 1억 5,000만 유로), 전기(약 1억
1,000만 유로)가 그 뒤를 잇는다.

오버란트의 에너지 전환 계획에 따르면, 2035년까지 2005년 에너지 소비
의 10%를 줄이고, 필요한 전체 에너지를 재생가능에너지로 공급받을 계획
이다. 전체 에너지의 양은 4,000GWh에 달할 것으로 전망하고 있다.

....

■ 이하 Raschake(2010) 참조.

그림 40 **오버란트의 연간 에너지 소비 현황**

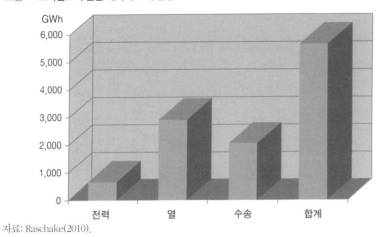

자료: Raschake(2010).

그림 41 **오버란트의 에너지 지출 현황**

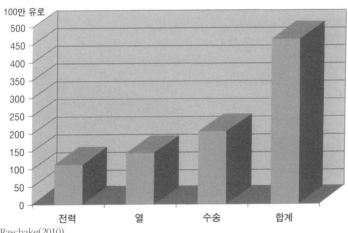

자료: Raschake(2010).

이 목표를 실현하기 위해 이 도시는 '오버란트 에너지전환 시민재단 Energiewende Oberland Bürgerstiftung(이하 '시민재단')'을 설립해 주민 모두를 참여 시킨다는 계획이다. 이 시민재단은 재생가능에너지 보급과 에너지 효율화

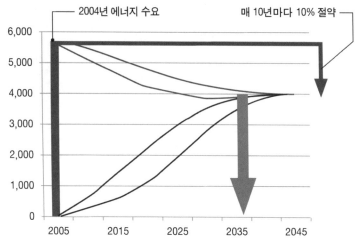

그림 42 **오버란트의 미래 에너지 소비와 공급 전망**

2004년 에너지 수요 　　　　매 10년마다 10% 절약

자료: Raschake(2010).

를 목표로 운영된다. 시민재단은 경제적·정치적으로 독립되어 운영되며, 다양한 프로젝트를 개발해 지원하고 주민과의 강력한 연대를 견인한다는 운영 방침을 갖고 있다.

2005년 10월 18일 창립총회에 86명의 발기인이 참여했으나, 2010년 1/4분기 현재 50명의 개인, 55개의 회사, 16개의 기관과 396개의 관련 기업을 대표해 총 159명이 참여하고 있다.

이 에너지 전환 프로젝트는 지역의 경제성장에 도움을 주고 있다. 부가가치가 상승함과 더불어 일자리도 늘어나고 있는데, 특히 엔지니어와 중소기업의 성장, 유관 기업과의 네트워크 촉진, 재생가능에너지와 관련한 직업 훈련 등을 통해 더욱 구체적인 효과로 나타난다.

시민재단은 주로 에너지 정책 제안 및 지역 내 시민 참여 유도, 에너지 전환에 관한 시민 인식 전환을 위한 새로운 아이디어의 개발과 제안, 에너지

그림 43 **오버란트 에너지전환 시민재단 참여 현황**

*짙은 색은 이미 시민재단에 참여한 지역을 표시하며, 옅은 색은 참여할 계획이 있는 지역을 말한다. 흰색은 참여하지 않는 지역이다.
자료: Raschake(2010).

이용의 효율화, 지역 내 재생가능에너지 개발, 각종 이벤트와 캠페인을 통해 시민에게 구체적인 정보 제공, 다양한 정보 개발과 공유를 위한 네트워크 형성을 중심축으로 활동하고 있다. 이러한 활동의 얼개는 ① 정책적 지원 유도 → ② 지역 주민의 인식 개발 → ③ 경제적 이익 강화 → ④ 시민의 참여를 통한 정치영역 개방 → ⑤ 다양한 영역과 협력 → ⑥ 시민의 참여 순서로 이어지도록 마련되었다. 활동 목적은 지역 내 경제 발전의 초석을 마련함과 동시에 성공적인 미래상을 건설하는 데 있다.

결국 이 프로젝트의 성패는 시민들의 참여 정도에 달려 있다고 요약할 수 있다. 이를 위해 하위 기초단체에서는 네 가지의 접근법을 구사하는데,

① 기초단체에서의 에너지 전환 의지 수용, ② 시민재단에 참여, ③ '지역 패키지"' 실행, ④ 지역 스폰서 발굴을 통해 해당 기초 단체가 이 프로젝트에 적극적으로 결합할 수 있도록 노력하고 있다. 경영적 측면에서 프로젝트의 효율을 높이기 위해 시민재단 산하에 '에너지전환 투자회사Energiewende Oberland Beteiligungsgesellschaft'를 설립하고, '바이오에너지유한회사'와 '에너지전환유한회사'를 부문별 전문기업으로 설립해 운영하고 있다.

이 프로젝트를 실현시키는 구체적인 사업으로는 ① 노동조합을 포함한 환경보호 단체 등 대중조직과의 다양한 교류, ② 태양에너지 컨퍼런스, 홈커밍데이, 지역 축제와 유기농 시장 지원, 에너지 심포지엄 등을 포함한 다양한 행사 개최, ③ 팸플릿, 브로슈어, 안내판 등을 통한 홍보 등을 진행하고 있다. 또한 오버바이에른Oberbayern 에너지 학교, 에너지 교육상 제정, 바이오에너지마을 프로젝트, 전문 직업 교육 등에 집중적으로 재정적 투자를 하고 있다.

4. 시사점

재생가능에너지는 에너지 위기를 극복할 수 있는 유일한 에너지원이라 할 수 있다. 그러나 재생가능에너지의 무분별한 확대는 지역민과 환경단체의 반대에 직면할 수 있다.

....
■ 두 차례의 강연과 전시회를 포함한 킥오프kick-off 이벤트, 지역 자문위원회 구성, 프로젝트 지원, 시민 대상 지원, 네트워크 구축을 말한다. 이를 비용 부담 없이 추진하기 위해 지방자치단체의 에너지 관련 전문가, 에너지 관련 기관의 전문가 네트워크, 자원봉사자·후원자들이 적극 참여하고 있다.

재생가능에너지의 더욱더 안정적인 확대를 위해서는 다양한 측면을 고려한 시민 수용성 증대 노력이 필요하다. 사업 계획 단계에서는 정부의 법률적 장치를 활용해 사업과 관련한 정보를 해당 지역 주민뿐 아니라 관련 이해당사자에게 공개해야 하며, 각종 의사 결정 과정에 관련된 모든 이해당사자가 참여해 그들의 의견이 계획 단계에 반영되어야 한다. 사업이 진행되는 데에는 사업에 따른 경제적 이득이 지역공동체 또는 지역 주민에게 환원될 수 있도록 고려되어야 한다. 기준가격매입제도는 이를 가능케 하는 정책적 장치다.

더불어 해당 지방자치단체가 나서서 다양한 형태의 재생가능에너지 보급을 꾀하는 프로젝트를 기획해, 주민에게 정보뿐 아니라 직접 사업에 참여할 수 있는 기회를 제공해주는 것도 매우 필요할 것이다. 이는 지역 주민의 재생가능에너지에 관한 수용성 증대와 지역 브랜드 창출, 지역 산업과 고용 창출, 그리고 지역의 에너지 의존도를 줄이는 경제적 효과로 이어질 것이다.

통일의 상징에서
기후변화의 모범도시로
베를린의 기후 에너지 정책[*]

1. 기후변화와 도시 - 가해자이자 피해자

지난 100년간 지구의 평균 온도는 0.6°C 상승했다. 계속되는 지구 온난화를 막지 않으면 2100년 지구 평균온도는 최대 6.4°C까지 상승할 것으로 전망된다. 이는 공멸을 의미한다.

지난 2009년 코펜하겐에서 열린 기후회의에서 교토의정서 이후의 구속력 있는 협약을 이끌어내지는 못했지만, 이 회의에 참여한 세계 정상들은 이른바 '2도 목표'에 합의했다. 기후학자들에 따르면 지구 온도가 2°C 상승할 경우 이는 지구 생태계가 감당할 수 있는 수준이라고 한다. 그러나 이 목표를 달성하기 위해서는 전 세계적인 엄청난 노력이 필요하다. 2050년까지 1990년 온실가스 배출 수준의 절반을 줄여야 하기 때문이다. 개발도상국의 발전

■ 기후보호 정책과 관련 수치는 Senatsverwaltung für Gesundheit, Umwelt und Verbraucherschutz(2011)을 인용.

속도를 고려한다면 이미 온실가스 배출에 큰 책임이 있는 선진국들은 자신들의 배출 수준의 무려 80%를 줄여야 한다는 것이다. 햇수로는 앞으로 40년 정도 남았지만 전문가들은 앞으로 10년에서 15년이 고비라고 얘기한다. 그 시간 동안 온실가스 감축을 위한 변곡점을 만들어야 하기 때문이다. 지구온난화에 따른 기후변화는 한번 시작되면 멈추게 만드는 것이 불가능하다는 것이 기후 전문가들의 경고다.

기후보호는 특히 오늘날 세계 모든 도시의 주요 정책이슈라 할 수 있다. 세계 어느 나라가 되었든 도시는 온실가스 배출의 주범이다. 전 세계 에너지의 80%가 도시에서 소비된다. 그러므로 온실가스 감축을 위해서는 도시의 역할이 매우 중요하다. 동시에 도시는 기후변화의 피해자이기도 하다.

2. 기후변화

수도이자 인구 350만의 독일 최대 도시 베를린, 아스팔트와 녹지가 잘 조화된 이곳에서도 기후변화의 양상이 구체적으로 목격되고 있다. 겨울은 점점 온화해지고 습해진다. 여름은 뜨겁고 더 건조해진다. 1994, 2003, 2006년의 폭염으로 많은 수의 노약자가 사망했다. 열파熱波가 사람의 생명을 빼앗는다는 것을 이 기간 갑작스레 증가한 사망자 수가 증명하고 있다.

또 호흡기 질환을 일으키는 돼지풀Ambrosia artemisiifolia과 같은 건강에 해로운 독초가 기온상승으로 베를린 녹지에 급속도로 퍼지고 있다. 더운 여름철 지표수의 빠른 증발은 유량 감소와 수질 악화로 이어지고 있다.

기후 전문가들의 예측에 따르면 베를린에서는 2025년까지 최대 1.7℃, 2055년까지 2~3℃의 평균기온이 상승할 것이라고 한다. 게릴라성 폭우와

폭설의 빈도는 증가할 것이지만, 전체적인 강우량은 줄어들 전망이다. 이 결과 지하수의 13%가 줄어들 것으로 예측된다.

3. 기후보호 정책

베를린은 기후변화 속도를 낮추려는 노력과 더불어 게릴라성 폭우, 열 폭풍과 같은 기상이변에 대응해야만 하는 상황이다. 베를린 시가 택한 전략은 기후변화를 완화mitigation하고 적응adaptation하기 위한 통합적인 접근이다.

베를린은 지난 1990년부터 독일 도시 중 가장 빠르게 에너지와 기후보호 정책을 추진하고 있다. 1990년 10월, 베를린 시는 「베를린에너지절약법 Berliner Energieeinspargesetz」을 제정했다. 1992년에는 독일 최초의 '에너지 콘셉트'를 만들었고, 베를린에너지청Berliner Energieagentur을 설립했다. 1994년부터는 구체적인 시의 기후보호 정책을 담은 에너지 프로그램을 주기적으로 발표하고 있다. 기후보호 정책의 특징은 구체적인 온실가스 배출 저감 목표와 법률적인 강제, 각종 지원정책, 시민 참여가 적절하게 잘 조화되어 있다는 것이다.

베를린은 다양한 기후보호 프로그램과 「베를린에너지절약법」을 바탕으로 기후보호 콘셉트를 마련했다. 이에 따르면 베를린은 2020년까지 1990년 온실가스 배출 기준으로 40%, 2030년까지 50%, 2050년까지 85% 이상 절감한다는 계획이다. 그뿐 아니라 기후변화 적응 프로그램을 통해 베를린이 더는 기후변화에 피해를 입지 않도록 앞서 조치하겠다는 것이다. 기후보호 정책의 주요 요소들을 살펴보자.

그림 44 베를린 시의 기후보호 정책 추진도

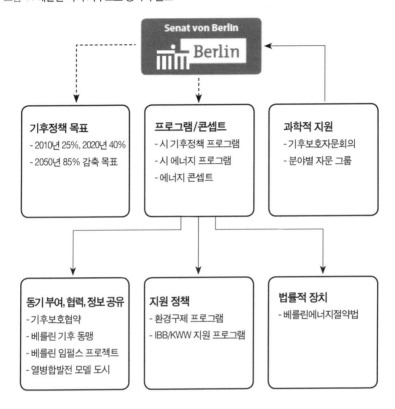

「베를린에너지절약법」

베를린은 새롭게 조성되는 신도시가 아니라 모든 것이 갖춰진 '이미 완성된' 도시다. 베를린 기후보호 정책은 기존 건축물과 인프라를 어떻게 에너지 효율적으로 개선하고 운용하는가에 맞춰져 있다. 「베를린에너지절약법」의 시행으로 기존 건축물의 난방시스템 개선과 재생가능에너지 이용 확대가 추진되고 있다.

베를린 2050 비전

장기 목표로서 '베를린 기후정책 2050 비전'을 마련했다. 이에 따르면, 2050년 모든 전력은 재생가능에너지로 생산되고 이미 지은 기존의 건축물 전체에 에너지 효율개선 리노베이션을 진행해 극히 적은 에너지만 소비하도록 한다는 것이다. 모든 주택은 지역난방으로 온수와 난방을 공급받게 된다. 1990년 온실가스 배출대비 85%를 줄이는 것을 목표로 한다.

에너지 프로그램

시의 에너지 프로그램은 「에너지절약법」과 베를린 에너지 콘셉트에 명시된 에너지와 기후보호 정책을 공고히 하는 데 그 목적이 있다. 2006년부터 2010년까지 진행된 제1기 프로그램이 에너지 절약과 환경친화적인 에너지원의 지속가능한 공급에 초점이 맞춰져 있었다면, 앞으로 진행될 기후보호 프로그램*에는 지금까지의 활동을 더욱 견고히 하는 온실가스 저감 대책을 비롯해 기후변화로 인한 피할 수 없는 악영향에 어떻게 하면 잘 적응할 것인지에 관한 대응책이 포함될 것이다. 기후도시개발 프로그램 Stadtentwicklungsplan Klima은 적응 정책의 좋은 사례인데, 베를린의 기후변화 적응을 돕기 위한 지구단위 개발 계획의 가이드라인이 제시되어 있다.

기후정책 프로그램

2008년 베를린 시는 기후보호를 시정의 우선순위로 설정했다. 시의 모든 부서는 각자의 업무를 기후보호와 연계해 통합적으로 추진해야만 한다. 기

■ 2011년 현재 에너지 프로그램 1기 사업은 종료되어 그 결과를 평가하는 단계이다. 2기 부터는 베를린 기후 보호프로그램으로 통합되어 진행될 예정이다.

후정책 프로그램은 매우 구체적인 정책 목표와 시의 다른 행정조직과의 협력을 위한 역할을 규정하고 있다.

지원 정책

독일 연방정부와 베를린 시에서 제공하는 다양한 지원 프로그램이 있는데, 특히 기후 친화적인 건축물 건설, 리노베이션에 집중적으로 투자된다.

베를린 시의 중앙 재정은행인 베를린투자은행Investitionsbank Berlin: IBB은 연방정부의 지원 프로그램이 더욱더 활발하게 진행되는 것을 돕기 위해 추가 재정 지원을 하고 있다. 에너지 효율화 개보수를 위한 연방정부의 저금리 융자에 더해 베를린투자은행이 추가적인 금리 우대 인센티브를 제공하는 것이다. 이 은행 홈페이지www.ibb.de에서는 연방정부·시정부가 제공하는 에너지 효율화 사업의 다양한 금융 지원 정보를 제공하고 있다.

환경구제 프로그램(Umweltentlastungsprogramm)

이 프로그램은 기후보호 정책의 실행에서 가장 중요한 역할을 담당한다. 2000년부터 2006년까지의 1차 지원 시기 총예산 1억 2,700만 유로의 59%의 지원금이 기후보호와 에너지 효율화 프로젝트에 사용되었다. 현재의 2007~2013년 제2기 전체 예산 1억 5,100만 유로에서 에너지 효율화 사업의 비중은 계속해서 증가하는 추세다. 수많은 학교, 유치원, 장애인 편의시설, 여가시설이 1차 지원 시기에 재정 지원을 받아 건축물 개선사업을 진행했다. 100년 전에 지어진 길이 60m, 폭 30m, 높이 23m의 세계에서 가장 큰 유리온실인 베를린 자유대학 식물원이 이때 에너지효율화 리노베이션을 진행했는데, 이전과 비교해 에너지 소비를 절반으로 줄이는 성과를 거뒀다.

2기의 중점 분야는 환경기술의 연구와 개발이다. 기후변화에 대응하기 위해서는 환경기술의 적용이 절실하다는 것을 베를린 시가 깨달은 결과라할 수 있다. 9,000만 유로는 재생가능에너지 보급, 에너지 효율화 개선사업, 온실가스 감축사업에 집행되고 있다.

베를린에너지청

베를린에너지청은 베를린 시의 제안으로 1992년 설립되었다. 이 기구는 베를린의 에너지 절약 잠재력을 개발하고 재생가능에너지 이용을 촉진하는데 초점을 맞추어 시와는 독립적으로 운영된다. 에너지 절약 콘셉트를 개발하고 각종 정보 안내 캠페인, 개인 주택의 에너지 효율화 프로젝트를 집행한다. 시민들에게 다양한 실제 사례를 제공하기 위해 자체 열병합발전기와 태양열, 태양광 시설을 갖추고 있다.

베를린기후동맹(Berliner Klimabündnis)

베를린 기후정책의 필수 전략으로, 베를린의 경제성장과 기후보호를 동시에 달성하기 위한 시와 민간기업 간의 협력 사업이다. 2008년부터 온실가스 배출 규모가 큰 베를린 관내의 사업장은 시와 베를린기후동맹을 맺어 기후보호 목표를 달성하기로 뜻을 같이했다. 이 동맹의 회원들은 2020년까지 1990년 기준 40% 이상의 온실가스 감축을 결의했다. 기업들이 스스로 자신들의 책임을 다하겠다는 뜻이다.

베를린기후보호협력(Klimaschutzvereinbarungen)

에너지 공급사, 주택회사, 민간단체가 온실가스 감축에 뜻을 모았다. 이들은 베를린 기후보호협력이라는 이름 아래 자발적으로 모였다. 이 협력은 강제적인 감축의무가 따르는 기후보호 파트너십의 예비단계라 할 수 있다.

협력에 참여한 기업·기관으로는 베를린 동물원, 베를린 시영 청소회사, 베를린 수도사업소, 베를린 시영 수영장, 베를린 - 브란덴부르크 주택조합협회 등이다.

기후보호자문회의

전문가 의견 청취를 위한 독립적인 기구로 기후보호자문회의Klimaschutzrat 가 지난 2007년 출범, 베를린 환경부에 조언을 제공하고 있다. 매우 구체적이며 전문적인 내용, 예를 들면 각기 다른 여섯 가지의 온실가스를 감축하는 전략, 기후변화에 따른 다양한 피해에 적응하는 전략개발 등이 자문회의에서 다루어진다.

참여와 정보 공유

기후보호는 일상적인 삶 모든 것과 관련되어 있다. 베를린은 관내의 모든 산업체와 다양한 공동체를 기후보호와 관련해 통합시키는 데 역량을 집중하고 있다. 기업과 기관이 참여하는 기후보호협력과 기후동맹뿐 아니라, 시민 일반을 대상으로 한 정보 제공 프로그램인 '베를린 임펄스Berliner ImpulsE' 프로젝트와 '베를린 에너지의 날 행사Berliner Energietage' 등을 통해 기후보호와 관련한 다양한 정보를 공유함과 동시에 베를린 시의 다양한 지원정책의 세부 내용을 시민들에게 알려나가고 있다.

4. 세부 사업내용

베를린에서 온실가스를 가장 많이 배출하는 분야는 화석에너지원으로 열

2011년 베를린 에너지의 날 행사
전시부스를 찾은 시민들의 모습
자료: Berliner Energieagentur.

과 전기를 생산하는 에너지 생산 분야와 가정, 상업, 서비스 분야다. 에너지 소비로만 봤을 때 베를린의 지리적 특성상 가정, 상업, 서비스 시설이 입주해 있는 건물의 에너지 소비가 가장 많다. 시 전체 에너지의 3분의 2, 또는 4분의 3이 건축물에서 쓰이는데, 이 중 80% 이상이 난방과 관련되어 있다.

표 11 베를린의 분야별 최종 에너지 소비(2005년 현재)

구분	교통	가정	상업/서비스	제조업
비율(%)	25	27	43	5

주택 에너지 효율화 개선 사업

즉 베를린 온실가스 배출의 약 50%는 건축물 난방에서 발생한다고 할 수 있다. 달리 얘기하면, 건축물 에너지 소비를 줄일 수 있다면 많은 양의 온실가스 감축이 가능하다는 것이다. 이런 이유로 베를린에서는 단열과 난방시스템 현대화에 집중적인 투자가 이뤄지고 있다.

또 다른 측면은 세입자 복지와 관련되어 있다. 베를린의 경우 특히 임대주택의 에너지 효율을 증가시키는 것이 중요하다. 350만 명의 베를린 시민 중 약 85%가 임대주택에서 생활하고 있는데, 이들 세입자 중 많은 수가 독일 평균임금보다 소득수준이 낮은 상황이다. 반면 임대주택의 특성상 집 주인은 에너지 효율화에 별 관심이 없다. 에너지 가격이 계속해서 올라가는 현실은 많은 수의 세입자의 주머니 사정을 더더욱 어렵게 만들고 있다. 주택의 에너지 효율 개선사업은 세입자의 경제적 부담을 줄여주는 복지사업으로 역할을 하고 있다.

재정적인 지원정책으로는 베를린 환경구제 프로그램이 있는데, 민간 또는 비영리 민간단체는 이 프로그램의 자금 지원을 받아 건축물 에너지 개선에 참여할 수 있다.

베를린이 기후정책을 도입한 지난 1990년부터 건축물 개선사업이 시작되었다. 베를린에는 약 27만 3,000가구의 아파트 단지가 있는데 현재까지 이 중 절반인 약 13만 세대에 개선작업이 진행되었다. 보수작업을 완료한 아파트는 1990년 에너지 소비의 절반인 단위면적당 연 80kWh의 에너지만을 필요로 한다. 아파트가 아닌 오래된 일반주택의 약 3분의 1도 연방정부 개발은행인 KfW와 베를린 시의 자금 지원으로 에너지 개선사업을 진행했다.

난방시스템은 1990년 이래로 상황이 완전히 바뀌었다. 1990년 40만 가구가 석탄 오븐으로 난방을 했지만, 2005년 그 수는 6만 가구로 줄어들었다. 같은 기간 천연가스를 이용하는 난방시설은 두 배 증가했다. 공공기관은 에너지절약 파트너십을 통해 연간 290만 유로(약 45억 원)의 에너지 지출 비용을 절약하는 데 성공했다.

지역난방과 열병합 모델도시

지난 20년간 베를린은 더욱 효과적인 에너지 변환 기술에 과감하게 투자했다. 지역난방이 좋은 사례다. 베를린은 1,500km 길이의 지역난방 배관망과 5,200MW 규모의 시설을 갖춘, 서유럽 도시 중 가장 규모가 큰 지역난방

베를린 슈판다우어담 다세대주택에
설치된 열병합발전기
© 염광희

이용 도시로 발전했다. 또한 소형 열병합발전기 보급으로 온실가스 배출을
현저하게 줄이고 있다. 기존 발전소는 에너지원의 30~40%만을 전력으로 변
환하고 나머지 60~70%의 에너지는 폐열로 버리는 시스템이다. 이 열을 잘
모아서 난방에 이용하는 방식이 바로 열병합발전인데, 이 열병합발전기를
이용하면 열 생산에 필요한 에너지를 그만큼 줄일 수 있어 에너지원 절약이
가능하다. 현재까지 300개 이상의 소형 열병합발전기가 베를린 곳곳에서 건
물과 주변 이웃에 필요한 열과 전기를 직접 만들고 있다. 현재 베를린에서
소비되는 약 42%의 전기가 바로 이 소형 열병합발전기에서 만들어진다. 이
비율은 앞으로 60%까지 확대될 예정이다. 덕분에 100만 톤 이상의 온실가
스 저감이 기대된다. 또한 좀 더 크기가 작은, 단독주택에서 보일러처럼 사
용 가능한 초소형 열병합발전기도 본격적으로 보급될 예정이다. 베를린 최
대의 천연가스 공급회사인 GASAG는 수천 개의 초소형 열병합발전기 보급
계획을 마련했다.

　열병합발전기의 이용을 홍보하기 위해 다양한 분야의 전문가들이 함께
모여 정보제공 캠페인을 진행했다. '열병합발전 모델도시 베를린'으로 이름
붙은 이 캠페인은 지난 2009년 독일 정부 차원의 '독일, 새로운 아이디어의
나라' 행사에서 랜드마크 상을 받는 등 성공적인 사례로 인정받았다.

베를린 슈판다우어담 다세대주택에
설치된 태양광발전기
© 염광희

베를린을 위한 베를린에서 공급되는 재생가능에너지

2050년 베를린의 모든 전력은 재생가능에너지 발전시설에서 공급받겠다는 야심 찬 목표 달성을 위해 베를린은 재생가능에너지 보급 확대를 위해서도 다양한 정책을 추진하고 있다.

우선 공공 건축물의 지붕을 민간에 개방했다. 태양광발전소 건설에 관심 있는 누구나 이 지붕을 임대해 발전소를 건설할 수 있다.[*] 태양에너지 시설 데이터베이스 홈페이지[**]를 제작해 베를린 시내의 모든 태양광발전기, 태양열 온수기 정보를 관리하고 있다. 다세대 주택의 에너지 개선사업의 일부로서 태양에너지 이용을 장려하고 있으며, 수십 개의 베를린 관내 시립·사립 수영장에 태양에너지 이용을 지원하고 있다. 더불어 바이오매스 발전소, 지열, 풍력에너지 활용 등 다른 재생가능에너지원의 이용도 촉진하고 있다.

베를린은 여러 대학과 연구소, 기업체가 위치한 지리적 특성을 활용해 재생가능에너지 기술의 중심지로 발전한다는 계획이다. 통일 후 과거 동베를린 지역인 아들러스호프Adlershof에 22억 유로를 투입해 새롭게 과학기술단

....

■ 베를린 시청 홈페이지에서 태양광발전소 설치가 가능한 공공기관 지붕 정보를 볼 수 있다. http://www.berlin.de/sen/umwelt/klimaschutz/solardachboerse/index.shtml.
■■ http://www.solarkataster.de/.

지를 조성했는데, 이곳은 태양광 분야 관련업체와 대학, 연구소가 모여 있는 세계 유일의 '태양광 클러스터'로 평가받고 있다.

6. 사례 - 50년 된 아파트 단지의 새로운 변신

동서 베를린을 막론하고 1960~1980년대에 지어진 건축물의 에너지 효율은 그리 좋은 편이 아니다. 이 주택들의 개선이 중요한 이유는 기후변화 대응과 더불어 세입자들의 에너지 비용 부담을 줄여준다는 두 가지 장점 때문이다.

기존 건축물 개선을 위해 지난 2007년 건축주의 자발적 참여로 에너지 개선사업이 시작되었다. 베를린 주택의 40% 이상을 소유하고 있는 주택조합들의 협의체인 베를린 - 브란덴부르크 주택조합협회는 베를린 시와 기후보호협력에 서명했다. 당시 목표는 매우 파격적이었는데, 건축물의 단열, 지역난방과 재생가능에너지 이용으로 2010년까지 1990년 대비 30%의 온실가스를 줄이겠다는 것이었다. 단 3년간의 노력으로 이 목표는 성공적으로 달성되었다. 특히 26만 채 이상을 보유한 여섯 개의 대형 주택조합의 적극적인 노력으로 목표를 달성할 수 있었다. 협회의 통계에 따르면 40억 유로 이상이 이 개선작업에 투자되었고, 결과적으로 매년 63만 톤의 온실가스 배출을 줄였다고 한다.

유럽 최대 규모의 저에너지 주택단지

2008년 베를린의 한 주택조합인 GESOBAU는 시의 북쪽 끝자락에 위치한 매르키셰 피어텔Märkische Viertel 주택단지를 유럽에서 가장 큰 저에너지 주택

개선공사 중인 매르키셰 피어텔 아파트 단지
© 여용옥

단지로 재개발하겠다는 계획을 발표했다. 1965년부터 1968년 사이, 서베를린에 주택난이 심각했을 때 대규모로 조성된 이 단지에는 약 1만 3,000세대가 아직까지 거주하고 있다. 2015년까지 진행될 예정인 이 사업은 총 4,400만 유로가 투입되는 대규모 사업인데, 소요되는 비용은 에너지절약조례EnEV 2009에 명시된 에너지 효율 개선 지원금과 KfW의 에너지 효율화 대출 프로그램인 '효율주택 70KfW-Effizienzhaus 70'에서 저금리로 융자해 마련했다. 대출금은 세입자들의 월세 인상분을 모아 갚아나가는 방식이다. 기존 집세보다 1.3% 높은 임대료를 지불해야 하지만, 장기적으로 보면 세입자에게도 혜택이 돌아가는 사업임을 알 수 있다. 매월 부수적으로 지출해야 하는 에너지 비용을 절반 이상 줄여 경제적 혜택을 기대할 수 있고 매우 현대화된, 마치 새로 지어진 집에 사는 것과 같은 편리함을 누릴 수 있는 장점 때문이다. 이 조합의 홍보실장인 키르슈텐 후트만Kirsten Huthmann은 세입자들의 만족도가 매우 높아 개선사업에 반대하는 이가 단 한 명도 없다고 자랑하며, 막대한 규모의 대출금은 10년 이내에 상환이 가능할 것이라고 전망했다.

이 최대 규모 주택단지 개선사업은 2011년 가을 현재 5,000세대의 리노베이션이 완료되었다. 만 2년 동안 3분의 1 이상이 진행된 셈이다. 개선사항을 살펴보면 우선 열전도율이 매우 낮은 단열 창을 시공해 외풍을 완벽하게 차

이 아파트에서 40년 이상 사용된
효율 낮은 낡은 단열재
ⓒ 김해정

단하고, 외부에 노출된 베란다를 아파트 내부와 차단해 외부의 열이 내부로 전달되는 것이 불가능하다. 과거 수백 세대의 난방을 중앙의 단 한 곳에서만 계량하다보니 각 가구마다 낭비하는 경향을 보였던 것을, 개별 계량기 설치로 자신의 난방비 절약을 위해 자발적으로 아껴 쓰게 되었다. 또 효율 좋은 최신의 난방시스템을 설치해 열 손실을 줄였다. 이와 같은 작업으로 전체 열에너지 수요를 절반으로 줄이는 데 성공했다. 한 세대의 최종 에너지 소비를 살펴보면 개선 전에는 제곱미터당 연간 177.2kWh의 에너지가 소비되었는데, 개선작업 후에는 51.5kWh로 3분의 2 이상을 줄이는 데 성공했다. 온실가스 또한 과거 연간 4만 3,000톤에서 1만 1,000톤으로 3분의 2를 줄였다. 비단 에너지 시설만 개선된 것이 아니다. 주거단지 편의시설을 재배치해 모든 연령층이 다양한 사회활동이 가능하도록 고려했다. 지역 주민의 만족도가 높을 수밖에 없다.

지금까지 천연가스에 의존하던 지역난방의 에너지원을 바이오매스로 교체함으로써 이 주거단지는 독일 최초의 온실가스 중립적인 대규모 주거단지가 될 예정이다. 이 시설은 마르키셰 피어텔 주거단지와 주변 포함 총 3만 세대에 전기와 난방을 공급할 계획으로, 35억 유로가 투자되어 2012년 가을부터 가동에 들어간다.

이 프로젝트에서 시와 주택조합이 어떤 협력을 주고받았는지 살펴보는 것이 필요할 것이다. 계획 당시 베를린에너지청으로부터 적용 가능한 기술에 도움을 받았고, 「베를린에너지절약법」과 베를린 시의 기후보호프로그램에서 규정한 바와 같이 사업에 필요한 예산의 일부를 시에서 지원받을 수 있었다. 시에서 지원을 받는다는 것은 이 프로젝트가 그만큼 의미 있고 성공가능성이 있다는 징표로, KfW의 저금리 융자를 큰 어려움 없이 받게 된다. 이러한 기술 정보와 자금 지원은 1만

새롭게 태어난 50년 된 아파트 단지
© 김해정

3,000세대에 이르는 대규모 주택단지의 개선 작업이 안정적으로 추진될 수 있는 원동력이라 할 수 있다. 이것으로 시와 모든 협력이 끝난 것은 아니다. 진행 중인 사업이기는 하지만 지금까지의 실행 사례는 베를린에너지청에서 진행하는 정보 공유 프로젝트인 베를린 임펄스를 통해 문서 형태로, 인터넷 웹사이트 형태로 일반에 공개되고 있다. 베를린 시민은 물론이고 다른 도시, 유럽의 여러 나라, 심지어 한국에서도 이 아파트 에너지 효율화 개선사업을 둘러보기 위해 이곳을 방문하고 있다. 베를린 임펄스 프로그램 덕분으로 세계적인 성공 사례로 승화된 셈이다.

1960~1970년대 지어진 건축물의 재건축은 독일 모든 도시의 숙제라고 한다. 그냥 놔두자니 에너지 소비수준이 매우 높아 온실가스 배출이나 에너지 비용 지출이 문제이고, 그렇다고 부수고 새로 짓는 것은 경제적으로 엄청난 손해를 감수해야 하기 때문이다. 그래서 이 매르키셰 피어텔 아파트 단지의 성공 사례는 다른 지역에 좋은 귀감이 되고 있다. 이 프로젝트는 독일 정부로부터 독일 지속가능상Deutscher Nachhaltigkeitspreis을 수상했다.

7. 성과와 시사점

1990년부터 시작된 베를린의 기후보호 정책은 20년이 지난 지금 다양한 성과를 나타내고 있다. 1994년 베를린 시는 2010년까지 1990년 온실가스 배출 대비 25%를 줄이겠다는 목표를 발표했는데, 2010년 이전에 이 목표를 이미 달성했다. 현재 베를린은 독일 어느 도시보다도 1인당 온실가스 배출이 적은 도시가 되었다. 20년 전 동서베를린이 하나로 합쳐지고 통일 독일의 새로운 수도로 지정된 후, 큰 폭으로 인구가 증가하고 특히 정치와 관광의 중심지로 하루가 다르게 발전하고 있음에도 1990년 이후 온실가스 배출은 계속해서 줄어들고 있다.

표 12 베를린의 기후보호 성과

	베를린	독일
1인당 CO_2 배출(2006년 기준)	6.6톤 CO_2	9.7톤 CO_2
1990~2006년 감축	-23.6%	-15.6%
1인당 1차 에너지 소비(2006년)	89.2기가 줄	179.1기가 줄
2020년 온실가스 저감 목표	-40%	-40%

덕분에 베를린은 녹색 경제의 선도 도시로 발전했다. 전체 인구 350만 명중 4만 2,000명이 약 500개의 환경 관련기업에서 근무하고 있다. 이 중 2만 9,000명은 약 350개의 에너지 기업에서 일하고 있다. 특히 태양광산업이 비약적으로 발전하고 있는데, 이 분야는 직접적인 일자리 5,000개와 이와 관련된 3만 개의 간접적인 일자리를 만들어냈다. 아들러스호프 과학기술단지는 베를린에서 태양광산업이 발전하는 데 큰 역할을 하고 있다. 이곳을 베를린 녹색 경제의 전진기지라 불러도 손색없는 이유다.

이러한 성과에도 아직까지 해결해야 할 여러 과제가 남아 있는데, 무엇보다 가장 중요한 것은 시민의 참여라고 한다. 시에서 아무리 많은 예산을 배정하고 좋은 정책을 만들어도 시민의 관심이 없다면 효과를 기대하기 어렵기 때문이다. 얼마나 많은 시민들이 함께 동참하느냐 하는 것이 바로 2050년 온실가스 85% 저감을 달성하기 위한 베를린의 숙제인 것이다.

우리는 베를린의 정책과 경험에서 무엇을 배울 수 있을 것인가? 우선 행정조직이 먼저 깨어 있어야 한다는 것을 배울 수 있다. 에너지 문제, 기후변화 문제에 대한 시의회, 시장과 공무원의 이해가 필요하다. 그다음 행정력을 바탕으로 관련정책과 조례 등을 제정해 시민들이 불확실성이나 위기 요소 없이 시정에 참여할 수 있도록 유도해야 한다. 또한 제한된 예산을 효과적으로 쓰는 법을 고민해야 할 것이다.

이와 때를 같이해 지역현황에 대한 조사가 필요하다. 우리 지역에서 어느 분야에 어느 정도의 에너지가 소비되는지, 어느 분야에 어느 정도의 절감 잠재량이 있는지 파악해야 실질적인 효과를 기대할 수 있는 정책 마련이 가능할 것이다. 베를린은 기후변화를 예방하기 위해 건축물의 난방에너지 수요를 줄여야 한다는 것을 과학적인 연구를 통해 찾아냈고, 여기에 집중해 정책을 만들고 예산을 집행하고 있다. 베를린은 실질적인 온실가스 감축과 관련 시장의 일자리 창출과 경제성장, 그리고 독일에서 가장 앞선 기후보호 도시라는 명성으로 그 성과를 맛보고 있다.

마약보다 더 심각한 중독, 에너지

원자력을 떠나보내야 할 때

마약보다 심각한 것

『가비오따쓰』라는 책을 쓴 저명한 저널리스트인 앨런 와이즈먼Alan Weisman
이 지난 2003년 한국을 방문했다. 새로운 책을 쓰기 위해 DMZ 등 한국의 자
연을 둘러보기 위함이었다(DMZ를 다룬 그의 책『인간 없는 세상』이 2007년 한국
에서도 번역 출간되었다). 당시 한 특강 자리에서 그는 대뜸 이런 질문을 던졌
다. "지금 인류에게 마약보다 더 심각한 중독이 무엇인 줄 아십니까?" 청중
들은 어리둥절했다. 그는 곧 "에너지"라고 스스로 답했다. "우리는 마약보다
더 심각하게 에너지에 중독되어 있다"라는 것이 그의 주장이다.

그도 그럴 것이 지난 한 세기 동안 인류의 에너지 소비는 1900년에 비해
열 배 이상 증가했다. 지금 당장 우리 주위를 둘러보자. 에너지 없이 잠시
잠깐이라도 이 생활을 지탱할 수 있을는지 의문이 들 정도로 모든 것이 에너
지 또는 에너지 소비와 연관되어 있다. 아침에 일어나자마자 밥을 지어 먹
고 세수하고 학교에 가거나 출근하는 것부터, 집에 돌아와 공부를 하거나 여

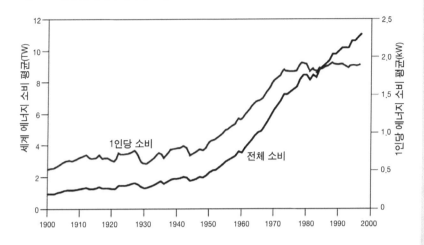

그림 45 20세기 전 세계의 에너지 소비

*전체 에너지는 열 배 이상, 1인당 에너지 소비는 네 배가량 증가했다.
자료: http://www.esru.strath.ac.uk/EandE/Web_sites/03-04/biomass//background%20info.html.

가를 즐기는 것을 포함해 심지어 잠자는 동안에도 어떤 식으로든 에너지를 소비해야만 현재의 삶을 영위할 수 있는 것이 현대사회다.

마약보다 더 심각할 정도로 에너지에 중독된 우리. 그 연장선 위에서 우리는 원자력발전소를 이용했고, 마침내 후쿠시마와 만났다.

책을 마무리할 때쯤 한국, 일본, 독일에서 새로운 뉴스들이 전해졌다.

일본

2012년 새해 첫 주, 일본 정부는 원자력발전소 수명을 40년으로 제한하기로 결정했다. 뉴스를 전하는 언론은 일본 내 원자력발전소의 90%인 48기가 2011년 말 현재 가동 중단된 상태이고, 지역 주민의 반발로 다시 가동하는 것이 쉽지 않은 상황이기 때문에, 40년 수명이 다한 원자력발전소는 자동적으로 폐쇄될 것이라고 전망했다. 일정별로 살펴보면 2020년까지 19기, 2030

년까지 16기의 원자력발전소가 40년 수명에 도달한다. 가장 최근에 지어진 발전소가 폐쇄되는 2050년경 마침내 일본은 탈핵국가가 된다.

한국

이명박 대통령은 2011년 11월 9일 UN 총회 연설을 통해 "신재생에너지만으로는 에너지 수요를 감당할 수 없으므로, 원자력의 확대가 불가피"하다고 역설했다. 며칠이 지난 11월 21일, 정부는 2012년부터 2016년까지 5년간의 원자력정책 방향을 담은 '제4차 원자력진흥종합계획'을 심의 확정했다. 이 기간에 계획된 '총 6기의 원자력발전소(신고리 2호기, 신월성 1·2호기, 신고리 3·4호기, 신울진 1호기)를 적기 준공'하고, '기술 혁신을 통해 원자력을 IT, 조선을 이을 대표 수출산업으로 육성할 계획'이라고 밝혔다. 그리고 그다음 달, 삼척과 영덕이 원자력발전소 신규부지로 발표되었다. 지역 주민은 찬성과 반대로 갈라서서 대치하고 있다. 과거 원자력발전소 부지로 선정되었던 고리, 영광, 울진, 경주가 그러했던 것처럼, 핵폐기장 후보지로 거론되었던 부안, 중저준위 핵폐기장이 건설 중인 경주가 그러했던 것처럼 말이다.

반면 박원순 서울시장은 2012년 1월 9일 서울시를 '자원과 에너지를 소비하는 도시'에서 '생산하는 도시'로 전환, 원자력발전소 1기분의 에너지 소비를 줄이겠다고 밝혔다. 이를 위해 시민 참여형 재생가능에너지 보급과 같은 정책 대안을 내세웠다. 한국 지방자치단체 중 최초로 원자력발전소 축소를 바탕으로 에너지 절약과 재생가능에너지 확대를 강조한 사례다.

독일

후쿠시마 사고 이후 8기의 원자력발전소가 가동을 멈춘 상황에서도 독일은 여전히 전력을 수출하고 있다. 2010년에 비해 수출량이 줄어들기는 했지

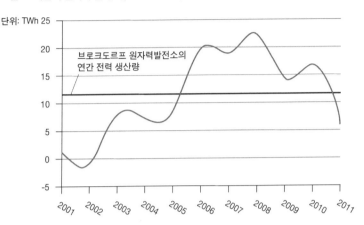

그림 46 **독일의 전력 수출 추이(2001~2011년)**

단위: TWh

브로크도르프 원자력발전소의
연간 전력 생산량

자료: http://www.contratom.de/2011/12/28/kein-blackout-deutschland-exportiert-weiter-strom.

만, 원자력발전소 폐쇄 후 외국에서 전력을 수입할 것이라는 우려와는 반대
로 2011년 한 해 동안 여전히 6TWh 이상의 전력을 수출했다.

독일 정부가 원자력발전소 폐쇄 정책을 발표할 당시, 독일 최대 전력회사
중 하나인 RWE의 회장을 비롯한 원자력 추진 세력은 이러한 결정이 전력
수입으로 이어질 것이고, 심지어 대규모 정전사태Blackout가 일어날 수도 있
다고 '경고'했다.

찬핵 진영의 또 다른 경고는 원자력발전소 폐쇄가 전력요금 상승으로 이
어질 것이라는 우려였다. 그러나 독일전력거래소EEX에 따르면, 2012년 1월
현재 선물시장Terminmarkt에서의 전력 가격은 kWh당 5.2~5.4센트로, 이는
후쿠시마 사고 이전에 비해 오히려 저렴하다. 원자력발전소 폐쇄 결정 당시
전력 요금이 소폭 상승하기는 했지만, 실질적인 폐쇄 이후 단전과 같은 문제
가 나타나지 않자 가격이 다시 안정을 찾았다는 것이다.

또한 재생가능에너지는 폭발적으로 성장했다. 2011년 독일 전체 전력 생

그림 47 **2011년 독일 태양에너지의 폭발적 증가**

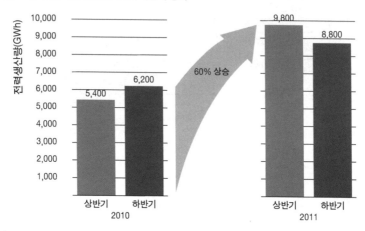

자료: Bundesverband Solarwirtschaft, http://thinkprogress.org/wp-content/uploads/2011/12/ BSW_Infografik.jpg.

산에서 재생가능에너지는 19.9%의 비중을 차지했는데, 이는 2010년에 비해 16.4% 증가한 것이다. 특히 태양광에너지가 가장 빠른 성장세를 보였다. 2010년 11.6TWh이었던 전력 생산이 2011년 18.6TWh로 60% 급성장한 것이다. 이는 독일 전체 전력의 3%를 차지하는 양으로, 한국 원자력발전소 2기가 만들어내는 양보다 많다. 독일태양광산업협회Bundesverband Solarwirtschaft에 따르면, 2011년 태양광 전력에 대한 기준가격이 하락하는 상황에서도 태양광발전 건설 붐이 일었다는 것이다. 이를 기념이라도 하듯 2011년 11월 독일에서는 100만 번째 태양광 발전시설이 설치되었다.

반면 독일의 에너지 소비는 줄었다. 독일의 에너지워킹그룹Arbeitsgemein-schaft Energiebilanzen: AGEB에서 발행한 자료에 따르면, 2011년 독일의 에너지 소비는 전년 대비 4.8% 감소한 것으로 나타났다. 석유, 천연가스, 석탄, 원자력에너지는 각각 3.0%, 10.2%, 0.7%, 22.9% 소비가 감소했다. 갈탄이 3.7% 증가하기는 했지만, 대부분의 화석에너지와 원자력에너지의 소비가 큰 폭으로 준 것이다. 이와 반대로 재생가능에너지는 전년 대비 4.1% 증가해, 전력 분야에서는 19.9%, 전체 에너지에서는 10.8%로 그 비중이 늘었다. 에너지워킹그룹은 에너지 소비가 준 배경에는 과거에 비해 온화한 날씨뿐 아니라, 주거와 산업 분야의 에너지 효율화가 빠른 속도로 진행되었기 때문이라고 분석했다. 그렇다고 재생가능에너지 확대와 에너지 효율화가 독일 경제에 악영향을 끼친 것은 아니었다. 2011년 독일의 GDP는 약 3% 성장했는데, 이는 미국과 같은 수준이었다고 한다.

일본에서 재앙이 일어났음에도 우리 정부는 원자력 확대만이 유일한 답인양 호도하고 있다. '원자력발전소 없는 다른 세상'이 충분히 가능함을 독

그림 48 **2011년 독일 에너지 소비 현황(전년 대비)**

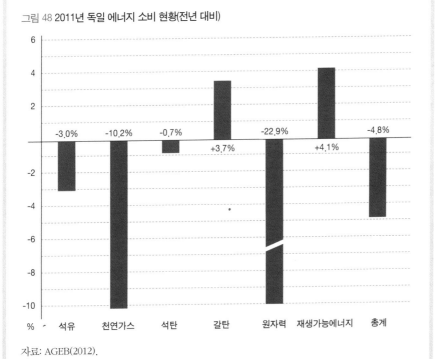

자료: AGEB(2012).

일이 보여주고 있는데도 말이다. 그렇다면 이 시대를 사는 시민들이 나서서 우리의 에너지 미래를 고민해보는 수밖에 없다.

2011년 5월, 탈핵 독일을 선언한 메르켈 총리의 이 한마디가 계속해서 귓전에 맴돈다.

"후쿠시마 사고가 지금까지의 내 생각을 바꾸었다. 우리에겐 안전보다 더 중요한 가치가 없다."

참고문헌

강용혁. 2009. 「신재생에너지 자원지도 및 활용시스템 구축」. 한국에너지기술연구원 발표
자료(2009년 6월 4일).

골드만재단. 2011. 「2011년 세계의 환경영웅들」. 권기태 옮김. ≪함께 사는 길≫(2011년 6
월호).

국무총리실. 2008. 「기후변화대응 종합기본계획」.

국무총리실 외. 2008. 『제1차 국가에너지기본계획─ 2008~2030』.

국무총리실 외. 2009. 「국가 온실가스 중기(2020년) 감축목표 설정을 위한 3가지 시나리오
제시」. 보도자료(2009년 8월 4일).

김동주. 2007. 「난산풍력발전단지를 둘러싼 갈등과 지역 에너지 전환의 과제」. 『해외환경
사례에서 배운다』, 시민환경연구소 제3회 시민환경학술대회 자료집(2007년 3월
30~31일). 101~121쪽.

박란희. 2011. "'脫원전' 독일을 가다". ≪주간조선≫, 2164호(2011년 7월 11일).

에너지경제연구원. 2008. 「국가에너지기본계획(안)」 프레젠테이션 발표자료. 제2차 국기
본(안) 공개토론회(2008년 8월 7일).

에너지시민회의(준). 2008. "국가에너지기본계획(안) 수정 요청 의견"(2008년 8월 27일).
2009년 7월 15일 검색, http://www.kfem.or.kr/kbbs/bbs/board.php?bo_table=
statement&wr_id=4550.

에너지전환. 2006. 「풍력발전단지 보급 확대를 위한 지역 수용성 제고방안 연구」. 김은
일 · 경남호 · 이철형 · 박완순 · 장문석 · 김건훈 · 배재성 · 김홍우 · 김성완 · 주영
철. 『풍력발전단지 건설을 위한 지침서 및 지역 수용성 제고방안 연구』. 서울: 산업
자원부.

염미경. 2008. 「풍력발전단지 건설과 지역수용성」. ≪사회과학연구≫, 제47집, 59~85쪽.

유지훈. 1990. 『푸르게 평화롭게─독일 녹색인들의 환경보호와 삶의 개선을 위한 대안』,
서울: 수문출판사.

이희선 외. 2009. 『재생에너지의 환경성 평가 및 환경친화적 개발 1 - 태양광 및 풍력에너
지를 중심으로』. 서울: 환경정책평가연구원.

피셔, 제베린(Severin Fischer) · 잔드라 베크게(Sandra Bäthge). 2011. 「독일의 에너지 정책
─"친환경 산업 정책"과 실용주의 기후 정책 사이에서」. ≪FES Information Series≫,
2011-02.

AGEB(Arbeitsgemeinschaft Energiebilanzen). 2012. "Energieverbrauch in Deutschland: Daten für das 1.-4. Quartal 2011."

AP. 1990. "Last Soviet Reactor in Eastern Germany Shut," *New York Times*, December 16, 1990.

atw(Internationale Zeitschrift für Kernenergi). 2010. *Kernkraftwerke in Deutschland - Betriebsergebnisse 2009.*

Baetz, J. 2011. "Germany Decides to Abandon Nuclear Power by 2022," *Assoicated Press*, May 30, 2011.

Barzilai, G. 2003. *Communities and Law: Politics and Cultures of Legal Identities.* Ann Arbor, MI: University of Michigan Press.

BfS(Bundesamt für Strahlenschutz). 2003. *Umweltradioaktivität und Strahlenbelastung im Jahr 2002.*

BMU(Bundesministerium für Umwelt, Naturschutz und Reaktorsicherheit). 2007. *EEG- The Renewable Energy Sources Act: The success story of sustainable policies for Germany.*

_____. 2008. *Heat from Renewable Energies: What will the new Heat Act achieve?*

_____. 2009a. *Innovation through Research: 2008 Annual Report on Research Funding in the Renewable Energies Sector.*

_____. 2009b. *New Thinking—New Energy: Energy Policy Road Map 2020.*

_____. 2009c. *Strom aus erneuerbaren Energien: Zukunftsinvestition mit Perspektiven.*

_____. 2010. *Energy Concept for an Environmentally Sound, Reliable and Affordable Energy Supply.*

_____. 2011a. "The Energy Concept and its accelerated implementation." Retrieved December 10, 2011, from http://www.bmu.de/english/transformation_of_the_energy _system/resolutions_and_measures/doc/48054.php.

_____. 2011b. "The path to the energy of the future-reliable, affordable and environmentall y sound." Retrieved December 10, 2011, from http://www.bmu.de/english/energy _efficiency/doc/47609.php.

_____. 2011c. *Development of Renewable energy sources in Germany 2010: Graphics and Tables Version: July 2011.*

_____. 날짜 없음a. "1986." *25 Jahre für Umwelt, Naturschutz und Reaktorsicherheit.* Retrieved July 1, 2011, from http://www.umweltchronik.de/jahr/1986.

_____. 날짜 없음b. *Renewable Energy Sources Act(EEG) Progress Report 2007.*

BMWi(Federal Ministry of Economics and Technology). 2008. *Energy Efficiency-Made in Germany Energy: Efficiency in Industry and Building Services Technology.*

Bowen, A. 2011. "Nuclear backlash forces Merkel to rethink energy policy." *DW(Deutsche Welle)*, March 14, 2011. Retrieved June 29, 2011, from http://www.dw-world.de/dw/article/0,,14909851,00.html.

Bowyer, C. et al. 2009. "Positive Planning for Onshore Wind: Expanding onshore Wind Energy Capacity while Conserving Nature." The Royal Society for The Protection of Birds.

BP. 2011. "Statistical Review of World Energy June 2011." Retrieved Dec 9, 2011, from http://www.bp.com/liveassets/bp_internet/globalbp/globalbp_uk_english/reports_and_publications/statistical_energy_review_2011/STAGING/local_assets/pdf/statistical_review_of_world_energy_full_report_2011.pdf.

Bruns, E. et al. 2009. *Erneuerbare Energien in Deutschland.* Berlin: Universitaetsverlag der TU Berlin.

BUND. 2006. "20 Jahre danach Nie wieder Tschernobyl." Broschüre.

_____. 날짜 없음. "26. April 1986: Unfall im AKW Tschernobyl, Ukraine." Retrieved March 16, 2011, from http://www.bund.net/themen_und_projekte/atomkraft/gefahren/unfaelle/1986_tschernobyl/.

Commission of the European Communities. 2006. "Commission Staff Working Document-Impact assessment of the Communication on an EU strategy for biofuels, SEC(2006) 142."

Dempsey, J. 2011. "Merkel Loses Key German State on Nuclear Fears." *New York Times*, March 27, 2011. Retrieved June 28, 2011, from http://www.nytimes.com/2011/03/28/world/europe/28germany.html.

Deutsche Umwelthilfe. 2010. "Pressemitteilung - Erneuerbare ins Netz!" 07. Mai 2010. Retrieved June 4, 2010, from http://www.duh.de/pressemitteilung.html?&no_cache=1&tx_ttnews%5Btt_news%5D=2304&cHash=bea30e51d9.

Die Grünen. 1980. "Das Bundesprogramm." Retrieved July 4, 2011, from http://www.boell.de/downloads/stiftung/1980_Bundesprogramm.pdf.

Die Grünen(Bündnis 90/Die Grünen). 2009. *GRÜNE CHRONIK*, März 11, 2009. Retrieved July 2, 2011, from http://www.gruene.de/einzelansicht/artikel/gruenechronik.html.

DNR(Deutscher Naturschutzring). 2005. "Grundlagenarbeit für eine Informationskampagne 'Umwelt- und naturverträgliche Windenergienutzung in Deutschland (onshore)' – Analyseteil." Lehrte.

DPA. 2011. "Fünf Bundesländer reichen Verfassungsklage ein." *Stern.de*, Februar 28, 2011.

Dreher, B. 2011. "Das EEG 2012: Was haben Betreiber von Bioabfallvergärungsanlagen zu beachten?" 5. Biomasseforum: Novellierung von EEG, BioAbfV und KrWG - Auswirkungen auf die Verwertung von Bioabfällen. Bad Hersfeld, Germany, November 17~18, 2011.

EIA(U.S. Energy Information Administration). 날짜 없음. "Total Electricity Net Consumption." http://www.eia.gov/cfapps/ipdbproject/IEDIndex3.cfm?tid=2&pid =2&aid=2.

Engels, J. I. 2003. "Geschichte und Heimat—Der Widerstand gegen das Kernkraftwerk Wyhl." in Kerstin Kretschmer(Hrsg). *Wahrnehmung, Bewusstsein, Identifikation: Umweltprobleme und Umweltschutz als Triebfedern regionaler Entwicklung.* Freiberg: Technische Universität Bergakademie.

Erlich, I. 2010. "Hochspannungsnetz der Zukunft." Kongress Erneuerbare ins Netz. Berlin, Germany. May 6~7, 2010

European Commisson. 2003. "External Costs - Research results on socio-environmental damages due to electricity and transport." Luxembourg. Retrieved October 10, 2008, from http://www.externe.info/externpr.pdf.

EWS(ElektrizitaetsWerke Schönau). 날짜 없음a. *Chronik der Elektrizitätswerke Schönau.* Retrieved July 3, 2011, from http://www.ews-schoenau.de/ews/geschichte/layer-fakten-zur-geschichte.html.

_____. 날짜 없음b. Introducing the Elektrizitätswerke Schönau(EWS)—Atomic-power free, climate friendly, citizens' property. Retrieved July 3, 2011, from http://www.ews-schoenau.de/fileadmin/content/documents/Footer_Header/EWS _2008_EN.pdf.

Fairlie, I. and D. Sumner. 2006. "The Other Report on Chernobyl(TORCH)." Retrieved June 29, 2011, from http://www.chernobylreport.org/torch.pdf.

Farrell, J. 2011. "Local Ownership Means Local Love for Wind Power."

RenewableEnergyWorld.com, July 29, 2011.

Fegin, J. R. 1984. *Racial and Ethnic Relations*, 2nd ed. New Jersey: Prentice-Hall.

Freeman, R. E. 1984. *Strategic Management: A Stakeholder Approach*. Boston: Pitman.

Heiskanen, E. et al. 2006. "Cultural Influences on Renewable Energy Acceptance and Tools for the development of communication strategies to promotE ACCEPTANCE among key actor groups." Deliverable 3.1, 3.2 and 4 WP2 Draft report, *Factors influencing the societal acceptance of new energy technologies: Meta-analysis of recent European projects*, pp. 17~104.

IfnE(Ingenieurbüro für neue Energien). 2008. Vermiedene Energie-Importe und externe Kosten durch die Nutzung erneuerbarer Energien 2007.

Isenson, N. 2009. "Nuclear Power in Germany: a chronology." *Deutsche Welle*, July 6, 2009.

KGG(Kernkraftwerk Gundremmingen). 날짜 없음. "Block A - Vom Leistungsreaktor über die Stilllegungsphase zum Technologiezentrum." Retrieved July 3, 2011, from http://www.kkw-gundremmingen.de/kkw_t9.php

Knight, B. 2011. "Merkel shuts down seven nuclear reactors." *Deutsche Welle*, March 15, 2011.

Krewitt, W. and B. Schlomann. 2006. "Externe Kosten der Stromerzeugung aus erneuerbaren Energien im Vergleich zur Stromerzeugung aus fossilen Energieträgern." Retrieved July 27, 2009, from http://www.bmu.de/files/erneuerbare_energien/downloads/application/pdf/ee_kosten_stromerzeugung.pdf.

Krewitt, W. et al. 1997. "ExternE National Implementation Germany." Retrieved December 05, 2008, from http://www.regie-energie.qc.ca/audiences/3526-04/MemoiresParticip3526/Memoire_CCVK_75_ExternE_Germany.pdf.

Kwapich, T. 2008. "Germany's Investment in Energy Efficient Existing Homes." Conference 'The Great British Refurb: 40% Energy Reduction in Homes and Communities by 2020—Can We Do It?' London, UK. December 10, 2009.

Lowenstein, J. 2011. "The Impact of Technology on Wind Farm Development." *Renewable Energy World.Com*, July 19, 2011. Retrieved July 25, 2011, from http://www.renewableenergyworld.com/rea/news/article/2011/07/the-impact-of-technology-on-wind-farm-development.

Meyer, A. 2010. "Auf dem Weg ins regenerative Zeitalter." 'Erneuerbare Energien – Akzeptanz durch Beteiligung? - Abschlussveranstaltung des Projekts 'Aktivität und Teilhabe –Akzeptanz Erneuerbarer Energien durch Beteiligung steigern.' Berlin, Germany. June 8, 2010.

Musall, D. F. and O. Kuik. 2011. "Local acceptance of renewable energy—A case study from southeast Germany." *Energy Policy*, Vol. 39, No. 6, pp. 3252~3260.

Nitsch, J. 2008. "Weiterentwicklung der Ausbaustrategie Erneuerbare Energien: Leitstudie 2008."

Ofgem(Office of Gas Electricity Markets). 2011. "Renewables Obligation: Annual Report 2009-10."

Öko-Institut e.V. 2006. "Handeln statt Hoffen." Retrieved June 29, 2011 from http://www.oeko.de/aktuelles/dok/503.php.

Patterson, W. C. 1986. *Nuclear Power.* Harmondsworth, Middlesex: Penguin Books.

Rademacher, B. 2010. "Zukunftskreis Steinfurt -energieautark 2050." 'Erneuerbare Energien –Akzeptanz durch Beteiligung? - Abschlussveranstaltung des Projekts 'Aktivität und Teilhabe –Akzeptanz Erneuerbarer Energien durch Beteiligung steigern.' Berlin, Germany. June 8, 2010.

Raschake, M. 2010. "Energiewende: Gemeinsam Zukunft stiften –das Oberland und die Vision der Energie-Autarkie bis 2035, Zukunftskreis Steinfurt -energieautark 2050." 'Erneuerbare Energien –Akzeptanz durch Beteiligung? - Abschlussveranstaltung des Projekts 'Aktivität und Teilhabe –Akzeptanz Erneuerbarer Energien durch Beteiligung steigern.' Berlin, Germany. June 8, 2010.

REN21(Renewable Energy Policy Network for the 21st Century). 2008. Renewables 2007 Global Status Report. Paris: REN21 Secretariat and Washington, DC: Worldwatch Institute.

_____. 2011. Renewables 2011 Global Status Report. Paris: REN21 Secretariat.

Reuters. 2011. "Wähler strafen Union für Atomkurs ab." *Spiegel*, Mai 23, 2011.

Scherb, H. and E. Weigelt. 2003. "Congenital malformation and stillbirth in Germany and Europe before and after the Chernobyl nuclear power plant accident." *Environmental Science and Pollution Research,* Vol. 10, Sonderausgabe Nummer 1.

Schörshusen, H. 2010. "Netzausbau in Niedersachsen–Rückblick und aktuelle Herausforderungen." Kongress Erneuerbare ins Netz. Berlin, Germany. May 6~7, 2010.

Schrammar, S. 2010. "Salzstock Gorleben: Warnung vor neuen Risiken." *Deutschlandfunk*, September 20, 2010.

Senatsverwaltung für Gesundheit, Umwelt und Verbraucherschutz. 2011. "Klimaschutz in Berlin." Broschüre.

Tucker, G. *et al.* 2008. *Provision of Evidence of the Conservation Impacts of Energy Production.* London: Institute for European Environmental Policy(IEEP). http://www.ieep.eu/assets/414/conservation_impactsofenergy.pdf.

UBA(Umweltbundesamt). 2007. *Climate protection in Germany: 40% reduction of CO_2 emissions by 2020 compared to 1990.*

Umbach, F. 2008, "German Vulnerabilities of its Energy Security." Retrieved July 9, 2009 from http://www.aicgs.org/documents/advisor/umbach.vuln0808.pdf.

UNDP(United Nations Development Programme). 2007. *Human Development Report 2007/2008.* New York: UNDP.

UNSCEAR. 1988. "Annex D— Exposures from the Chernobyl accident." *Sources and effects of ionizing radiation.* Report. New York: UNSCEAR.

Wild-Scholten. M. J., E. A. Alsema. 2004. "External costs of photovoltaics. What is it based on?" Workshop on Life Cycle Analysis and Recycling of Solar Modules— The 'Waste' Challenge. Brussels, Belgium. March 18~19, 2004.

Winnubst, Heim. 2008. "German Development Cooperation in the Energy Sector." BMZ. September 4, 2008.

Yablokov, A. V., V. B. Nesterenko, and A. V. Nesterenko. 2009. "Chernobyl: Consequences of the Catastrophe for People and the Environment." *Annals of the New York Academy of Sciences*, Vol. 1181.

Zoellner, J. and I. Rau. 2010. "Wahrnehmung und Bewertung von Beteiligungsprozessen im Rahmen des Ausbaus Erneuerbarer Energien-Ergebnisse der umweltpsychologischen Untersuchung der Akzeptanz von Maβnahmen zur Netzintegration erneuerbarer Energien in der Region Wahle-Mecklar(Niedersachsen und Hessen)." Kongress Erneuerbare ins Netz. Berlin, Germany. May 6~7, 2010

"Germany Turns On World's Biggest Solar Power Project." 2009. *Spiegel,* August 20, 2009. Retrieved August 2, 2011 from http://www.spiegel.de/international/

germany/0,1518,643961,00.html.

"A Timeline of the Anti-Nuclear Power Movement in Germany." 날짜 없음. *Spiegel.* Retrieved July 8, 2011 from http://www.spiegel.de/flash/flash-24362.html.

독일 에너지 견학 추천 코스

1. 지역 에너지 전환 프로젝트

뮌헨 München 인구 135만 명으로 독일에서 세 번째로 큰 도시. 2015년까지 모든 주택, 2025년까지 도시 전체에서 사용하는 전력을 재생가능에너지로 공급한다는 목표 설정. 지역 에너지 공사Stadtwerke München 주도로 지열, 바이오매스, 해상·내륙 풍력, 태양광, 수력 보급.
홈페이지 http://www.swm.de/

빌레펠트 Bielefeld 인구 32만 5,000명의 독일 서부 도시. 지역 주민의 의견 수렴을 위한 에너지전환 포럼Forum Energiewende 운영. 랜드마크로 축구장 지붕에 1,400m² 220kW 규모의 대규모 태양광 발전소 설치, 축구장 소비전력의 20%를 자체 생산.
홈페이지 http://forum-energiewende.bielefeld.de/

겔젠키르헨 Gelsenkirchen 인구 26만 4,000명, '라인 강의 기적' 발판인 갈탄 광산이 위치했던 곳. 최근 태양도시(솔라시티)를 선언하고 시 차원에서 태양에너지에 엄청난 투자 진행. 재생가능에너지 교육과 홍보에 매우 모범적인 지역.
홈페이지 http://www.solarstadt-gelsenkirchen.de/

만하임 기후보호청 Klimaschutzagentur Mannheim 공업도시 만하임의 기후보호 정책, 에너지 정책을 실질적으로 추진하는 주체. 에너지 효율화 EU 프로젝트 Cascade 를 집행.
홈페이지 http://www.klima-ma.de/

빌트폴드스리트 Wildpoldsried 인구 2,500명. 마을에서 필요한 에너지의 세 배 이상 을 재생가능에너지로 생산. 2010년 현재 연간 400만 유로 이상의 수익 창출.
홈페이지 http://www.wildpoldsried.de/

뤼초우단넨베르크 Lüchow-Dannenberg 인구 5만 명. 2010년 현재 마을 전체 전력 중 64% 재생가능에너지로 생산.
홈페이지 http://www.luechow-dannenberg.de/

모바흐 Morbach 인구 1만 1,200명. 과거 미군 탄약고가 위치했던 곳을 재생가능에 너지 전초기지로 탈바꿈. 2010년 현재 마을 전체 전력 중 52% 를 재생가능에너지로 생산.
홈페이지 http://www.energielandschaft.de/

슈배비슈 할 Schwäbisch Hall 인구 19만 명. 2010년 현재 마을 전체 전력 중 32%를 재생가능에너지로 생산.
홈페이지 http://www.stadtwerke-hall.de/

볼페르츠하우젠 Wolpertshausen 인구 2,000명. 2010년 현재 마을 전체 전력 중 57% 를 재생가능에너지로 생산.
홈페이지 http://www.wolpertshausen.de/

2. 재생가능에너지 시민조합

포츠담 태양에너지조합 Potsdam Neue Energie Genossenschaft e.G. 8.7kW 용량의 제1
호 발전소 2006년부터 건설해 운영. 60kW, 200kW 용량의 발전소 건설 진행 중.
홈페이지 http://www.potsdamer-solarverein.de/

징겐 졸라콤플렉스 Singen Solarcomplex 2030년까지 징겐 지역의 에너지 자립을 목
표로 2000년 설립된 재생가능에너지 설치 보급 기업.
홈페이지 http://www.solarcomplex.de/

타우버졸라 Tauber Solar 2001년 설립된 대규모 콘셉트의 시민발전소 건설 및 운영.
2012년 1월 현재 총 205개의 대규모 태양광 발전소 건설로, 전 세계에서 가장 규모
가 큰 옥상 태양광 발전소 운영.
홈페이지 http://www.tauber-solar.de/

베를린-브란덴부르크 태양광발전조합 Solarverein Berlin-Brandenburg e.V. 시민출자
를 바탕으로 베를린과 브란덴부르크 지역에 태양광 발전소 건설 및 운영. 2003년
11월 11일 1호 발전소를 시작으로 현재까지 총 9호 발전소 건설.
홈페이지 http://www.solarverein-berlin.de/

3. 재생가능에너지 전력회사

쇠나우전력회사 Elektrizitätswerke Schönau 1986년 체르노빌 사고 이후 지역 주민들
이 자발적으로 만든 주민조직이 독일 최초의 재생가능에너지 전력회사로 발전한
독일 에너지 전환 역사의 산증인. 현재 독일의 가장 큰 재생가능에너지 공급 전력
회사로 성장.

홈페이지 http://www.ews-schoenau.de/

그린피스 에너지 Greenpeace Energy 환경단체 그린피스에서 운영하는 재생가능에
너지 전력회사.
홈페이지 http://www.greenpeace-energy.de/

리히트블릭 Lichtblick 민간이 운영하는 재생가능에너지 전력회사.
홈페이지 http://www.lichtblick.de

4. 에너지 교육

아르테팍트 Artefact 에너지 체험시설 파워파크(Power Park)와 숙박시설을 갖춘 교
육시설. 재생가능에너지를 포함한 모든 에너지의 원리와 활용을 알기 쉽게 전시한
40여 개 부스로 구성된 파워파크에서 안내자 없이 학습 가능.
홈페이지 http://www.artefact.de/

프라이부르크 버스 프로젝트 Verein des Berufsschulzentrums Bissierstraße für
Umweltschutz und Solarenergie 독일의 환경수도인 프라이부르크에서 진행 중인 직
업교육 프로젝트로, 3개의 학교와 공동으로 기후보호와 태양에너지를 특화한 교육
프로그램.
홈페이지 http://www.bus-freiburg.de/

외코스타치온Ökostation 환경단체 BUND가 마련한 현장 교육 시설. 프라이부르크
에 위치.
홈페이지 http://www.oekostation.de/

함부르크 50-50 프로젝트 함부르크 관내 학교를 대상으로 1994년부터 시작된 교육적, 환경적, 경제적 측면의 목적을 실현하기 위한 에너지 절약 활동.
홈페이지 http://www.fiftyfifty-hamburg.de/

우파파블릭 Ufa Fablik · **베를린 자유학교** Freie Schule in Berlin 문화 예술인 공동체인 Ufa Fablik 내에 자리한 초등과정 대안학교로, 지속가능성이 교육의 주요 가치. 건물 옥상에 태양광/풍력발전기 설치.
홈페이지 (Ufa Fablik) http://www.ufafabrik.de/
(베를린 자유학교) http://www.freie-schule-in-berlin.cidsnet.de/

기후에너지대학학교 프로젝트 Schools at University for Climate and Energy EU 7개국의 대학이 참여하는 프로젝트로, 10~13세 학생들을 대상으로 해당 대학에서 기후변화와 에너지에 관한 전문적인 교육을 진행하는 프로그램. 독일에서는 베를린자유대학 환경정책연구소가 참여.
홈페이지 http://www.schools-at-university.eu/

5. 에너지 연구소

독일생태연구소 Öko-Institut e.V. 프라이부르크 인근 빌 원자력발전소 건설 관련 소송 과정에서 생겨난 민간 환경 연구소. 원자력 안전, 에너지, 기후변화, 화학물질, 기술평가, 농업, 유전자조작, 지속가능한 소비, 법률 등을 연구.
홈페이지 http://www.oeko.de/

하이델베르크 에너지환경연구소 Institut für Energie- und Umweltforschung Heidelberg 1978년 설립된 민간 독립 연구소. 하이델베르크 시를 비롯한 독일의 많은 지방자치단체의 기후변화/에너지 시나리오 모델링에 참여.

홈페이지 http://www.ifeu.org/

프라운호퍼 태양에너지 연구소 Fraunhofer-ISE 1,100명 연구진의 유럽 최대 태양에너지 연구소.
홈페이지 http://www.ise.fraunhofer.de/

프라운호퍼 풍력에너지 에너지시스템 연구소 Fraunhofer-IWES 풍력에너지와 재생가능에너지의 시스템 통합 관련한 전 분야 연구. 브레머하벤Bremerhaven과 카셀에 위치.
홈페이지 http://www.iwes.fraunhofer.de/

유럽풍력학회 European Academy of wind energy 2004년 설립된 풍력에너지 연구 기관. 독일 등 10개국의 풍력 연구소 및 대학 참여. 연구자 교환 프로그램, 공동연구, 대학 수준의 교육 제공.
홈페이지 http://www.eawe.eu/

독일항공우주연구소 Deutsches Zentrum fuer Luft- und Raumfahrt 독일 정부 공식 에너지시나리오인 'Leitstudie' 책임 연구 기관.
홈페이지 http://www.dlr.de/

6. 시민단체

독일환경운동연합 BUND Bund für Umwelt- und Naturschutz Deutschland 독일 16개 주 2,000개 이상의 지역 환경단체가 연합해 만들어진 환경단체. 2010년 현재 회원 48만 명. 베를린에 본부.
홈페이지 http://www.bund.net/

독일그린피스 Greenpeace Deutschland 1980년 설립된 독일 최대 환경단체. 2010년 현재 회원 56만 명. 함부르크에 본부.

홈페이지 http://www.greenpeace.de/

독일자연보호연맹 NABU Naturschutzbund Deutschland 1899년 2월 1일 조류보호 연합Bund für Vogelschutz으로 출범한 독일에서 가장 오래된 환경보호 단체. 2010년 현재 회원 46만 명. 베를린에 본부.

홈페이지 http://www.nabu.de/

7. 독일 정부기관 및 정부 진행 기후보호/에너지 프로젝트

독일연방환경부
홈페이지 http://www.bmu.de/

독일연방경제부
홈페이지 http://www.bmwi.de/

독일연방환경청
홈페이지 http://www.uba.de/

독일에너지청 DENA
홈페이지 http://www.dena.de/

독일환경부 공식 재생가능에너지 사이트
홈페이지 http://www.erneuerbare-energien.de/

독일환경부 기후보호 프로젝트 현황 사이트

홈페이지 http://www.bmu-klimaschutzinitiative.de/de/karte_national

독일농업부 바이오에너지 농촌 마을 만들기 사이트

홈페이지 http://www.wege-zum-bioenergiedorf.de/

독일정부 스마트 그리드 프로젝트

홈페이지 http://www.e-energy.de/de/index.php

독일교육부 지역 에너지 전환 프로젝트 Klimzug Projekt

홈페이지 http://www.klimzug.de/

독일국토연구원 도시 에너지 재개발 프로젝트 Energetische Stadterneuerung

홈페이지 http://www.bbsr.bund.de/cln_032/nn_21888/BBSR/DE/FP/ExWoSt/Forschu
ngsfelder/EnergetischeStadterneuerung/01__Start.html

8. 재생가능에너지 관련 이해단체

유로솔라 Eurosolar 고故 헤르만 셰어Hermann Scheer가 설립한 단체로, 독일뿐 아니
라 세계적으로 재생가능에너지와 관련한 영향력 있는 단체. 다양한 종류의 세미나,
심포지엄 등 개최.

홈페이지 http://www.eurosolar.de/

세계재생가능에너지회의 World Council for Renewable Energy 유로솔라와 함께 국제
재생가능에너지협회IRENA 창설을 주도한 기구.

홈페이지 http://www.wcre.de/

세계풍력에너지협회 World Wind Energy Association 풍력발전의 확대와 기술 개발을 위한 국제기구.
홈페이지 http://www.wwindea.org/

독일재생가능에너지협회 BEE Bundesverband Erneuerbare Energie 1991년 설립된 독일 내 재생가능에너지와 관련한 가장 강력한 이익단체. 22개의 세분화된 협회와 3만의 개인기업/개인 참여.
홈페이지 http://www.bee-ev.de/
재생가능에너지협회 포털 사이트 http://www.unendlich-viel-energie.de/

독일태양산업협회 Bundesverband Solarwirschaft 독일 내 700여 태양광 관련 기업이 참여한 이익단체.
홈페이지 http://www.solarwirtschaft.de/

독일풍력에너지협회 DEWI Deutsches Windenergieinstitut
홈페이지 http://www.dewi.de/

독일바이오에너지협회 BBE Bundesinitiative Bio Energie
홈페이지 http://www.bioenergie.de/

독일바이오매스협회 Deutscher Biomasseverband
홈페이지 http://www.biomasseverband.de/

독일바이오가스협회 Fachverband Biogas e.V.
홈페이지 http://www.biogas.org/

독일농민협회 Deutscher Bauernverband

홈페이지 http://www.bauernverband.de/

도이체방크 기후변화 자문단 Deutsche Bank Climate Change Advisors 다양한 보고서
를 통해 기후변화 해결, 재생가능에너지 정책 제안.

홈페이지 http://www.dbcca.com/

9. 박람회

인터솔라 태양에너지 박람회 Intersolar Europe 전 세계에서 가장 큰 규모의 태양에
너지 박람회로, 매년 6월 초순 뮌헨에서 개최.

홈페이지 http://www.intersolar.de/

후줌 풍력에너지 박람회 HUSUM WindEnergy 매 짝수년도 가을 개최되는 독일 최대
의 풍력에너지 박람회. 북부 도시 후줌에서 개최.

홈페이지 http://www.husumwindenergy.com/

10. 기타

베를린 중앙역 Berliner Hauptbahnhof 1일 30만 명, 280회의 광역 열차, 353회의 근
거리 열차, 636회의 급행 전철이 지나는 유럽에서 가장 큰 십자형 기차역. 1700m²
의 유리 지붕에 780장의 태양전지, 190kW 발전소 운영. 연간 16만kWh 전력 생산
으로 역에서 소비되는 전체 전력의 2% 생산.

홈페이지 http://www.berlin-hauptbahnhof.de/

바덴뷔르템베르크 주 에너지공사 BnBW 에너지 최적화를 위해 과감한 투자 진행.

292

다양한 요금제 개발, 열교환기/지역난방 등의 적용 가능한 기술 소개.
홈페이지 http://www.intelligent-verbunden.de/index.php/technik.html

하펜시티 함부르크 HafenCity Hamburg 독일 최대의 항구도시 함부르크에 만들어진 1.57km² 면적의 주거, 사무, 쇼핑 단지. 지속가능성을 우선시하여 에너지 효율과 재생가능에너지 공급에 역점을 둔 도시재개발 프로젝트.
홈페이지 http://www.hafencity.com/

에너트락 하이브리드 발전소 ENERTRAG AG Hybridkraftwerk 풍력-수소-바이오매스를 결합한 세계 최초 하이브리드 발전소.
홈페이지 https://www.enertrag.com/projektentwicklung/hybridkraftwerk.html

하이델베르크 솔라보트 태양에너지만으로 구동하는 250인 탑승 가능한 유람선.
홈페이지 http://www.hdsolarschiff.com/de/

알파 벤투스 해상풍력단지 Alpha Ventus 독일 최초 해상풍력단지로 5MW 터빈 12개 설치.
홈페이지 http://www.alpha-ventus.de/

브레머하벤 기후박물관 Klimahaus Bremerhaven 8° Ost 날씨의 변화를 비롯한 다양한 기후변화 현상을 직접 체험할 수 있는 교육장.
홈페이지 http://klimahaus-bremerhaven.de/

보봉 생태마을 프라이부르크를 대표하는 주민 참여형 생태 마을로, 생태/에너지 주택단지, 에너지효율, 태양광, 태양열, 목재 활용 열병합발전소 등 다양한 볼거리 제공.

홈페이지 http://www.stadtteilverein-vauban.de/ 보봉 주민자치회(Stadtteil Vauban e.V.)

태양건축가 롤프 디쉬의 에너지 플러스 주택단지와 헬리오트롭 프라이부르크에
만들어진 기념비적 건축물.
홈페이지 http://www.solarsiedlung.de/
　　　　 http://www.rolfdisch.de/

솔라인포센터 Solar-Info Center 프라이부르크에 위치한 태양에너지 중심의 재생가
능에너지 활용방안 연구.
홈페이지 http://www.solar-info-center.de/

부록 준비에 도움 주신 분들
문기덕 moon@tu-cottbus.de 브란덴부르크 코트부스 공과대학 환경계획연구소 전임강사
최정철 jungchul.choi@iwes.fraunhofer.de 프라운호퍼 풍력연구소 연구원(제어 전공)
최형식 hyung.choi@zmaw.de 함부르크대학교 지속가능성및지구변화연구실 박사과정

지은이 | 염광희

1975년에 태어났고, 1994년 한양대학교 원자력공학과에 입학했다. 대학 재학 중이던 2000년부터 환경운동연합과 에너지대안센터에서 자원활동을 시작, 2002년 졸업과 동시에 상근 활동가로 일했다. 6년간 '움직이는 태양에너지 학교' 교육 프로그램, 시민태양발전소 건설 등을 담당하다, 보다 전문적인 활동을 준비하기 위해 독일로 유학을 떠났다. 2008년부터 플렌스부르크대학 SESAM 석사 과정에서 재생가능에너지 기술과 에너지시나리오를 공부했으며, 현재는 베를린자유대학 정치학과 환경정책연구소에서 '재생가능에너지 보급에 따른 사회적 환경적 갈등 예방 방안'을 주제로 박사 연구를 진행 중이다.

2006년부터 2007년까지 산업자원부의 '풍력에너지사업단', '태양광에너지사업단'에 분과 위원으로 참여했고, 2010년부터 REN21에서 발행하는 연례 세계 재생가능에너지 현황보고서인 「Renewables Global Status Report」의 한국 연구자로 참여하고 있으며, 그린피스 인터내셔널이 펴내는 ≪에너지혁명 시나리오(Energy [R]evolution scenario)≫의 아시아 지역 리뷰어로 활동하고 있다. 지은 책으로는 『탈핵 르네상스를 맞은 독일을 가다』(공저)가 있다.

환경운동연합 에너지기후위원회 위원이며, 녹색당 당원이다.

E-mail: ykh@kfem.or.kr

한울아카데미 1430

잘 가라, 원자력 독일 탈핵 이야기

ⓒ 염광희, 2012

지은이 ┃ 염광희
펴낸이 ┃ 김종수
펴낸곳 ┃ 도서출판 한울

편집책임 ┃ 이교혜
편집 ┃ 김준영

초판 1쇄 인쇄 ┃ 2012년 3월 5일
초판 1쇄 발행 ┃ 2012년 3월 20일

주소 ┃ 413-756 파주시 문발동 535-7 302(본사)
      121-801 서울시 마포구 공덕동 105-90 서울빌딩 1층(서울사무소)
전화 ┃ 영업 02-326-0095, 편집 031-955-0606, 02-336-6183
팩스 ┃ 02-333-7543
홈페이지 ┃ www.hanulbooks.co.kr
등록번호 ┃ 제406-2003-000051호

Printed in Korea.
ISBN 978-89-460-5430-1 03530(양장)
ISBN 978-89-460-4571-2 03530(반양장)

*가격은 겉표지에 있습니다.
* 이 도서는 강의를 위한 학생판 교재를 따로 준비했습니다.
  강의 교재로 사용하실 때에는 본사로 연락해주십시오.